高等学校"十四五"生命科学规划新形态教材

细菌古菌系统分类学原理及鉴定技术

主　编　李文均　刘　兰　焦建宇　房保柱

副主编　张道锋　董　雷　刘冰冰　李　帅　刘永红　王　爽

编　者（按姓名拼音排序）

董　雷　中山大学
房保柱　中国科学院新疆生态与地理研究所
焦建宇　中山大学
李蒙蒙　中山大学
李　帅　中国科学院新疆生态与地理研究所
李文均　中山大学
刘冰冰　南阳理工学院
刘　兰　中山大学
刘永红　中国科学院新疆生态与地理研究所
刘泽涛　中山大学
吕爱萍　中山大学
王　爽　黑龙江黑土保护利用研究院
杨子文　中山大学
张道锋　河海大学

中国教育出版传媒集团

高等教育出版社·北京

内容简介

本书以文字、图片和视频相结合的方式，从相关知识背景、原理、检测技术及注意事项等方面，对细菌古菌系统分类学中涉及的形态学特征、生理生化特征、细胞化学特征及分子生物学特征的内容进行了系统阐述和详细实践指导。同时，本书介绍了原核生物系统分类学的发展史、细菌古菌常用的分离方法、菌种的保藏、序列提交、菌株命名法规和命名方法等相关内容。

本书旨在将原核生物系统分类学的最新成果、理论和方法进行呈现，内容丰富全面，精炼易学，操作步骤详尽清晰，适合作为高等学校生命科学类专业本科生及研究生的教材，也为相关学科的教学、科研和应用开发提供实用性参考。

图书在版编目（CIP）数据

细菌古菌系统分类学原理及鉴定技术 / 李文均等主编 . -- 北京 : 高等教育出版社，2024. 12. -- ISBN 978-7-04-063925-4

Ⅰ. Q939.109

中国国家版本馆 CIP 数据核字第 20242DY793 号

XIJUN GUJUN XITONG FENLEIXUE YUANLI JI JIANDING JISHU

策划编辑 高新景　责任编辑 高新景 李明洋　封面设计 贺雅馨　责任印制 刁 毅

出版发行	高等教育出版社	网　址	http://www.hep.edu.cn
社　址	北京市西城区德外大街4号		http://www.hep.com.cn
邮政编码	100120	网上订购	http://www.hepmall.com.cn
印　刷	河北鹏远艺兴科技有限公司		http://www.hepmall.com
开　本	787mm×1092mm 1/16		http://www.hepmall.cn
印　张	14.5		
字　数	300 千字	版　次	2024 年 12 月第 1 版
购书热线	010-58581118	印　次	2024 年 12 月第 1 次印刷
咨询电话	400-810-0598	定　价	46.00 元

物 料 号 63925-00

前　言

原核生物系统分类学是认识细菌和古菌并对其进行描述、归纳和功能利用的基础，是开展相关学术交流活动的根本保障。近些年，原核生物系统分类学发生了翻天覆地的变化，新的微生物类群不断被发现，新的培养和组学分析技术层出不穷，原核生物的分类系统和命名体系也发生了重大变革。随着《原核生物命名法规》（ICNP）将门、界和域正式纳入其中，已有细菌和古菌域的 7 个界和超过 50 个门正式被命名。另一方面，随着高通量测序技术的迅猛发展，借助生物信息学分析手段，研究人员从环境中发现了大量具有重要功能的未培养微生物。最新的基因组分类学数据库（Genome Taxonomy Database，GTDB）涵盖了 11 万多个种的 59.7 万个基因组，分布在 194 个门的 24 959 个属，这显著提高了人们对细菌和古菌多样性的认识。然而，GTDB 中已获得纯培养的种占比不足 30%，这表明原核生物系统分类学正面临着前所未有的机遇和挑战。

原核生物系统分类学最早可追溯到显微镜的发明者——列文虎克（Antonie van Leeuwenhoek，1632—1723）所在的时代，初步形成于 19 世纪末。经过一百多年的发展涌现出了“伯杰氏手册”、The Prokaryotes 等著作，以及国际原核生物系统学委员会（ICSP）和伯杰氏国际系统微生物学学会（BISMiS）等在国际上具有重要影响力的学术组织。放眼国内，东秀珠等编写的《常见细菌与古菌系统分类鉴定手册》和徐丽华等编写的《放线菌系统——原理、方法及实践》等专著也极具参考价值。近年来原核生物系统分类学发展迅速，大量新的分类单元被发现、描述和命名，新的技术方法日新月异，然而目前尚缺少相关论著对最新的成果、理论和方法进行系统的归纳总结。另一方面，面对海量未培养、未发现的原核生物资源，急需要培养一批掌握最新原核生物系统分类学知识的高层次人才，而高校对该学科设置的配套课程尚十分欠缺。因此，编写本书的宗旨在于将原核生物系统分类学的最新成果、理论和方法进行呈现，以期为相关的教学、科研和应用开发提供实用性参考。

为了顺应时代的发展和技术的进步，本书以文字、图片和视频相结合的方式，从相关知识背景、原理、检测技术及注意事项方面对细菌和古菌系统分类学中涉及的形态学特征、生理生化特征、细胞化学特征及分子生物学特征的内容进行了系统的阐述和详细的实践指导。同时，本书还介绍了原核生物系统分类学的发展史、常用的分离方法、菌株的保藏、序列提交及命名法规和方法。本书共分为 9 章，全书内容丰富全面，浅显易懂，操作步骤详尽清晰。期待读者在阅读过程中能够获得知识和启发，也期望本书可以为微生物学相关领域的发展和创新贡献力量。

本书的编写得到了国家自然科学基金青年、面上、重点和集成项目（92251302、32200010、32200007 和 91951205）及中山大学教学质量工程项目的资助。中山大学生命科学学院微生物资源与生态实验室研究生连文慧、郭丹媛、陈瑛、冯楚莹及王宏川也做了大量的工作，在此表示衷心的感谢！

由于编者水平和能力有限，本书难免会存在不当或错漏之处，敬请广大师生、同行和读者多批评指正为盼！

编者
2024 年 8 月

目录

第一章

原核生物系统分类学发展史

原核生物一般指 DNA 存在于无核膜包裹的核区（Nuclear region or nuclear area），不含线粒体和其他膜结构细胞器的原始单细胞生物。它们是地球上最早和最原始的生命形式，在三域系统中原核生物包括细菌域和古菌域。微生物系统分类学是生物学分支，专注于微生物分类、命名和进化关系的理解。本章对原核生物系统分类学的基本概念、学科发展历程以及我国原核生物系统分类学发展史进行了较为全面的梳理。

第一节 原核生物系统分类学简介

一、系统学与分类学

微生物系统学是指研究微生物分类体系及其演化历史的学科，通过对微生物形态、生理和遗传水平的分析，可以了解微生物间的亲缘关系和演化历史。微生物分类学是指将微生物按照某种系统进行划分和分级的过程。系统学（Systematics）和分类学（Taxonomy）在不同时期均具有一定的重叠关系并存在混用的情况，但事实上二者是有区别的。系统学的研究范围包括分类学，而分类学只应被视为系统学的一部分。系统学覆盖了更丰富的研究内涵，包括进化和系统发育等遗传学部分，系统学试图将生物的表型和基因型多样性联系起来，并了解生物的演化历史，以及生物在环境中的相互作用。系统学可以利用各种各样的数据，并且不限于所利用实验方法得到的数据，它不仅描述有机体信息的排序，而且在传播生物科学信息方面也发挥着重要作用。而分类学是对生物进行分类的理论和实践，如果不能对生物进行合理研究、充分描述和可靠分类鉴定，就无法理解一个生物与其他生物间的关系；另一方面，分类是系统学研究成果的主要体现形式，应该尽可能反映生物类群之间的进化和系统发育关系。

二、分类学三要素

分类、鉴定和命名是分类学的三要素。分类（Classification）是根据每种微生物各自的特征，按照它们的亲缘关系分门别类，以不同等级编排成系统，重点在于分类系统的构建与优化。原核生物分类单元的最高等级是“域”，最基本分类单元是“种”。分类与分类学有着明显的区别，分类是一项具体的实践活动，而分类学不仅包括分类，还包括开展分类实践的基础、原理和规则等。鉴定（Identification）是指确定一个新的分离物是否归属于已经命名的分类单元的过程。若与已知分类单元的特征相符便采用已有的名称，如果不符，则按照命名法规创建一个新名称。命名（Nomenclature）是指在分类基础上，给予每种微生物一个科学名称，以便促进生产实践、临床实践和科学研究工作中的互相交流，同时获得微生物在分类系统中的等级目录（门、纲、目等）。这里的命名（广义）不仅包括为微生物命名（狭义）的具体实践活动，还包括与微生物命名（狭义）相关的原理、规则和注意事项的综合考虑，因此也被称作命名法或命名学。命名是分类学三要素中唯一在学术界达成共识并制定规定对相关活动进行约束的内容。目前，原核生物的命名主要遵循国际原核生物系统学委员会（International Committee on Systematics of Prokaryotes，ICSP）指导的《国际原核生物命名法规》（International Code of Nomenclature of Prokaryotes，ICNP）进行。2022年，针对未培养微生物类群的命名法规SeqCode（Code of Nomenclature of Prokaryotes Described from

Sequence Data）正式发布，但目前仍然存在不小的争议。

分类是其他学科的基础，但同时也依赖于其他学科的技术进步以实现自身的发展和更新。然而，在原核生物系统学中，关于分类的基本单元“种”的概念和广泛应用的限定方式，仍然存在着诸多问题和争议。尽管如此，分类是鉴定的前提，并且二者都依赖研究技术的进步。有了分类系统，鉴定才有参照依据，而研究技术的进步可以提供丰富的方法和工具，从而为鉴定筛选合适的方法体系，进而决定鉴定结果中的“相同”和“不同”特征的数据来源、基本原理和生物学意义。命名是对鉴定结果进行归纳总结的主要体现形式之一。如果鉴定结果无法将生物对象分配到分类系统中的合理位置，那么就需要创建新名称，进而对分类系统做出修改或优化。另外，依据命名法规而形成的名称系统，又构成了分类系统的基本框架，是分类的具体体现形式。

三、分类系统和鉴定标准

由于生物学特性的差异，鉴定指标的选择和具体标准在不同生物类群中往往是不同的，但是一些备受关注的生物类群在鉴定方面仍然达成了一定的共识，并成立了专业委员会为相应类群的鉴定方法和标准制定指南，例如ICSP就下设了与链霉菌、假诺卡氏菌、微球菌、根瘤菌、衣原体等类群相关的分委员会。另外，在个别普遍适用的指标上，学术界也达成了初步共识并出版了相应的指南以指导相关的分类学研究工作，例如区分不同种的分子杂交（DNA–DNA hybridization，DDH）和平均核苷酸一致性（Average nucleotide identity，ANI）等指标。但是需要注意的是，即使是与种的定义密切相关的DDH等指标，也从未有官方组织正式发布公告对其进行强制推广。DDH和ANI的普遍应用完全是学术界自由选择的结果。事实上，与DDH和ANI等指标相比，分类学家更推崇“多相分类”（Polyphasic taxonomy）的概念，然而多相分类本身只是一种指导思想，即从多个层面进行分类学研究，其本身并未对所包含的任何指标做出任何规定。

原核生物所有分类单元的鉴定标准和划分依据均是不明确的，种的标准也仅是相对明确，因此其分类系统也同样未达成共识。目前对于已培养类群，国内外学者主要参照LPSN中提供的分类系统，而前期人们主要依据《伯杰氏细菌与古菌分类学手册》及其早期版本。截至2024年4月28日，LPSN分类系统中编目的正确（Correct）名称包含43个门，106个纲，232个目，594个科，3 737个属，20 193个种和504个亚种。LPSN分类系统中的正确名称基本代表了已培养原核生物的多样性。在新近（09–RS220，2024年4月发布）基因组分类学数据库（Genome Taxonomy Database，GTDB）中，涵盖了细菌域的175个门、538个纲、1 840个目、4 870个科、23 112个属和107 235个种，古菌域的19个门、64个纲、166个目、564个科、1 847个属和5 869个种。当然，GTDB中的大部分分类单元并没有基于ICNP或SeqCode命名，所以GTDB也不是官方的或者权威的分类系统。与LPSN的分类系统类似，GTDB只是提供了一个“好”的分类系统，在更好的分类系统出现之前，许多分子生态学家选择依据GTDB的分类系统开展系统学研究。除此之外，NCBI 网站、《原核生物》(The Prokaryotes) 以及与未培养微生物多样性研究相关的数据库和工具也都构建了各自的分类系统。但是由于这些分类系统中的名称都主要受到 ICNP 的约束，它们彼此之间并没有出现大的矛盾，主要是对部分高级分类单元所持观点不同，分类学家在进行横向比较时，一般也不会遇到大的困难。这便是命名在分类学和系统学中需要达成共识的原因所在。

第二节 原核生物系统分类学发展史

一、前基因组时代

1673—1676 年，安东尼·范·列文虎克 (Antonie van Leeuwenhoek) 开始通过显微镜观察细菌和单细胞原生动物，并将其称为 "animalcules"，这标志着微生物学的诞生 (图 1-1)。直到 19 世纪末，微生物学家们开始观察描述细菌的形态、生长要求和致病潜力，细菌分类学才方显雏形。然而，当时大多数科学家只对病原菌的描述感兴趣，现在已知的许多病原菌都是在 1880 年至 1900 年间描述的。1917 年，美国细菌学家协会组成细菌鉴定和分类委员会，指定 David H. Bergey 作为编委会主席，撰写了著名的细菌分类学著作《伯杰氏鉴定细菌学手册》(Bergey's Manual of Determinative Bacteriology)，并于 1923 年出版第一版，随后又分别于 1925、1930、1934、1939、1948、1957、1974、1994 年出版了第二至第九版。1936 年，"伯杰氏手册信托基金委员会" 成立，以此来管理手册的出版及制定各项活动的流程。信托基金委员会成立以后，负责了第四版至第九版《伯杰氏鉴定细菌学手册》的出版。在 1977 年 DNA 测序技术成熟开始发展的背景下，1984 年信托基金委员会开始组织专家学者撰写《伯杰氏系统细菌学手册》(Bergey's Manual of Systematic Bacteriology)，并在 1989 年第一版出版面世。12 年后，第二版于 2001—2012 年先后出版，共 5 卷 7 000 余页，汇聚了全球分类学领域近千名专家学者的贡献。在这一版出版的过程中，人们发现随着原核生物系统学的迅猛发展，《伯杰氏系统细菌学手册》的修订和再版只会越来越困难，而且印刷纸质书籍也无法很好地进行发行和传阅。于是，最新版《伯杰氏古菌与细菌系统学手册》(Bergey's Manual of Systematics of Archaea and Bacteria，BMSAB) 以网络电子版的形式出现，于 2015 年正式上线发布。在发布初期，BMSAB 的内容基本沿袭第二版的《伯杰氏系统细菌学手册》，与此同时编辑部邀请相关学者不定期对其中的章节进行更新和修订，以呈现最新的原核生物系统学研究成果。

随着分子生物学的建立和发展，人们对原核生物的认知探索，也开始从表观形态向基因层次逐步深入。Rita R. Colwell 于 1970 年提出了多相分类 (Polyphasic taxonomy) 的概念，指综合微生物表型、基因型和系统发育等多方面的信息，来研究微生物分类和系统进化的过程。Peter Vandamme 等人于 1996 年进一步整理发

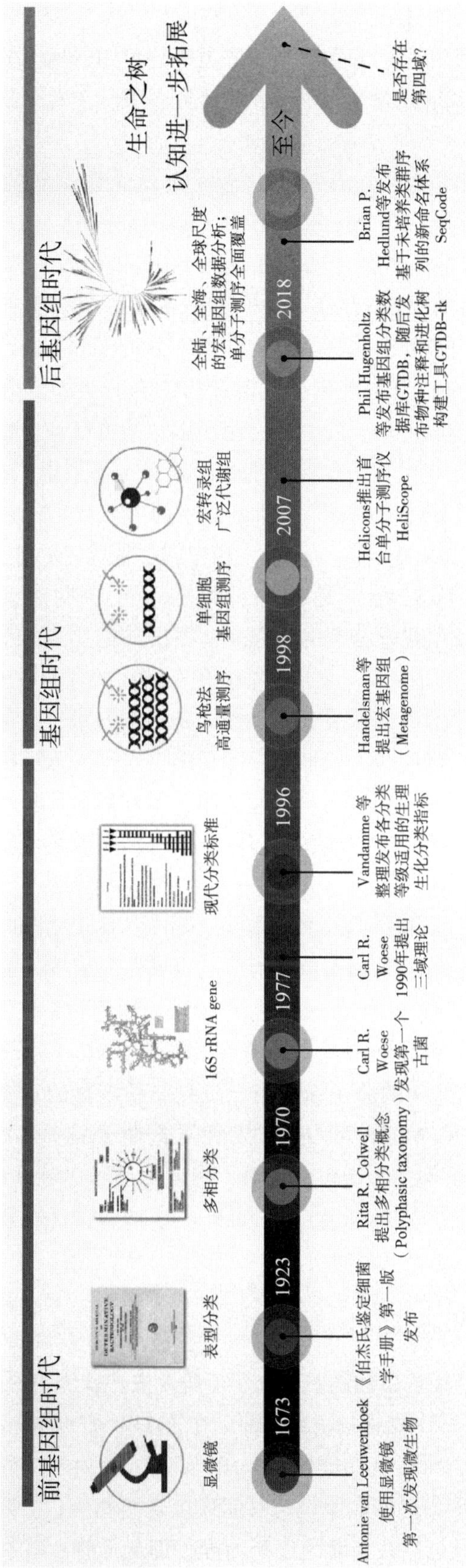

图 1-1　原核生物系统学发展阶段示意图

表了各项分类指标适用的分类等级。多相分类几乎包括了现代分类中的所有方面，如传统分类、数值分类、化学分类及分子分类等，可用于所有分类水平上的分类单位的描述和定义，多相分类目前也已成为研究各级分类单位最为有效、可靠的知识技术体系。

传统分类（Traditional classification）也称经典分类，是多相分类研究的基础。它主要包含形态特征（Morphological characteristic）、培养特征（Cultural characteristic）及生理生化特征（Physiological characteristic）等表观分类学指征（Phenotypic information）。现今存在于《伯杰氏系统细菌学手册》及微生物学教科书中的大量细菌分类单元名称都是建立在传统分类基础上的，是比较常用、特别经典的分类鉴定指标，也是现代分类鉴定的依据。传统分类法中的形态特征常用作分类系统中科及以上单元的划分，而形态结构特征结合生理生化特征可以用于科以下单元的分类。生理生化实验性状的选择主要根据“Bergey's Manual of Systematics of Archaea and Bacteria”和新近出版的IJSEM（International Journal of Systematic and Erolutionary Microbiology）中相应属、种鉴定的有关内容进行。

化学分类（Chemotaxonomy）是在20世纪50年代中期建立起来的，Mary P. Lechevalier夫妇在放线菌化学分类的研究中，提出以化学与形态特征相结合划分属的观点，并于1971年发表了主要依据细胞化学特征的分类系统，奠定了化学分类学的基础，使分类学的内容从表观水平深入到了细胞水平。目前常使用的细胞化学特征包括肽聚糖、脂肪酸、极性脂、呼吸醌、全细胞水解糖、多胺及枝菌酸等。化学分类常使用高效气相色谱、高效液相色谱和质谱等仪器分析手段，其稳定性好，重现性好，分类的可靠性高，因此化学分类是原核生物系统分类学必不可少的手段之一。

分子分类（Genotypic taxonomy）是指在生物个体的DNA和RNA等分子水平上进行研究，并根据获得的基因型信息对生物个体进行分类。分子分类的想法于1965年首次提出，最早被用来作为分子标记推导生物体间系统发育关系的生物大分子是细胞色素C和铁氧化还原蛋白。随后，Carl R. Woese研究组首次证明16S rRNA基因可作为普遍适用的分子标记用于研究原核生物的系统演化。通过分析16S rRNA基因，Carl R. Woese等人不仅发现了古菌（Archaea），同时还揭示了细菌（Bacteria）各类群间的系统发育关系，由此提出了三域理论学说。引入16S rRNA基因作为分子标记并创建新的分类系统，是20世纪生命科学中的一个里程碑事件。

二、基因组时代

最新出版的《伯杰氏古菌和细菌系统学手册》依然认为16S rRNA基因是原核生物系统学的基准分子（Benchmark molecule）。但该手册也指出了16S rRNA基因序列分析的一些缺点：①受其功能制约，rRNA基因序列的变化可以记录共同祖先及其现代后代的继承，但不能假设与时间尺度直接相关；②同一生物体内的多个rRNA基因之间有时会存在显著的序列差异，即异质性；③在属以下的分类体系中，基于 16S rRNA 基因进行系统发育分析得到的进化关系与基因组分析的结果相互矛盾。于是，系统发育基因组学（Phylogenomics）这一交叉学科应运而生。

1995 年，流感嗜血杆菌成为第一个完成全基因组测序的细菌；3 年后，Jonathan A. Eisen 和 Philip C. Hanawalt 首次正式提出系统发育基因组学这一概念。系统发育基因组学是基因组学（Genomics）和系统发育学（Phylogenetics）的结合，是进化生物学领域中一门崭新的交叉学科。随着新的测序方法的发展与测序成本的下降，完成全基因组序列测定的原核生物数目日益增加，同样宏基因组组装基因组（Metagenome-assembled genomes，MAGs）以及单细胞扩增基因组（Single-cell amplified genomes，SAGs）技术也促进了细菌和古菌基因组的激增。截至 2024 年 4 月底，Joint Genome Institute 在线基因组数据库（Genomes OnLine database）中完成全基因组测序的原核生物已达 209 680 个，其中包括 134 817 个细菌基因组，2 956 个古菌基因组，原核生物系统学已全面进入基因组时代。

系统发育基因组学的发展对原核生物分类产生了巨大的影响。2006 年，Francesca D. Ciccarelli 等基于三个域 191 个种的基因组序列，使用 31 个直系同源基因的串联蛋白序列构建了高分辨率的生命之树。2007 年，Radhey S. Gupta 利用系统发育基因组学的方法，根据 12 个保守蛋白的氨基酸序列构建系统发育树，探究了 α- 变形杆菌纲（*α-Proteobacteria*）内各分类单元的系统发育关系。2015 年，研究者发现以 81 个保守蛋白可以更加真实地反映厚壁菌门（*Firmicutes*，现已被修订为 *Bacillota*）的系统发育关系，理清了厚壁菌门的种以上分类单元的归属问题，并提出 2 个新目和 7 个新科，调整了 11 个属的科水平归属。2018 年，María E. Pavan 等在上述工作基础上根据系统发育基因组结果建立了粪热杆菌门（*Coprothermobacterota*）。2020 年，中山大学李文均团队根据 16S rRNA 基因系统发育分析和系统发育基因组分析结果，对放线菌门的高级分类单元进行了更新，将放线菌门 425 个合格发表的属分为 6 个纲（图 1-2）、46 个目和 79 个科，其中包括 16 个新目和 10 个新科，并将放线菌纲的拉丁名称由原来的 *Actinobacteria* 修订为 *Actinomycetia*。

随着基因组学技术方法进一步拓宽了微生物多样性的概念和范畴，国际原核生物系统学委员会 ICSP 也意识到此前一直使用的名称和分类方法已经过时，特别是在原核生物的命名法规中将“门”这一分类标准排除在外，导致在相当长的一段时间里，一些不符合 ICNP 的俗名占据上风，不利于科学研究的标准化。针对这些遗留问题，自从 ICSP 投票表决通过将“门”纳入 ICNP 以来，目前已生效发表的门共 50 个（表 1-1）。当然，这一命名更新一出台，便在微生物界引起“轩然大波”，不少研究者担心这种命名的“大洗牌”会导致连续工作的前后脱节，特别是在疾病研究、基础设施维护、食品安全等应用领域中可能会造成安全隐患。但更多领域内的专家还是认可这一改动。ICSP 委员会前任主席 Iain C. Sutcliffe 认为，“门”这一分类的滞后是由于历史局限造成的，ICNP 首次起草于 1936 年，当时已知的原核生物极少，有限的技术还不足以识别原核生物巨大的多样性。内华达大学的微生物学家 Brian P. Hedlund 表示这一变化正标志着科学家们对微生物

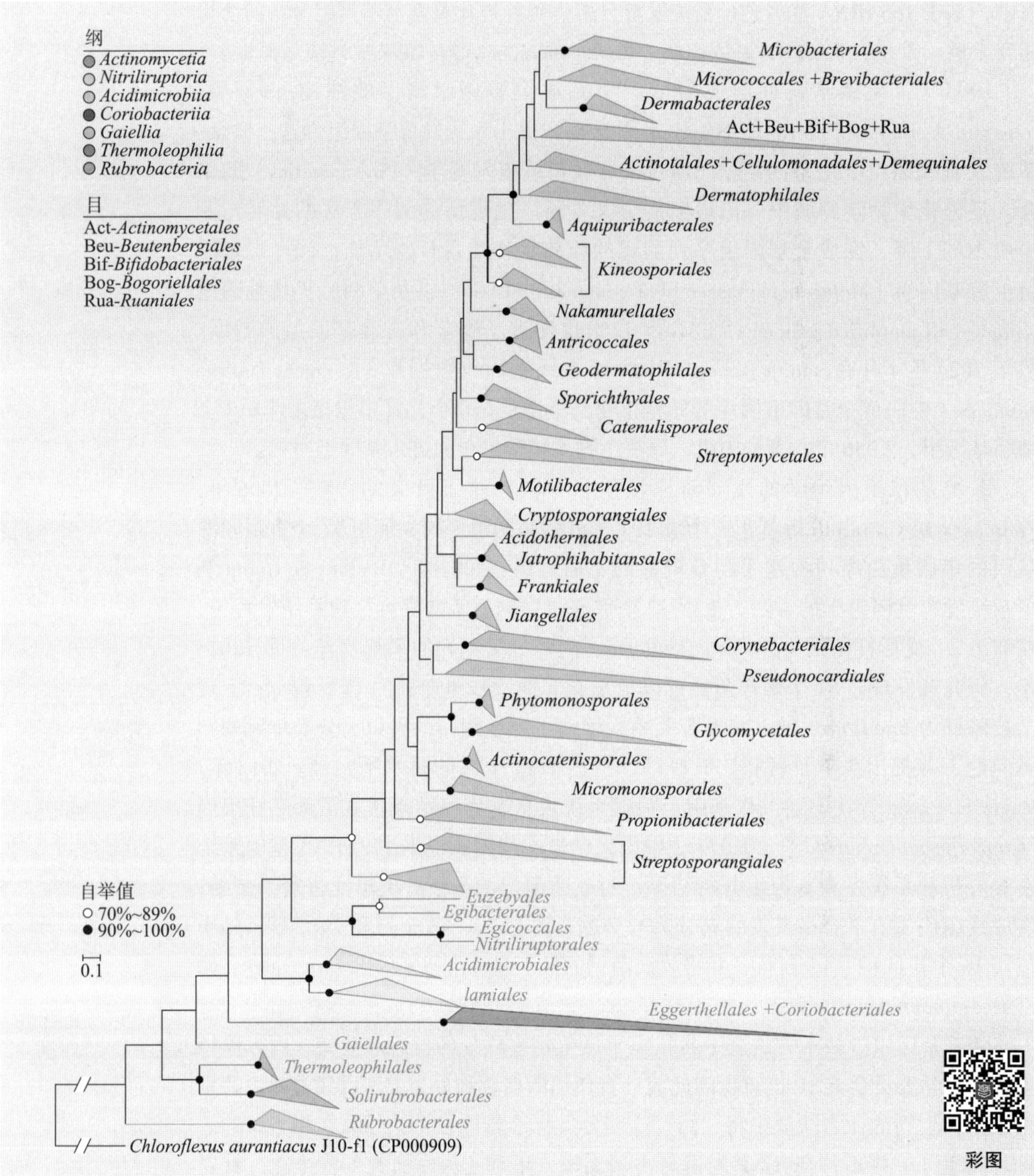

图 1-2 基于 16S rRNA 基因所构建的放线菌系统发育树

理解的不断进步。参与此次原核生物命名法规制定的密歇根州立大学微生物学家 George M. Garrity 认为，这是原核生物改名的重大尝试，并指出如果科学家希望他们的命名有价值，就必须遵守规则。

如今，基因组数据已经成为描述新分类单元的必需指标，由 IJSEM 编辑部发起，并由首尔大学 Jongsik Chun 教授牵头制定了基于基因组序列的系统发育物种判定的最低标准，2024 年，该标准又被重新修订（图 1-3）。这种对于系统学研

表 1–1 基于 ICNP 合格发表的门名称

界	原命名	新命名	译名
细菌域			
Bacillati	*Actinobacteria*	*Actinomycetota*	放线菌门
	Armatimonadetes	*Armatimonadota*	装甲菌门
	Firmicutes	*Bacillota*	芽孢杆菌门
	Cyanobacteria	*Cyanobacteriota*	蓝细菌门
	Chloroflexi	*Chloroflexota*	绿弯菌门
	Tenericutes	*Mycoplasmatota*	支原体门
	Eremiobacterota	*Vulcanimicrobiota*	火神微菌门
	—	*Thermodesulfobiota*	热脱硫菌门
Fusobacteriati	*Fusobacteria*	*Fusobacteriota*	梭杆菌门
Pseudomonadati	*Abditibacteriota*	*Abditibacteriota*	隐杆菌门
	Acidobacteria	*Acidobacteriota*	酸杆菌门
	Aquificae	*Aquificota*	产液菌门
	—	*Atribacterota*	暗黑菌门
	Bacteroidetes	*Bacteroidota*	拟杆菌门
	Balneolaeota	*Balneolota*	班尤尔斯菌门
	—	*Bdellovibrionota*	蛭弧菌门
	Caldiserica	*Caldisericota*	栖热丝菌门
	Calditrichaeota	*Calditrichota*	栖热线菌门
	Epsilonbacteraeota	*Campylobacterota*	弯曲杆菌门
	Chlamydiae	*Chlamydiota*	衣原体门
	Chlorobi	*Chlorobiota*	绿菌门
	Chrysiogenetes	*Chrysiogenota*	产金菌门
	—	*Coprothermobacterota*	粪嗜热杆菌门
	Deferribacteres	*Deferribacterota*	脱铁杆菌门
	—	*Desulfobacterota*	脱硫杆菌门
	Dictyoglomi	*Dictyoglomerota*	网球菌门
	Elusimicrobia	*Elusimicrobiota*	迷踪菌门
	Fibrobacteres	*Fibrobacterota*	丝状杆菌门
	Gemmatimonadetes	*Gemmatimonadota*	芽单胞菌门
	Ignavibacteriae	*Ignavibacteriota*	懒惰杆菌门
	Kiritimatiellaeota	*Kiritimatiellota*	基里蒂马蒂菌门
	Lentisphaerae	*Lentisphaerota*	黏胶球菌门

续表

界	原命名	新命名	译名
	—	*Myxococcota*	黏细菌门
	Nitrospinae	*Nitrospinota*	硝化刺菌门
	Nitrospirae	*Nitrospirota*	硝化螺菌门
	Planctomycetes	*Planctomycetota*	浮霉菌门
	Proteobacteria	*Pseudomonadota*	假单胞菌门
	Rhodothermaeota	*Rhodothermota*	红色嗜热菌门
	Spirochaetes	*Spirochaetota*	螺旋体门
	Thermodesulfobacteria	*Thermodesulfobacteriota*	热脱硫杆菌门
	Thermomicrobia	*Thermomicrobiota*	热微菌门
	Thermotogae	*Thermotogota*	热袍菌门
	Verrucomicrobia	*Verrucomicrobiota*	疣微菌门
Thermotogati	*Deinococcus-Thermus*	*Deinococcota*	异常球菌门
	Synergistetes	*Synergistota*	互养菌门
古菌域			
Methanobacteriati	*Euryarchaeota*	*Halobacteriota*	盐杆菌门
		Methanobacteriota	甲烷杆菌门
		Thermoplasmatota	热原体门
Nanobdellati	—	*Microcaldota*	嗜热微菌门
	Nanoarchaeota	*Nanobdellota*	蛭微菌门
Thermoproteati	*Crenarchaeota*	*Thermoproteota*	热变形菌门
	Thaumarchaeota	*Nitrososphaerota*	硝酸盐球菌门

究范式的革新，不仅有助于理解全基因组水平的分子系统发育，而且对合理选择用于分类和鉴定物种的表型标准具有重要意义。这些发展为系统学家提供了机会，他们可以使用各种生物信息学技术方法从更高分类水平上进行原核系统学研究，梳理关注类群的系统发育关系。然而，基于算法的系统发育分析模型，在各类群的各个分类级别上的鲁棒性和重现性是否稳定，基因组信息与表观遗传特征是否能双向印证，也是系统基因组学研究者需要直面的挑战。

三、后基因组时代

随着各个大科学项目的实施（如地球微生物组计划、人类微生物组计划等），以及测序技术的广泛应用和迅猛发展，人们发现了越来越多的未培养原核生物。LPSN（List of Prokaryotic Name with Standing in Nomenclature）网站数据显示，目前已获得纯培养的原核生物仅有2万多个，不足自然界总数的1%，人们对未培

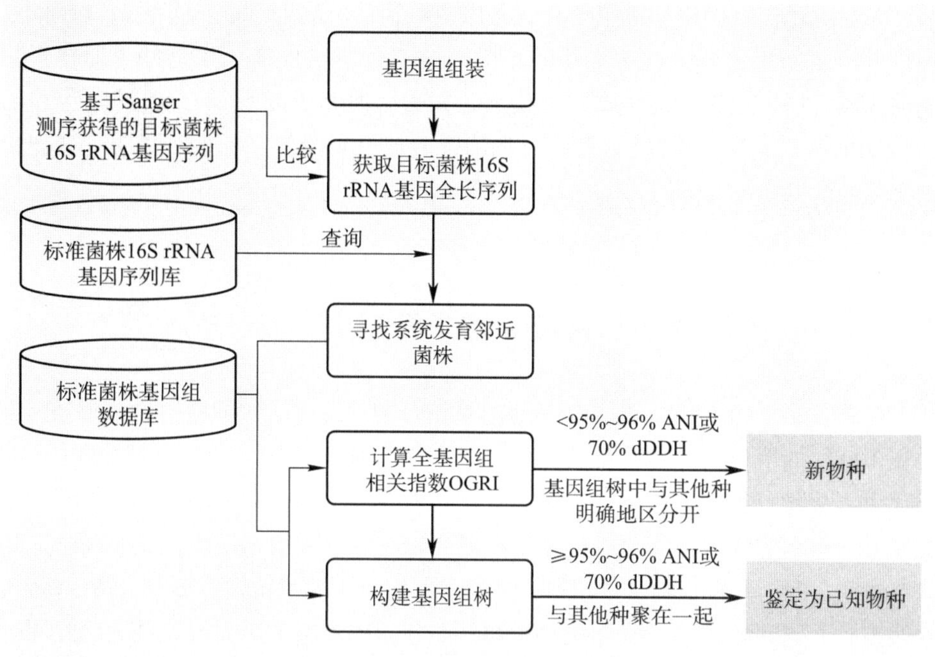

图 1-3　基于基因组序列进行物种水平分类示意图（引自 Riesco 和 Trujillo，2024）

养微生物的认识仍然非常有限。随着高通量测序技术的迅猛发展，基于宏基因组和单细胞基因组技术，借助生物信息学分析手段，研究人员从环境中发现了大量的未培养微生物，且很多都是生命之树上的新分支。许多未培养微生物对地球上的物质循环和能量流动至关重要，在工农业生产相关领域中具有重要的应用价值，不同领域的学者分别针对人类肠道、污水处理系统和自然界特殊生境等提出了"most-wanted"微生物名单，针对这些类群的研究，尤其是相关培养物的研究，均具有重要意义。因此，获得稳定的培养物是未培养微生物资源开发利用的关键环节，也是后基因组时代原核生物系统学的主要任务之一。

与此同时，如何对这些与日俱增的未培养类群进行合理、规范的分类与命名，已经成为更好地沟通、理解和研究生物多样性的主要限制因素。在过去几十年中新发现的大部分未培养的分类单元都没有获得林奈双名法名称，而只是用简单的"字母＋数字（Alphanumeric）"进行标识，例如海洋细菌类群 SAR11。这些标识符既不能描述表型或生态特征，也不能指代具体的分类等级。因为缺乏对"字母＋数字"标识符的规定，有些分类单元被赋予了不同标识符，导致科学家之间的交流困难。此外，未培养类群既无法满足分离、培养及相关的描述，也不能保存在可公开获取的两个不同国家的菌种保藏机构中，因此无法满足 ICNP 对命名的要求。虽然，从 ICNP 2008 年修订版开始，ICNP 便采用了暂定名称（*Candidatus*）的形式对未培养类群的命名进行管理，但是由于不能保证优先权，因此很多学者认为这无法解决未培养类群的命名问题。于是，2022 年主要针对未培养类群的 SeqCode 应运而生。但是，这两种命名法规对立运行，必然会产生越来越多的矛盾，将为原核生物系统学带来怎样的影响，仍有待时间验证。

综上所述，原核生物系统学在后基因组时代的发展面临着诸多挑战，相信在各国学者不断探索和共同努力下，该学科一定会不断发展、完善并为原核生物其他领域的研究提供更好的支撑作用。正如美国沙漠研究所分子生态学家 Alison Murray 总结的，“我们需要一种语言来传达地球上生命的多样性，适应这些变化同样是科学史的一部分。”

第三节 我国原核生物系统分类学发展史

在过去的 70 多年里，我国原核生物系统分类学走过了国际微生物系统分类学发展 100 年的历程，从最基础的以形态和生理生化特征分类为主，到 20 世纪 80 年代引入化学分类和数值分类方法，90 年代中期起逐步建立以 16S rRNA 基因系统发育分析为主线的多相分类体系，发展到现在以基因组水平为主要分类依据的研究体系。我国原核生物分类学研究从白手起家、跟踪模仿到逐步走上国际舞台，从跟跑、并跑到整体处于国际先进行列，部分领域领跑国际同行，并为国际同行提供微生物数据服务。

一、形态和生理生化分类时代

20 世纪 80 年代之前，我国原核生物分类学研究工作主要集中在中国科学院微生物研究所开展。采用以形态学特征为主、生理生化特征为辅的分类研究手段，主要开展了细菌和放线菌的分类研究，成果主要发表在《科学通报》《微生物学报》和《微生物学通报》等学术期刊上。放线菌是原核生物中形态特征最为丰富的类群，除细菌形态外，典型的放线菌具有基内菌丝、气生菌丝和孢子丝的分化，部分放线菌的形态随培养条件的变化呈现出不同的特征。放线菌的表型分类历史代表着原核生物表型分类体系的发展。

自 1943 年 Selman A. Waksman 等从链霉菌中发现了具有显著医疗价值的链霉素以来，抗生素研究的热潮推动了我国和全世界放线菌分类学的发展。中国科学院微生物研究所阎逊初院士于 1950 年创建了我国放线菌分类学学科。1961 年，从苏联学成归来的阮继生加入了放线菌研究队伍，他在国内首创性使用电子显微镜观察放线菌孢子表面形态、“埋片法”观察放线菌菌丝形态，在国际上首先发现孢子表面结构可用于分类。

《细菌和放线菌的鉴定》《细菌分类基础》《链霉菌鉴定手册》和《放线菌分类基础》等译著和著作是这个时期的代表作，引导着我国原核生物分类学在之后半个世纪的发展。其中，《链霉菌鉴定手册》重点关注产生抗生素的链霉菌（*Streptomyces*），将相关资料汇集在一起，提出以形态和培养特征为主，生理生化特征为辅的分类原则，将约 800 种链霉菌划分为 14 个类群。

表型分类学方法体系的建立和微生物资源的应用，为中国原核生物分类学的发展奠定了基础，并对微生物学领域的研究和应用产生了重要影响。

二、多相分类方法的建立时代

20 世纪 80 年代起，在中国科学院微生物研究所的支持和影响下，国内从事原核生物分类研究的队伍迅速壮大，云南大学、河北大学、四川大学、辽宁大学、广西农学院、中国医学科学院医学生物技术研究所、中国科学院林业土壤研究所（现为中国科学院沈阳应用生态研究所）、山西省微生物所、四川抗生素研究所和福建省微生物所等逐步成为我国原核生物分类的重要机构，但绝大多数成果依然仅限于在国内刊物上发表。中国科学院微生物研究所阎逊初院士领导的放线菌分类研究组，除使用光学显微镜和生理生化实验等常规方法外，还使用电子显微技术、超薄切片技术、氨基酸和糖组分分析、DNA 的 G+C 含量测定等化学和分子生物学技术，开展了大量的研究工作，建立了形态学和化学特征均区别于放线菌目中已有的 60 多个属的 3 个新属，即小链孢菌属（*Microstreptospora*）、类链霉菌属（*Streptomycoides*）和异壁放线菌属（*Actinoallotaichus*），这 3 个新属先后在《微生物学报》上发表后，丰富了放线菌分类学的研究内容，引起了国内外学者的普遍关注。阮继生通过化学分类研究，发现原定种名为东方诺卡氏菌（*Nocardia orientalis*）等 8 个典型菌株的细胞内没有枝菌酸，而诺卡氏菌属含有枝菌酸，据此建立了无枝菌酸属（*Amycolata*）和拟无枝菌酸属（*Amycolatopsis*）两个新属，与美、德两国科学家联名发表。这是国内科学家参与并有单位署名，且发表在国际公认的权威分类学期刊——《国际细菌系统学杂志》（International Journal of Systematics Bacteriology，IJSB）上的最早记录。阮继生、刘志恒、张利平等将细胞壁、极性脂、甲基萘醌和枝菌酸等细胞化学组分分析用于诺卡氏菌等放线菌类群的分类之中，使分类学的内容从表观水平深入到细胞水平。1987 年，四川抗生素研究所（现为四川抗菌素工业研究所）胡润茂等在 IJSB 上发表了完全由中国学者在国内进行研究，并第一个得到国际承认的放线菌新种天青糖单孢菌（*Saccharomonospora azurea*）；次年，他们又发表了深蓝色糖单孢菌（*Saccharomonospora cyanea*）新种。这些方法的建立以及相关成果的发表，代表了我国原核生物研究进入化学分类时期。

20 世纪 80 年代末至 90 年代初期，中国科学院微生物研究所的放线菌分类组重点攻克了 RNA 和 DNA 序列分析技术，建立了将形态学特征、化学分类特征及分子分类技术相结合的放线菌分类研究体系，对云南地区不同环境下的诺卡氏菌、游动放线菌、马杜拉菌及弗兰克氏菌进行了分类研究。放线菌研究在这个阶段成果显著：①完成了弗兰克氏菌 DNA-DNA 杂交实验，获得了弗兰克氏菌、拟诺卡氏菌、无枝酸菌及其相关菌株的限制性酶切片段长度多态型性（restriction fragment length polymorphism，RFLP）数据；②掌握了 23S rRNA 序列分析技术，并依据 23S rRNA 的 5′ 端序列区分链霉菌属、小单孢菌属、无枝酸菌属及糖单孢菌属不同属的种。这种用形态、化学分类指征与 23S rRNA 序列分析相结合分属种的做法，当时在国内微生物分类学中尚属首次报道；③依据 16S-23S rRNA 间隔区大小与序列区分“种”，发现了伊拉克放线多孢菌（*Actinopolyspora iraqiensis*）

与嗜盐拟诺卡氏菌（*Nocardiopsis halophila*）两个新种，这些新种均被收录于第二版《伯杰氏系统细菌学手册》中；④用 16S–23S rRNA 间隔区鉴定弗兰克氏菌，为国际弗兰克氏菌定种难题的解决提供了新思路。

甘油二醚是区分细菌和古菌的重要化学分类指标。正是依据这一古菌特有的细胞膜脂组分，我国学者发现先前分离鉴定的嗜热嗜酸硫球菌（*Sulfosphaerellus thermoacidphilum*）拥有古菌的特征。同样是根据这一重要指标，王大珍描述了大柴旦盐杆菌（*Halobacterium dachaidanensis*）和塘沽盐杆菌（*Halobacterium tangguensis*）2 个嗜盐古菌新种，周培瑾描述了产碱嗜盐杆菌（*Halobacterium haloalcaligenum*）等古菌新种。这些研究成果开创了我国学者研究古菌的先河，为我国后续开展古菌分类学研究奠定了基础。

1990 年阮继生、刘志恒、梁丽糯、杨德成主编的《放线菌研究及应用》出版。1992 年阎逊初编著的《放线菌的分类与鉴定》出版。1995 年，姜成林、徐丽华与许宗雄合著的《放线菌分类学》出版发行。其中，《放线菌的分类与鉴定》是当时国内外有关放线菌分类研究成果的总结性专著，书中对当时发表的 60 多个属和近 2 000 个种进行了归纳整理和分类描述。《乳酸菌——生物学基础及应用》和《乳酸细菌分类鉴定及实验方法》较全面地介绍了乳酸细菌分类、生理、生态、遗传和应用，对当时最新建立的新属和新种进行了描述。

这一时期，随着研究水平提升，我国学者开始在国际机构中有了任职。中国科学院微生物研究所宋大康在 20 世纪 80—90 年代担任世界微生物菌种保藏联盟执行理事、联合国教科文组织和联合国环境署全球微生物资源中心网络北京中心主任、联合国教科文组织东南亚地区微生物和生物技术网络协调委员；宋大康、阎逊初、阮继生等学者从 20 世纪 80 年代开始在国际相关学术机构任职（表 1–2），极大地促进了我国微生物分类学研究的国际合作进程。

表 1–2 中国微生物分类研究工作者在国际原核生物分类学相关学术组织任职情况

姓名	学术组织名称	职务	任职起止时间
宋大康	世界微生物菌种保藏联盟	执行理事	20 世纪 80—90 年代
	联合国教科文组织和联合国环境署全球微生物资源中心网络	北京中心主任	20 世纪 80—90 年代
	联合国教科文组织东南亚地区微生物和生物技术网络协调委员会	委员	20 世纪 80—90 年代
阎逊初	联合国教科文组织微生物专业小组	成员	20 世纪 80—90 年代
	联合国国际细胞研究组织	成员	20 世纪 80—90 年代
阮继生	国际细菌分类委员会放线菌 / 弗兰克氏菌分类分委员会	委员	1982 年—20 世纪 90 年代
陈文新	国际细菌分类委员会根瘤菌 / 土壤杆菌分类分委员会	委员	1996—2020 年

三、多相分类发展时期

20 世纪 90 年代后期，我国原核生物分类各个领域开始与国际接轨采用多相分类技术手段，并注重将研究成果在国际权威刊物上发表。这一时期，分子生物学和生物信息学的应用，提高了原核生物系统分类学的研究水平。1991 年，云南大学姜成林等在 IJSB 上发表了完全由中国学者在国内进行的研究，并第一个合格化发表的放线菌新属——双孢放线菌属（*Actinobispora*）。1993 年胡润茂等发表了游动四孢菌属（*Planotetraspora*）放线菌新属。1998 年，周志红和刘志恒等发表棘孢丝糖多孢菌（*Saccharopolyspora spinosporotrichia*）新种；1999 年，姜成林等先后发表了双孢放线菌属（*Actinobispora*）3 个新种、糖单孢菌属（*Saccharomonospora*）1 个新种以及链霉菌属（*Streptomyces*）1 个新种相关文章；1997 年，陈文新院士等发表海南根瘤菌（*Rhizobium hainanense*）、天山中慢生根瘤菌（*Mesorhizobium tianshanense*）与相关根瘤菌的系统发育和遗传关系研究成果。1999 年中国科学院微生物研究所周培瑾课题组基于分离自西藏班戈湖的菌株 A33 和 GA33 建立了盐碱红菌属（*Natronorubrum*）并描述了班戈盐碱红菌（*Natronorubrum bangense*）和西藏盐碱红菌（*Natronorubrum tibetense*），这是我国研究者首次在国际微生物分类学权威期刊上发表嗜盐古菌新分类单元；2000 年，该团队又描述了来自艾丁湖的多形钠线菌（*Natrinema versiforme*）古菌新种和来自南极样品的南极微球菌（*Micrococcus antarcticus*）嗜冷细菌新种。上述研究成果均发表在国际原核生物分类权威期刊 IJSB 上。至此，我国放线菌、细菌和古菌分类全部登上国际舞台。该时期，阮继生教授和陈文新院士于 1996 年受邀担任国际细菌分类学委员会委员。

进入 2000 年，International Journal of Systematic Bacteriology（IJSB）更名为 International Journal of Systematic and Evolutionary Microbiology（IJSEM）。我国原核生物分类学研究迎来了百花齐放的时代，专业人才队伍力量日渐强大，技术、方法推陈出新。随着我国国力日趋强大，微生物分类学研究受到重视，国家层面的一系列相关举措和国家发展的需求牵引，进一步助推微生物分类学的发展，我国原核生物分类学赢得了千载难逢的发展机遇。这一时期我国在分类方法方面与国际同行的差距迅速缩小，由跟跑到并跑，并在新物种发现等领域逐渐领先全球，发现的原核生物，尤其是放线菌和古菌新分类单元的数量迅速增加。2003 年，我国相关机构在 IJSEM 上发表论文 17 篇，排名全球第六，这一年在 IJSEM 发表的论文数量仅比 2000 年及以前在 IJSB 及 IJSEM 发表的论文数量的总和少 1 篇；2003—2012 年 10 年间，在国际公认的分类学最权威期刊 IJSEM 杂志上发表的放线菌新物种 256 个，占全世界发表新物种数量的 1/4 强。从 2009 年我国相关机构在 IJSEM 上年发表的论文数量首次达到全球各国第一位起，此顶桂冠从未旁落。根据 LPSN 统计，2010—2023 年间，我国学者合格发表的新分类单元数量稳居世界第一（图 1-4），我国在原核生物分类上的整体优势明显。截至 2023 年底，我国学者先后描述了 234 个古菌新种，占现有古菌物种（680 个种）的 34%。在此

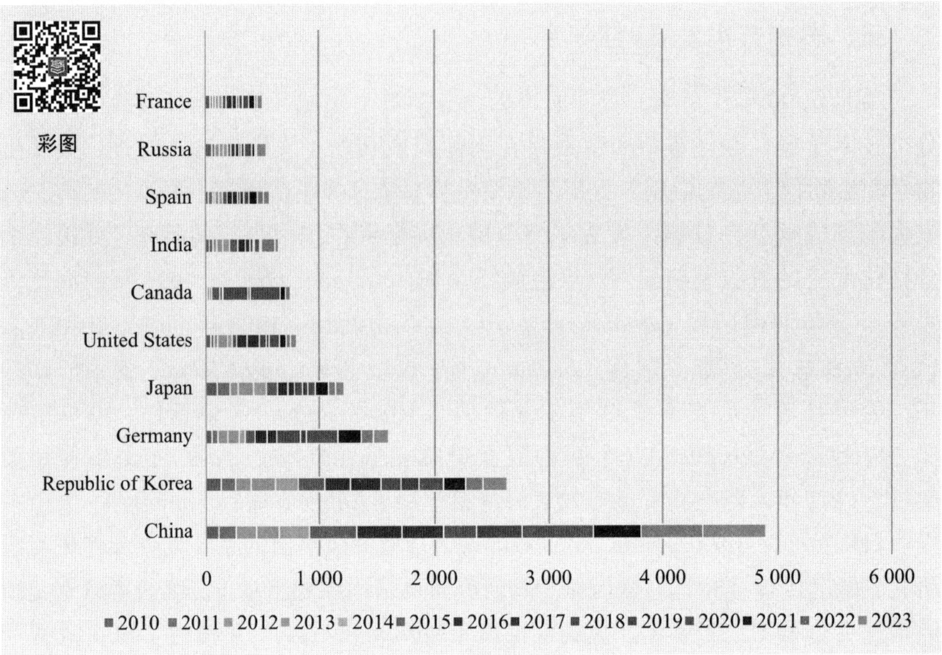

图 1-4 2010—2023 年世界主要国家发表的原核生物新分类单元数量排名

期间，以李文均、杜宗军、崔恒林和许学伟等为代表的新一代具有较强国际影响的中青年微生物分类学家迅速成长起来，并在国际学术组织、国际学术期刊中担任职务（表 1-3），李文均和老一辈放线菌分类学家阮继生、刘志恒先后荣获国际原核生物分类学领域的斯克尔曼奖和伯杰氏奖章。由于在微生物分类学研究的成就，陈文新、陶天申、刘志恒、黄英、陈文峰、李文均、崔晓龙、唐蜀昆和职晓阳等受邀参与撰写《伯杰氏系统细菌学手册》（第二版）的相关章节。

回顾原核生物分类学研究发展历史，在国际微生物分类发展的大事件中，我国从 20 世纪 80 年代之前的跟跑到 2000 年以后的并跑乃至领跑，我国微生物学家们在分类学方面取得了很多突破性进展，为我国的微生物学科建立了良好的基础。他们在该领域内开展了大量的研究，提出了许多新的分类学方法，发现了大量新物种，并为原核生物学研究和应用发展做出了重要贡献。上述成绩的取得得益于在 2000 年之后的十余年里，原核生物分类学一直是国家自然科学基金的优先资助领域。但是，随着原核生物分类学逐渐被排除出国家自然科学基金的优先资助领域，以及国内科研评价体系给有关工作者带来的巨大压力，纯粹的分类学研究几乎没有生存空间。这是一个机遇与风险并存的时代，原核生物分类学要想赢得发展空间，必须与资源、生态、医药等国家战略和产业发展需求相结合。高通量测序、高性能计算等生物信息技术的快速发展使基因组测序成为可培养和未培养原核生物分类学框架的基础，组学时代及后组学时代的多组学技术逐渐应用于原核生物分类学研究——如果能将这些新技术广泛应用，并将分类学研究与国家重大需求紧密结合，把握好机会，我国原核生物分类学研究必将二次腾飞，取得更大成绩。

表 1-3　21 世纪以来中国微生物分类研究工作者在国际原核生物分类学相关学术组织及学术期刊任职情况

姓名	学术组织 / 学术期刊名称	职务	期限
马俊才	世界微生物菌种保藏联合会	国际执委	2004 年至今
	世界微生物数据中心	主任	2010 年至今
许学伟	国际原核生物系统学委员会盐单胞菌分类分委员会	委员	2016 年 5 月至今
崔恒林	国际原核生物系统学委员会嗜盐古菌分类分委员会	委员，副秘书	2016 年 5 月至今
黄英	国际原核生物系统学委员会链霉菌分类分委员会	委员	2008 年 5 月至今
韦革宏	国际原核生物系统学委员会根瘤菌与土壤杆菌分类分委员会	委员	2008 年 12 月至今
田长富	国际原核生物系统学委员会根瘤菌与土壤杆菌分类分委员会	委员	2016 年 1 月至今
李文均	伯杰氏国际系统微生物学学会	委员	2011 年 5 月至今
		秘书	2018 年 4 月至 2023 年 11 月
		主席	2023 年 12 月至今
	国际原核生物系统学委员会	国际执委	2017 年 7 月至 2020 年 12 月
	国际原核生物系统学委员会	国际委员	2021 年 1 月至今
许学伟	International Journal of Systematic and Evolutionary Microbiology	副主编	2013 年 10 月至今
	Frontiers in Marine Science	副主编	2014 年 2 月至今
吴月红	International Journal of Systematic and Evolutionary Microbiology	副主编	2019 年 6 月至今
李文均	International Journal of Systematic and Evolutionary Microbiology	副主编	2020 年 5 月至今
	Antonie van Leeuwenhoek	副主编	2020 年 10 月至今
	Microbiome	副主编	2022 年 3 月至今
	Environmental Microbiome	副主编	2022 年 3 月至今
	Archives of Microbiology	副主编	2022 年 10 月至今
	Syst Appl Microbiol	编委	2023 年 1 月至今
张玉琴	International Journal of Systematic and Evolutionary Microbiology	副主编	2021 年 8 月至今
	Frontiers in Microbiology	副主编	2022 年 10 月至今

本章小结

原核生物分类学是将微生物划分为不同的群，然后评定到不同的等级；原核生物系统学是以分类学三要素（分类、鉴定和命名）为基础，强调进化过程和系统发育等遗传机制的基础学科，是原核生物资源研究和开发利用的重要理论基础，是人们不断探寻并拓展认知生命之树的重要手段，是当前生命科学中最为活跃的基础研究领域之一。本章对原核生物系统分类学的基本概念和学科发展历程进行梳理，初步将其分为三个主要阶段：①前基因组学时代，该阶段是原核生物系统学研究目标、分类标准和命名体系形成最重要的阶段，是该学科的奠基时代。②基因组时代，主要介绍基因组对原核生物系统学的影响和推动作用。③后基因组时代，探讨在未培养类群多样性研究不断深入的背景下，原核生物系统学面临的机遇和挑战。同时，在经历了形态和生理生化分类时代、化学分类方法的建立时代以及多相分类发展时代后，我国原核生物分类研究无论从理论、方法创新还是新物种发现方面都取得了令人瞩目的成绩，在国际上的地位和影响力日益提高，已经逐渐成为国际原核系统分类学研究领域的主导力量。

推荐阅读

1. Hedlund B P，Chuvochina M，Hugenholtz P，et al. SeqCode：a nomenclatural code for prokaryotes described from sequence data. Nat Microbiol，2022，7：1702–1708.［推荐理由：目前，许多原核生物不能通过纯培养获得，无法依据国际原核生物命名法规（ICNP）的规则和建议获得合格命名，严重阻碍了微生物学科间的交流。本文中，美国内华达大学研究人员等编写了新的命名法 SeqCode，可依据分离株的基因组、宏基因组组装基因组或单细胞扩增基因组序列对原核生物命名，且其在名称组成和优先权规则方面与 ICNP 相似。］

2. Hug L A，Baker B J，Anantharaman K，et al. A new view of the tree of life. Nat Microbiol，2016，1：16048.［推荐理由：随着宏基因组学的发展，越来越多鲜为人知的原核生物基因组数据被发现和公布，这使得人们对生命多样性的理解发生了巨大变化。在本文中，加州大学伯克利分校的 Jillian F. Banfield 研究团队从浅含水层、沙漠结皮、土壤和海豚口腔中获得了 1 011 个基因组序列，结合公共数据库中已有的基因组序列，基于 16 个核糖体蛋白重构了进化树。结果显示，该进化树包含了 92 个细菌门、26 个古菌门及部分真核生物，扩展了之前的“生命之树”；与古菌及真核生物相比，细菌的多样性更丰富，并强调了未培养微生物的重要性；该进化树最明显的特征，是由一个被描述为“候选门辐射”（Candidate phyla radiation）的类群形成的重要分支，这是一个刚被人类所知、只由营共生生活的细菌构成的类群，它们贡献了细菌一半的多样性。虽然古菌和真核生物之间的关系还不明朗，但这一研究仍然带来了看待生命史的新视野。这一发现不仅惠及微生物生态学家，对于寻找新基因的生物化学家，以及进化和地球历史的研究者来说都极为重要。]

3. Riesco R，Trujillo M E. Update on the proposed minimal standards for the use of genome data for the taxonomy of prokaryotes. International Journal of Systematic and Evolutionary Microbiology，2024，74：006300.（推荐理由：分子技术，特别是DNA测序和基因组学的引入，彻底改变了我们对原核生物多样性的认识。在过去的二十年里，基因组测序技术的进步使分类方法从传统手段转变为基于基因组的分类框架，不仅可用于定义物种，还可用于定义更高的分类等级。本文主要更新了应用基因组数据进行分类的标准。）

4. 张玉琴，吕志堂，崔恒林，许学伟，阮志勇，李文均．我国原核微生物分类学七十年．微生物学报，2023，635：1–16.（推荐理由：本文梳理了我国在细菌和古菌分类学及相关领域的发展脉络和取得的成绩，并结合该领域最新发展方向进行了展望。）

思考题

1. 微生物系统学与微生物分类学之间的区别及联系是什么？
2. 微生物的命名方法有哪些？
3. 简述《伯杰氏系统细菌学手册》的发展史。
4. ICNP 和 SeqCode 两套命名法规如何做到相互兼容？

（董雷、张道锋、刘兰、刘冰冰、李文均）

第二章

原核生物分类鉴定流程

微生物系统学是研究微生物种类、多样性及其系统进化关系的学科，主要包括微生物的分类、鉴定和命名，其中微生物分类和鉴定是与基础微生物学和应用微生物学相关的核心内容，而微生物命名对微生物学科的各个方面都至关重要。国际上微生物系统学的权威工具书《伯杰氏系统细菌学手册》（第二版）和《伯杰氏古菌和细菌系统学手册》均采用了基于 16S rRNA 基因序列分析的系统发育分类系统。然而，随着现代测序技术成本的不断降低以及分析方法的不断进步，基于基因组的现代分类学在不断深化着微生物系统学研究，原核生物的分类学也从早期的基于形态学特征、生理生化特征、细胞化学特征和 16S rRNA 基因序列分析的传统模式，发展到了基因组系统学时代。综合上述分析方法的多相分类鉴定也已成为当今原核生物系统分类学研究的主要手段。

第一节 菌株的分离

微生物通常是肉眼看不到的微小生物，而且无处不在，它们往往以复杂的群落形式存在于不同的自然生境中。微生物培养起源于19世纪中叶，许多现代的富集分离方法都借鉴了一个多世纪以前引入的某些原理，其中许多依赖于培养物的生理特征以及所含微生物的表型和基因型特征。这些方法的运用不仅需要消耗大量的时间和耐心，很大程度还依赖于研究人员的经验判断。微生物学中，在人为规定的条件下培养、繁殖得到的微生物群体称为培养物（Culture），而只有一种微生物的培养物称为纯培养物（Pure culture）。由于在通常情况下纯培养物能够较好地被研究、利用和保证结果的可重复性，因此，把特定的微生物从自然界混在的状态中分离、纯化出来的培养技术是进行微生物学研究的基础。

一、微生物分离培养的传统方法

传统的微生物富集分离方法主要包括如下几种（图2-1）：

1. 特定类群的富集：通过设计选择性营养培养基（如使用特定的底物），控制不同的物理化学条件（如温度、pH、盐度和气体组成），添加选择性抑制剂（如抗生素、有毒化合物和代谢抑制剂），增加或减少特定生长因子（如氨基酸、维生素和金属）来对特定类群进行分离。

2. 在显微镜下观察培养物：在培养过程中，当目标微生物与其他微生物在大小或形状上有实质差异时，可通过具有各种孔径的过滤器进行大小分级，或通过梯度离心进行基于质量的筛选来分离。

3. 固体培养基中的微生物分离：针对不同的微生物可以使用替代的固化剂（如结冷胶和琼脂糖）对微生物进行分离。

4. 液体培养基中的微生物分离：通过极限梯度稀释或根据运动性表型（如趋光性、气动力性、趋化性、趋电性或趋磁性）特征进行分离。

5. 过滤灭菌法：高压灭菌过程除了存在某些组分降解的风险外，某些组分的存在还可能导致形成有毒副产物（例如过氧化氢），从而抑制生长。单独高压灭菌培养基成分或使用过滤灭菌法可以避免这些问题。

在微生物的研究及应用中，不仅需要通过不同的分离纯化技术从混杂的天然微生物群中分离出特定的微生物，而且还必须随时注意保持微生物纯培养物的纯度，防止其他微生物的混入，所操作的微生物培养物也不应该对环境造成污染。在分离、转接及培养纯培养物时要防止被其他微生物污染，其自身也不污染操作环境的技术被称为无菌技术（Aseptic technique），它是保证微生物学研究正常进行的关键。

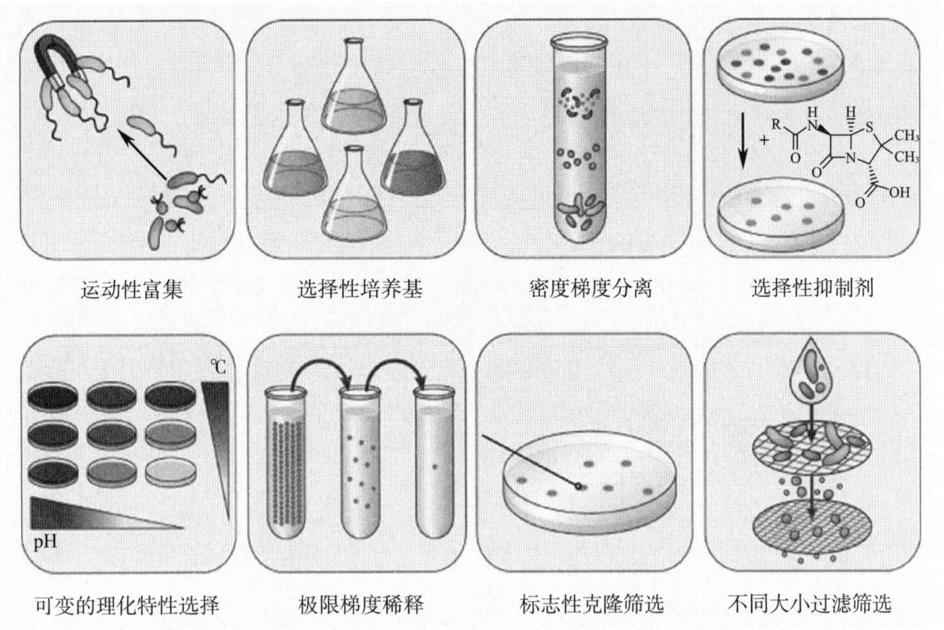

图 2-1　经典的微生物培养策略与方法（引自 Lewis et al.，2021）

彩图

二、微生物分离培养的新型方法

在复杂的自然环境中影响微生物分离的因素有很多，主要包括底物和生长条件、休眠复苏、共生的相互依赖、物理接触或空间接近、环境理化条件、低丰度和竞争等。因此，基于传统的分离技术与新兴筛选手段相结合的新兴培养技术不断应运而生（图 2-2）。基于膜扩散的培养方法，如分离芯片（iChip）、中空纤维膜腔（HFMC）、扩散的生物反应器或土壤基质膜系统（SSMS），可通过渗透膜让营养物质和代谢物扩散到培养基中，从而在培养过程中尽可能模拟自然条件，实现微生物的分离。基于微流控的培养方法，例如纳米多孔微生物孵化器（NMMI）或滑动芯片（SlipChip），能够操纵小体积和大量复制的细胞，并且可以与各种液滴培养方法组合。基于细胞分选的方法，如拉曼激活细胞分选（RACS）、基于活细胞的荧光原位杂交（live-FISH）或反向基因组学（Reverse genomics），提供了一种方式来定位分选具有特定功能或类别的细胞子集。

第二节　待鉴定菌株的选择及系统发育树的构建

随着科学技术的发展，生物的分类关系也随之发生变化，人类最早认识的生物主要是动物和植物。早期的分类学家将生物分为动物界和植物界，后来也曾提出过三界和四界的分类系统。1969 年，Robert H. Whittaker 将黏菌和真菌从原生生物界中分出，建立了五界分类系统，即原核生物界、原生动物界、植物界、动物界和真菌界；1971 年，Lynn Margulis 修订了 Robert H. Whittaker 的分类系统，

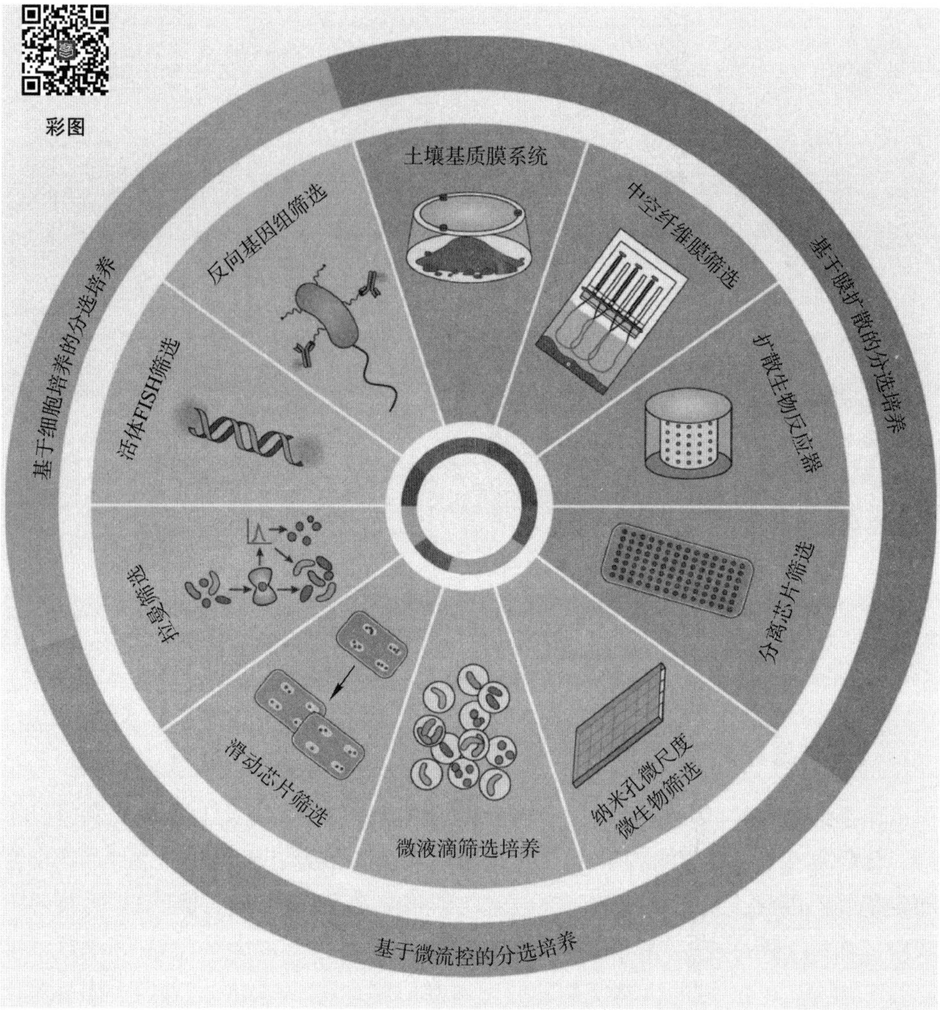

图 2-2 新型的微生物培养策略与方法（引自 Lewis et al.，2021）

彩图

将黏菌放回原生生物界中，建立了新的五界分类系统，即原核生物界、原生动物界、真菌界、植物界和动物界。前者为原核生物，后四者属于真核生物。上述分类系统的变化主要是基于生物的表型特征，简单地将生物归类。两界、四界、五界或者新五界分类系统所属的生物均处于并列地位，也就是这些分类系统并不能反映生物的进化关系。将黏菌从原生生物界转移到真菌界，后又将其放回原生生物界，这种划分人为倾向性强，并不能反映出生物的自然形成和进化历程。

自 20 世纪 70 年代美国科学家卡尔 · 乌斯（Carl R. Woese）提出使用核糖体小亚基 RNA（Small subunit ribosomal RNA，SSU rRNA）作为微生物系统发育分析的分子标尺以来，基于 SSU rRNA 基因序列的系统发育树已被科学家们普遍接受。卡尔 · 乌斯依据 16S rRNA 基因的脱氧核糖核苷酸分析的结果，发现原核生物中有一大类群与其他原核生物的演化谱系明显不同，更令人吃惊的是这类原核生物的演化关系甚至更接近于真核生物类群。基于此，卡尔 · 乌斯提出了三域学说（Three domains theory）（图 2-3）。而美国微生物学家詹姆士 · 雷克（James A.

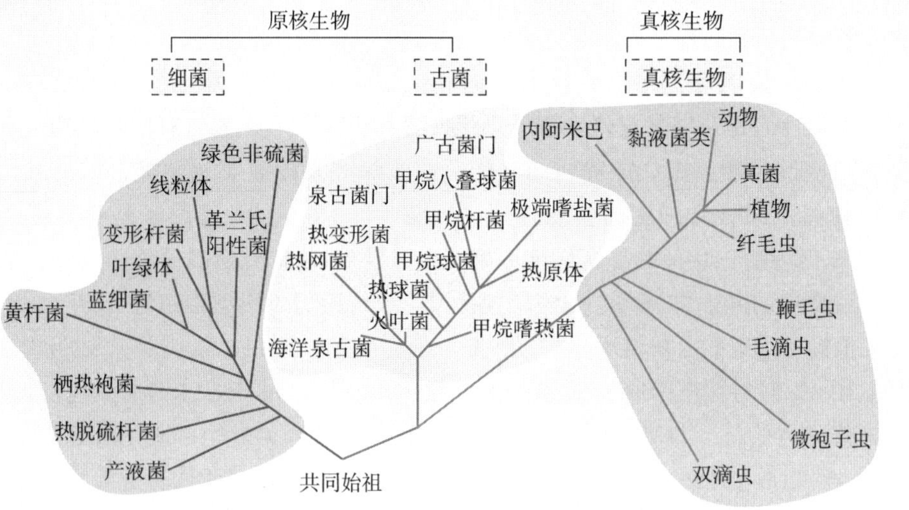

图 2-3 三域学说进化树

Lake）也基于分子系统发育学提出 Ecoyte 假说，认为真核生物起源于古菌，并形成了地球生命的二域学说。近年来基于宏基因组学发现的阿斯加德古菌类群（Asgard archaea）更是将这两种学说的讨论提高到新的层面。然而，尽管以上两种基于系统发育学分析的假说一直以来都是生命科学争论的热点，但目前科学界仍没有确切的定论。近年来随着阿斯加德古菌的分离培养获得新突破，二域假说获得了更有力的科学支持，并形成了新的地球生命之树，但古菌与真核生物之间的确切关系仍有待进一步研究。

一、根据 16S rRNA 基因相似性选择

虽然蛋白质、RNA 和 DNA 等生物大分子均可以提供生物进化信息，但并不等于所有这些大分子都能适合生物系统发育的研究。大量的研究表明，在生物大分子中最适合于揭示各类生物亲缘关系的是 rRNA 基因，尤其是 16S rRNA 基因（真核生物是 18S rRNA 基因）。16S rRNA 基因之所以被公认为是一把好的谱系分析“分子尺”，这是因为：① 16S rRNA 基因在生物中具有高度的稳定性，其二级结构中含有 9 个高度保守区。②在不同的生物中 16S rRNA 基因以不同的速率发生变化，这样可以测定生物的进化距离。③ 16S rRNA 基因序列的大小适中。在 5S rRNA、16S rRNA 和 23S rRNA 三种核酸分子中，5S rRNA 基因约 120 bp，虽然它可以作为一种信息分子，但其信息量小，应用上受到限制；23S rRNA 基因虽然蕴含着大量的信息，但由于 DNA 分子较大（2 906 bp），早期的技术水平测定该序列难度较大；而 16S rRNA 基因约为 1 500 bp（真核生物 18S rRNA 基因约为 1 800 bp），含有比较各类生物的信息量，大小适中。④ 16S rRNA 基因可以进行序列测定与分析。⑤它在生物细胞中含量高，16S rRNA 基因约占细胞中总 RNA 基因的 90%，而且相对容易被分离纯化。美国学者卡尔 · 乌斯利用 16S rRNA 基因进行开拓性研究，发现生命的第三种形式——古菌，并提出三域学说的概念后，

16S rRNA 基因序列在研究生物进化、物种的分类与鉴定中备受重视，已成为微生物系统学的核心内容。

以 16S rRNA 基因序列为基础，与指定基因数据库中的相应信息进行比对，根据其相似性构建系统发育树。虽然系统发育分析结果不能保证对检测菌株一定能做出正确的判断，但它能提供与其相关或亲缘关系近邻类物种类群的信息，在界定种属方面具有一定的推断作用。目前，以 16S rRNA 基因序列相似性低于 98.65% 作为潜在新种的界定标准，相似性高于 98.65% 的情况就较为复杂，而针对一些特殊的微生物类群［如假单胞菌门、放线菌门（小单孢菌属）等］的判断需要根据基因组的分析情况进一步判断。根据统计，16S rRNA 基因序列相似性为 97%～98% 时可能有 90% 的是新分类单元；相似性为 98.5%～99% 时可能有 50% 的是新分类单元；即使相似性大于 99%，也有 20%～30% 的可能是新分类单元。因此，可以看出 16S rRNA 基因序列的相似性对于界定微生物物种起着重要作用，但不是“黄金标准”（表 2–1）。

表 2–1 16S rRNA 基因序列相似性与新物种的可能性

16S rRNA 基因序列相似性	可能是新种的比例
99%	20%～30%
98.5%～99%	50%
98%～98.5%	70%～80%
97%～98%	90%
95%～97%	100%
95%	100%

二、根据比较基因组分析结果选择

20 世纪 80 年代后，DNA 扩增技术的发展为原核生物分类学研究注入了新的动力，许多新的分子标记技术被用来进行原核生物的分类。16S rRNA 基因因其保守、稳定且不受水平基因转移影响的特点，在众多分子标记中脱颖而出，成为原核生物分类鉴定的重要依据。随即应运而生的 16S rRNA 基因序列分析方法在原核生物分类中得到了广泛应用。但是这种方法在区分两个相似性很高的近缘物种时会出现偏差，而全基因组分析的方法可以克服这个缺点。因此，在原核生物研究过程中，众多基于基因组的原核生物分类学标准应运而生。

1. 平均核苷酸一致性分析

平均核苷酸一致性（Average nucleotide identity，ANI）是指两个基因组之间同源基因的相似性。ANI 值可以通过两种运算方法得出：一种是以 MUMmer 为代表的全局比对算法为基础（ANIm）；另一种是以 BLASTn 为代表的局部比对算法为基础（ANIb），相比之下后者应用更为广泛。普遍认为亲缘关系较近的种群间 ANI 值至少为 70%，而定义同一个种的 ANI 值需要达到 95% 以上，并且引起人

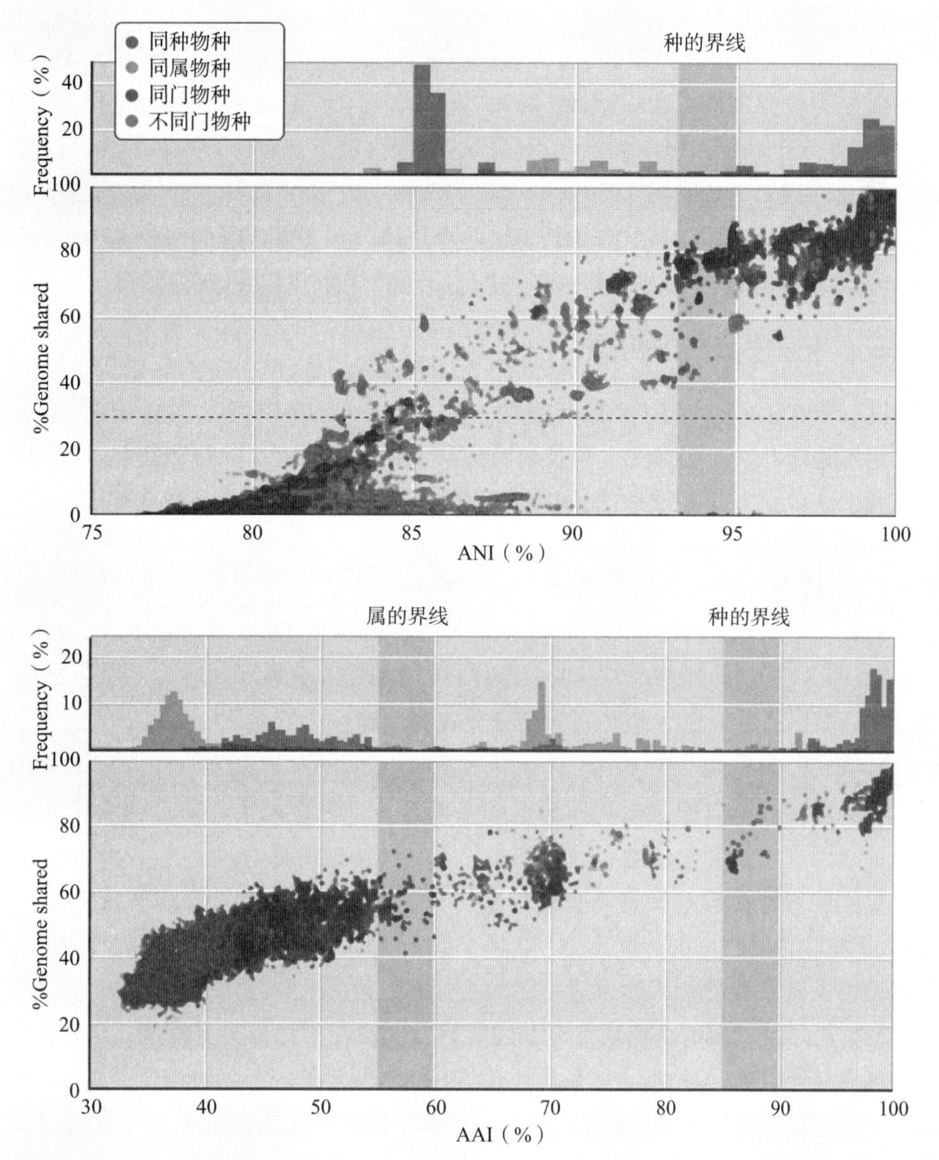

图 2-4 ANI 和 AAI 值与种属之间的划分关系（引自 Rodriguez-R 和 Konstantinidis，2014）

彩图

们关注的是这些 ANI 数值与另一个物种分类的“黄金标准”——DNA-DNA 杂交（DDH）有紧密的对应关系。ANI 具有方便、耗费工作量少、错误率低、分辨率高的优点，近年来得到了微生物分类学家们的青睐。

2. 平均氨基酸一致性分析

平均氨基酸一致性（Average amino acid identity，AAI）是指两个基因组之间同源氨基酸的相似性，大量基于基因组的分类学研究提出将其应用于原核生物分类学。与 ANI 相比，AAI 在阐明原核生物‘种’以外的分类单元方面表现出更好的分辨率，它也逐渐成为原核生物物种划分的一个重要标准。通常 45%～65% 的 AAI 值为同一个科的界定值，65%～95% 的 AAI 值为同一个属的界定值，95%～100% 的 AAI 值为同一个种的界定值。

3. 保守蛋白百分比（POCP）分析

DNA 序列中的核苷酸取代通常会引起非同义氨基酸取代，其既不改变蛋白质功能也不改变菌株表型。因此，POCP 值适合评估两株菌的进化距离和表型差异。POCP 分析最早由山东大学张玉忠团队提出，可作为原核生物属的界定标准，两株菌之间的 POCP 值高于 50% 则可能属于同一个属，其计算公式为：POCP=（$C1+C2$）/（$T1+T2$）*100%，其中，$C1$ 和 $C2$ 分别为被比较的两个菌株中保守蛋白的数量，$T1$ 和 $T2$ 分别为被比较的两个菌株中编码蛋白基因的总数。

三、系统发育树的构建

根据 16S rRNA 基因序列的相似性、AAI、ANI 及 POCP 值，可初步确定所选菌株是不是潜在新分类单元，可能是什么级别的分类单元（如待测新种、待测新属或者更高级别）。随后即可根据待测菌株的 16S rRNA 基因序列和全基因组序列进行系统发育树的构建，初步确定其分类地位。

1. 基于 16S rRNA 基因序列的系统发育分析

根据返回的 16S rRNA 基因序列峰图，选取测序结果稳定的片段，利用 EzBioCloud 进行相似性分析，选取同源性较高的典型菌株的 16S rRNA 基因序列作为参比对象，通过 MEGA 软件进行系统发育树的构建。

2. 基因组树构建

众所周知，可以通过构建同源保守基因的分子进化树来进行系统发育分析。但是，基因分子长度和功能上的限制会导致变异位点数量上的限制，基因的进化历史也不能够完全反映物种本身的进化历史。由于高通量测序技术的巨大进步，在 GenBank 中收录的微生物基因组数据呈现爆炸性增加的趋势，使得基于基因组序列进行系统发育分析成为可能。在构建基因组树时，首先需要获取物种的基因组序列，随后通过 CheckM 软件对上述所有基因组序列进行完整度和污染度的评估，选取完整度大于 80% 且污染度小于 5% 的高质量基因组为待分析基因组。采用 GTDB-Tk 预测的单拷贝基因，并根据该软件的多序列比对结果，通过 IQ-Tree 进行系统发育树的构建，最后用 iTOL 在线工具进行美化。除选用 GTDB-Tk 预测的单拷贝基因外，还常选用 31 个单拷贝基因及 16 个核糖体蛋白进行基因组的构建。

第三节 多相分类

一、形态学特征

原核生物具有不同的细胞形状，最常见的细胞形状多为球状、杆状或螺旋状，而柄杆菌、球衣菌、支原体和放线菌具有特殊的形态。球菌有单球菌、双球菌、四联球菌、八叠球菌和葡萄球菌之分，球形细胞一般是均匀的，如化脓性链球菌（*Streptococcus pyogenes*）。杆菌有的为钝端，如枯草芽孢杆菌（*Bacillus subtilis*）；

有的为锥形末端，如具核梭杆菌（*Fusobacterium nucleatum*）。螺旋菌是细胞呈弯曲杆状的微生物的统称，一般分散存在。根据其长度、螺旋数目和螺距等差别，分为弧菌、螺菌和螺旋体。如霍乱弧菌（*Vibrio cholerae*）细胞呈弧形；梅毒螺旋体（*Treponema pallidum*）的细胞呈螺旋弯曲。还有的微生物缺乏特征性形状，呈多形性，如白喉棒状杆菌（*Corynebacterium diphtheriae*）和缺乏细胞壁的支原体（*Mycoplasma*）。此外，很多放线菌呈分支的丝状，并具有基内菌丝、气生菌丝和孢子丝的分化，如灰色链霉菌（*Streptomyces griseus*）等。

微生物形态特征是重要的微生物分类依据之一。细菌一般在不同培养基中相对稳定，形态不会发生太大的变化。但在不同培养基上，放线菌的形态特征则可能表现出不同情况，因此，在对放线菌进行分类时，一般先将微生物培养在不同的培养基上，然后记录菌丝的有无、菌落的颜色和可溶性色素的颜色等，完成培养特征实验。

二、生理生化特征

生理生化特征与微生物的酶和调节蛋白的活性直接相关。酶和蛋白都是基因产物，所以对微生物生理生化特征的比较也是微生物基因组的间接比较，而且测定生理生化特征相对直接分析基因组更加容易。因此，生理生化特征对于微生物的系统分类具有重要意义。通过生理生化的表型特征可将大量微生物物种定义在属或者种的分类水平，这在形态学分类范畴难以达到，所以生理生化特征测试往往是微生物分类鉴定必不可少的手段。值得强调的是，由于不少生理生化特征是染色体外遗传因子编码，加之影响生理生化特征表达的因素比较复杂，所以根据生理生化特征来判断亲缘关系，并进行系统分类时，必须与其他数据特别是基因型特征进行综合分析。微生物分类鉴定常用的生理生化特征如表 2–2 所示，其余的生理生化特征还可借助 API 鉴定系统来完成，如好氧菌常用 API 20E，API 20NE 和 API ZYM 试剂条，厌氧菌常用 API 20A 和 API Rapid 32A 等。

表 2–2　微生物分类鉴定常用的生理生化特征

特征	鉴别内容
营养类型	光能自（异）养、化能自（异）养、兼性营养型
需氧性	好氧、微好氧、厌氧及兼性厌氧
温度	最适、最低及最高生长温度
pH	最适 pH、pH 耐受范围
盐浓度	最适盐浓度、盐浓度耐受范围
游动性	有无鞭毛
碳源的利用	对各种单糖、双糖、多糖、醇类及有机酸的利用，可借助 Biolog 微生物自动分析系统测定
氮源的利用	对蛋白质、蛋白胨、氨基酸及含氮无机盐的利用，可借助 Biolog 微生物自动分析系统测定

续表

特征	鉴别内容
氧化酶	有无细胞色素氧化酶
接触酶	有无过氧化氢酶
纤维素酶	能不能降解纤维素
淀粉酶	能不能降解淀粉
脲酶	能不能降解尿素
脂酶	能不能降解吐温
明胶液化	能不能产生明胶酶
牛奶凝固与胨化	有无凝乳酶及蛋白酶
硝酸盐的还原	有无硝酸盐还原能力
硫化氢的产生	能不能分解含硫化合物产生硫化氢
药敏试验	对抗生素的敏感性
抗菌活性	抗生素对致病菌的抑菌能力

三、细胞化学特征

化学分类是以细胞的化学组分为基础，根据它们之间的相似性，结合其他特性对生物进行分类与鉴定。化学分类是 20 世纪 50 年代末提出的，起初用于动物和植物分类学，后来才被引入微生物系统学中。化学分类研究的主要内容是①对各级分类单元生物细胞的化学组分及其特性进行比较分析；②剖析细胞化学组分的分布与进化关系；③根据生物细胞相关化学组成特性对生物进化、系统发育以及分类地位的确定提供有价值的信息。所以，化学分类信息已成为微生物系统学以及生态学必不可少的内容，有些还是确定微生物种属定位的关键指征。原核生物系统学中常用于化学分类学的除极性脂、脂肪酸、肽聚糖、呼吸醌、全细胞水解糖、枝菌酸和多胺等外，还包括蛋白质或酶（同工酶和分子伴侣）等。

1. 极性脂

在微生物中，生物膜的骨架构成基本相同，主要是由磷酸类脂、糖脂及固醇构成的脂双层，均属于极性脂。磷酸类脂是细胞膜的主要组成成分，包括甘油磷脂和鞘磷脂两类，甘油磷脂是第一大类膜脂，而鞘磷脂和鞘糖脂是第二大类膜脂。不同属微生物的磷酸类脂组分是不同的，它是鉴别属的重要特征之一，是化学分类项目中不可缺少的分类指征。虽然磷酸类脂的种类较多，但具有分类价值的主要是磷脂酰胆碱（phosphatidylcholine，PC）、磷脂酰乙醇胺（phosphatidylethanolamine，PE）、磷脂酰甲基乙醇胺（phosphatidylmethylethanolamine，PME）、磷脂酰丝氨酸（phosphatidylserine，PS）、磷脂酰肌醇（phosphatidylinositol，PI）、磷脂酰甲基肌醇（phosphatidylinositol mannoside，PIM）、磷脂酰甘油（phosphatidylglycerol，

PG)、二磷脂酰甘油(diphosphatidylglycerol，DPG)和含葡萄糖胺未知结构的磷酸类脂(phospholipids of unknown structure containing glucosamine，GluNus)等9种左右。英国学者 Mary P. Lechevalier 等曾分析了放线菌20个属的微生物极性脂成分，将放线菌不同属的极性脂分为PⅠ～PⅤ5种类型，对放线菌的分类与鉴定起到指导作用。在微生物化学分类中，极性脂组分的检测尚未借助分析仪器来实现，目前可用层析法进行定性检测。

2. 脂肪酸

脂肪酸主要存在于生物膜脂质双层以及游离的磷脂、糖脂和脂蛋白等生物大分子之中，是微生物细胞中含量较高且相对稳定的化学组分之一。从分子结构可知，脂肪酸可根据不同碳原子数、饱和与非饱和、直链与支链以及取代基团来进行划分，种类甚多。现已经鉴定出300多个化学结构不同的脂肪酸，可见，脂肪酸组分蕴藏着非常丰富的分类学信息，可作为微生物分类与鉴定以及确定其亲缘关系的指征之一。微生物系统学中脂肪酸碳原子数主要集中在C_{13}～C_{22}，而原核生物尤以C_{13}、C_{15}、C_{16}、C_{17}、C_{18}和C_{19}等异构体为主。大量的数据表明，在原核生物中不同种属细胞脂肪酸的组分之间存在很大的区别，而同种不同菌株脂肪酸组分的含量不同。如同DNA序列一样，对相关种属的脂肪酸组分进行聚类分析，构建树状谱(Dandrogram)，能清楚地显示物种间的亲缘关系，所以，脂肪酸组分的分析已成为原核生物分类学不可缺少的内容。值得一提的是，不同的生长条件或不同的生长时期微生物细胞中的脂肪酸组分有所差异，因此，在同等条件下同时进行培养和收集细胞后得到的分析数据才能用于不同种属菌株脂肪酸组分的比较，不宜直接从他人文献中参考结果进行比较。1963年研究者首次将气相色谱技术应用于微生物脂肪酸成分的分析，由于脂肪酸不易汽化，首先需对提取的脂肪酸进行甲酯化，使其转化为易于汽化的脂肪酸甲酯，然后用气相色谱进行检测。利用脂肪酸可以鉴定所有可培养的微生物，并且在鉴定前无须区分革兰氏阴阳性或发酵类型等生物学特性。

3. 肽聚糖

原核生物细胞壁的组成明显不同于真菌，其中细胞壁肽聚糖(Peptidoglycan)的组成就有别于其他的微生物。革兰氏阴性菌的肽聚糖层很薄，肽聚糖的类型较为一致，不宜作为分类学指征。革兰氏阳性菌细胞壁肽聚糖层较厚，且类型较多，肽聚糖的结构表现出种属的相关性或特异性，所以细胞壁肽聚糖结构对革兰氏阳性菌的分类具有重要的价值，有时起到决定性的作用(图2-5)。根据肽聚糖结构中四肽尾的交联位置可将肽聚糖分为A群和B群两大类群。再根据四肽尾的交联方式，肽桥中有无氨基酸、氨基酸的种类与数量进一步分为A1、A2、A3、A4和B1、B2以及α、β、γ等，细胞壁的类型常用A1α、A4γ或B1β等表示。革兰氏阳性菌的细胞壁除肽聚糖外，还有大量磷壁酸。按结合部位不同将磷壁酸分为膜磷壁酸(Membrane teichoic acid)和壁磷壁酸(Wall teichoic acid)两种。前者与细胞膜连接，后者与肽聚糖上的胞壁酸共价连接。所有的革兰氏阳性菌都含有膜磷壁酸，但是只有部分革兰氏阳性菌含有壁磷壁酸，因此，壁磷壁酸也可用作革

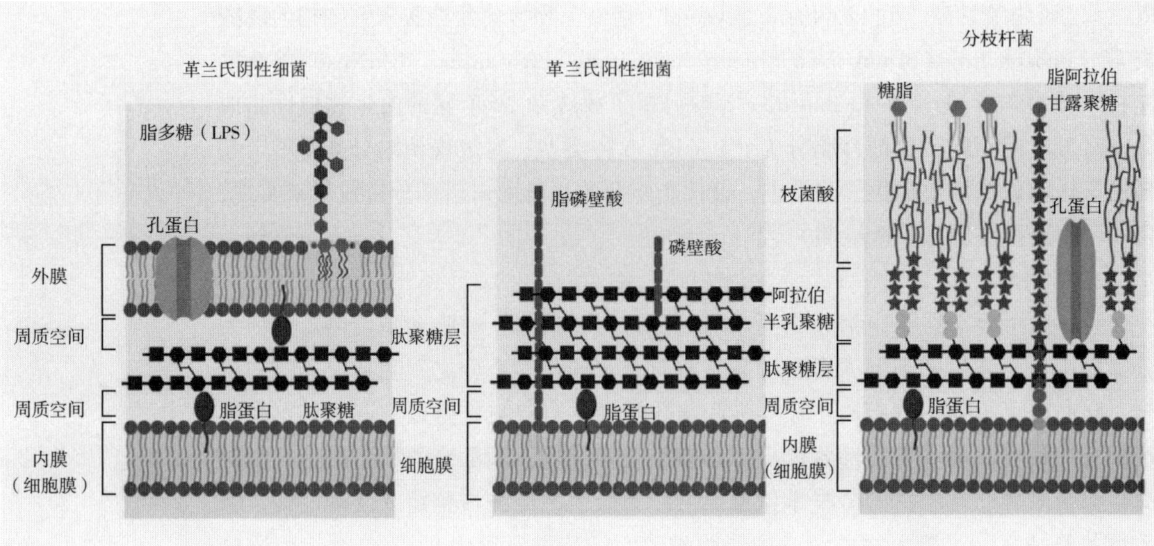

图 2-5 不同类型细菌的细胞壁结构（引自 Porfírio et al., 2019）

兰氏阳性菌的分类指标。

4. 呼吸醌

类异戊二烯醌（Isoprenoid quinone）又称呼吸醌，是细胞质膜的重要组分，在呼吸链的氧化磷酸化、电子传递以及细胞的活性运输等方面起着重要的作用。尽管对醌类的生物学功能人们认识很早，但是发现这种分子在微生物分类学上的作用是在 19 世纪 60 年代末期。微生物细胞中的醌种类较多，具有分类学意义的主要为泛醌（Ubiquinone，Q）和甲基萘醌（Menaquinone，MK）。这两种呼吸醌在不同微生物的主要区别是其多烯侧链的长度和侧链的饱和程度不同，侧链通常由 1 ~ 14 个不同类的异戊二烯单位组成。

每种微生物都有一种主要的醌类成分，醌类结构中的异戊二烯侧链长度和氢饱和度的变化具有重要的分类学意义。真核微生物和 α- 变形杆菌类细菌主要以 Q-10 为主，完全需要氧的革兰氏阴性菌主要为 Q-4 ~ Q-14，个别厌氧革兰氏阴性菌含有萘醌、甲基萘醌、去甲基萘醌，而古菌缺乏泛醌。一般用高效液相色谱法来检测各类醌。

5. 全细胞水解糖

全细胞水解糖是革兰氏阳性菌株尤其是放线菌化学分类的重要组成部分，准确快速地测定全细胞水解糖这一化学分类指征对于放线菌的分类鉴定有着重要的意义。研究认为，阿拉伯糖、半乳糖、马杜拉糖以及木糖是特征性糖，可将放线菌全细胞水解糖组分分为 A、B、C 和 D 4 种类型。随着放线菌分离方法的不断发展，研究者多次分离到含半乳糖而不含阿拉伯糖的放线菌。所以，有学者建议将只含半乳糖的放线菌定为 E 型。最初，研究者采用纸色谱的方法对全细胞水解糖进行定量分析，该法耗时长，程序步骤复杂，已经完全被薄层色谱法（Thin layer chromatography，TLC）所取代。薄层色谱法是经典的全细胞水解糖定量分析方法，得到广大研究者的认可，一直沿用至今。随着化学、物理检测技术的不断发展，放线菌全细胞水解糖的分析方法也在不断改进。液相色谱法灵敏度高、速度快，为全细胞水解糖的检测提供了一项有力的研究手段。从全细胞水解糖的结果往往无法看出特征性和非特征性的差异，也很难通过含量的多少来划分类型。所以，在分类鉴定时，都直接说明全细胞水解糖的种类和含量，而不过多地强调具体属于什么类型。

6. 枝菌酸

枝菌酸（Mycolic acid）是另一类在第二位碳原子上含有长链烷基、第三位碳原子上含有羟基的脂肪酸，通常它以游离性糖脂和多糖类形式存在于细胞中。Frank H. Stodola 等首次发现在自然界中分子量最大的脂肪酸是枝菌酸，其碳原子数为 C_{20} ~ C_{90}。由于它的热稳定性差而一直未被深入研究，因此，其生物学功能及代谢均不清楚。能产生枝菌酸的微生物主要分布在 6 个属，诺卡氏菌属（*Nocardia*），枝菌酸的碳原子数为 C_{44} ~ C_{60}；红球菌属（*Rhodococcus*），枝菌酸的碳原子数为 C_{34} ~ C_{64}；冢村氏菌属（*Tsukamurella*），枝菌酸的碳原子数为 C_{64} ~ C_{78}；棒杆菌属（*Corynebacterium*），枝菌酸的碳原子数为 C_{22} ~ C_{36}；分枝杆菌属（*Mycobacterium*），枝菌酸的碳原子数为 C_{60} ~ C_{90} 和戈登氏菌属（*Gordonia*），枝菌酸的碳原子数为 C_{48} ~ C_{90}。所以，与这 6 个属相关菌株的鉴定均需进行枝菌酸组分的分析。

7. 多胺

多胺（Polyamine，PA）是广泛存在于生物体内的一种含有多个氨基和（或）亚氨基的多聚阳离子脂肪族化合物，对生物的增殖与分化均有重要的作用。多胺带有正电荷，可以与体内带负电荷的 DNA、RNA 和蛋白质等生物大分子发生作用。常见的多胺有腐胺（Putrescine）、亚精胺（Spermidine）和精胺（Spermine）等，还有一些比较少见的对称篙精胺（*sym*–Homospermidine）、去甲精胺（Norspermidine）和热精胺（Thermospermine）等。分类学家在研究微生物多胺组分时发现不同种属微生物其多胺组分在种类与含量上存在特征性差异，因此多胺已成为用于判断某些微生物属及属以上关系的依据之一。多胺既没有特征性荧光，没有紫外吸收特点，也无电化学活性，所以通常要将它进行衍生处理之后再进行检测。多胺分析最常用的方法是高效液相色谱（HPLC），其他的检测方法有紫外检测、荧光检测、电化学以及质谱检测等。

第四节 其余流程

一、序列上传

为确保数据的可靠性，实现数据的共享和比较，促进微生物组学领域的合作与交流，进行多相分类鉴定菌株的 16S rRNA 基因序列及全基因组序列通常需上传到 GenBank 数据库或中国国家微生物数据中心，以获取有效的保藏编号。16S rRNA 基因序列及全基因组序列的保藏号是分类学文章发表时必须提供的信息。

二、菌株的保藏

进行多相分类鉴定的菌株需邮寄到至少两个不同国家的菌种保藏中心进行保藏并获得相应的保藏证明。菌种保藏机构的任务是在广泛收集菌种的基础上，将其妥善保藏，使之达到不死、不衰、不乱以达到便于研究、交换和使用的目的。其中，中国典型培养物保藏中心（CCTCC），中国普通微生物菌种保藏管理中心（CGMCC），美国菌种保藏中心（ATCC），德国微生物菌种保藏中心（DSMZ），日本技术评价研究所生物资源中心（NBRC），日本菌种保藏中心（JCM），韩国典型菌种保藏中心（KCTC），美国的“北部地区研究实验室”（NRRL），荷兰的霉菌中心保藏所（CBS）和英国的国家典型菌种保藏所（NCTC）等都是代表性的菌种保藏机构。

三、菌株的命名

为了使微生物分类单元的名称能在国际上通用，需要制定一个各国生物学者共同遵循的命名法则，用于约定相应生物分类单元的命名，以确保生物名称的统一性、科学性和实用性。为纯培养菌株进行命名需遵循《国际原核生物命名法规》（ICNP）的相关规定，每一种微生物都有一个自己的专门名称。该名称分两类，一是地区性的俗名，具有大众化和简明化等优点，但往往涵义不够确切，易于重复，尤其不便于国际之间的学术交流，如“结核杆菌”是 *Mycobacterium tuberculosis*（结核分枝杆菌）的俗名，“红色面包霉”是 *Neurospora crassa*（粗糙脉孢菌）的俗名等。二是学名，它是某一菌种的科学名称，是按“国际命名法规”进行命名并受到国际学术界公认的通用正式名称。微生物的学名采用双名法，由属名和种名两部分组成，这是瑞典著名的植物学家林奈（Carolus Linnaeus）于 1768 年在《自然系统》中提出的生物命名法则。双名法的第一个词为属名，词首需大写，第二个词为种名后缀（包括由人名、地名或其他名词衍生的名词），词首需小写。一个完整的学名还需要加上最早给这个物种命名的作者名，即第三个词是命名人，命名人名字用正体表示，一般可省去。

属以上分类单元的名称是用拉丁或其他词源拉丁化的复数名词（或当作名词用的形容词）命名，首字母均须大写且斜体表示，其中界、门、纲、目、科等级的分类单元名称都有固定的词尾（后缀），其词尾的构成及例子参见表 2–3。此外，新分类单元名称应在提议的新名称后加上所属新分类等级的缩写词，例如新目是“ord. nov.”、新属是“gen. nov.”、新种是“sp. nov.”。

表 2-3　原核生物分类单元的等级及分类单元的学名

中文名称	英文名称	学名词尾	举例
域	Domain	–	*Bacteria*
界	Kingdom	ati	*Baeillati*
门	Phylum	ota	*Actinomycetota*
纲	Class	ia	*Actinomycetia*
目	Order	ales	*Actinomycetales*
科	Family	aceae	*Actinomycetaceae*
属	Genus	–	*Actinomyces*
种	Species	–	*Actinomyces bovis*

四、新分类单元的发表

1. 相关刊物

目前，微生物新物种发表的主要刊物如下：

（1）*International Journal of Systematic and Evolutionary Microbiology*

（2）*Systematic and Applied Microbiology*

（3）*Antonie van Leeuwenhoek*

（4）*Archives of Microbiology*

（5）*Current Microbiology*

（6）*Journal of Microbiology*

（7）*The Journal of Antibiotics*

（8）*Anaerobe*

2. 新物种发表的状态

根据《国际原核生物命名法规》的规定，在除 IJSEM 以外公开发行的刊物上发表的新名称为有效发表（Effective publication）。有效发表的新名称尚需进行合格化才能得到国际认可，并获得优先权。合格化的程序是原作者需将发表该分类单元描述的文献和保藏证明发送至 IJSEM 编辑部（ijsem@editorialoffice.co.uk），由 ICSEM 裁决委员会审核，并在 IJSEM 的 Validation List 中公布新名称及其相关信息后便被国际确认。如果新分类单元直接在 IJSEM 发表，则被视为合格发表（Valid publication），并被国际认可。

第五节　原核生物系统分类学经典工具书——“伯杰氏手册”

微生物系统分类学一直以来都是凭借方法学革新而推动的学科。从早期的形态学研究（显微镜的使用）、细胞化学特征检测（化学方法的确立）、分子鉴定

（测序技术的发展），直到现在的基因组系统学时代，系统分类学逐渐形成了以系统发育关系和物种多相分类为手段，研究微生物个体和个体间关系的综合性学科。《伯杰氏系统细菌学手册》正是微生物系统分类学发展的见证者，凝结了该学科领域专家学者百年来的辛勤和汗水，承载了微生物学的研究记忆。

一、“伯杰氏手册”的历史

1923年，由大卫·伯杰（David H. Bergey）、弗朗西斯·哈里森（Francis Harrison）、罗伯特·布里德（Robert S. Breed）、伯纳德·哈默（Bernard Hammer）和弗兰克·亨顿（Frank Huntoon）组成的编辑委员会，发行了第一版《伯杰氏鉴定细菌学手册》（Bergey's Manual of Determinative Bacteriology，下文简称为“鉴定手册”）。随着技术的革新，微生物系统分类学在理论上得到了飞速发展，“鉴定手册”也于1925年、1930年分别出版了第二版和第三版。1936年，“伯杰氏手册”信托基金委员会成立，以此来管理手册的出版及制定各项活动的流程。从信托基金委员会成立以来，其负责人出版了“鉴定手册”的第四版至第九版（最后一版于1994年出版）。而在1977年DNA测序技术开始成熟发展的背景下，1984年信托基金委员会开始组织专家学者撰写《伯杰氏系统细菌学手册》（Bergey's Manual of Systematic Bacteriology，下文简称为“系统手册”），1989年第一版出版面世。11年后，第二版于2001—2012年出版，共五卷，汇聚了全球分类学领域近千名专家学者的贡献。“伯杰氏手册”提供了关于单个原核生物物种的系统学和分类学信息，更是涉及了生理生态学以及关于类群生境的描述。分类是科学准确地确定目标菌株的系统进化位置，鉴定是根据物种特征的异同定义物种的类别。从“鉴定手册”发展到“系统手册”，是对分类学科认知的深化，也是分类技术和依据革新的集成，特别是完成了从经典的形态和生理分类，到后来主要以基因组DNA杂交、16S rRNA基因序列相似性为依据的分子分类的变迁。随着微生物信息的爆炸式增长，纸质出版已经满足不了刊载最新信息的需要。2015年4月开始，《伯杰氏古菌和细菌系统学手册》（Bergey's Manual of Systematics of Archaea and Bacteria，BMSAB）开始在线发布电子版手册，为原核生物系统分类学领域注入新的生机和活力。

自1936年成立以来，“伯杰氏手册”信托基金会通过出版关于微生物系统分类学的手册，为微生物的分类学提供了最全面、最系统、最权威的数据和知识宝库。从1974年的第8版开始，已经成为世界通用的“官方分类”。在“伯杰氏手册”中，可见各个原核生物群体的分类学、系统学、生理学、生态学等多方面信息，也能了解到多维度的、反映其进化历史的原核生物个体和个体间关系。

“伯杰氏手册”可以称为是微生物领域的研究基础。随着数据的与日俱增和理念的与时俱进，“伯杰氏手册”的未来发展应该围绕着“信息数字化”“学科交叉化”“内容前沿化”“理念包容化”和“社群活跃化”来进行。

二、伯杰氏国际微生物系统学学会

随着微生物系统分类从表型时代逐渐进入基因组分类时代，迫切需要一个国际协会统筹各个国家的微生物分类学家的力量从而推动微生物系统分类学的发展。因此伯杰氏基金会在赞助继续编写《伯杰氏古菌与细菌系统学手册》的基础上，于 2009 年决定赞助成立伯杰氏国际系统微生物学学会。伯杰氏国际微生物系统学学会（Bergey’s International Society for Microbial Systematics，简称为 BISMiS）成立暨首届会议于 2011 年 5 月 19 日至 23 日在中国北京友谊宾馆成功举行，且以后计划每两至三年举行一次，2011 年 5 月 22 日，我国著名放线菌系统分类学家、中国科学院微生物研究所阮继生教授和刘志恒教授在 BISMiS 的会议上，被伯杰氏基金会主席 Michael Goodfellow 教授授予了伯杰氏基金会颁发的“伯杰氏奖章”。该奖项是国际微生物领域的最高终身成就奖，用于表彰他们对微生物系统学做出的卓越贡献。由于 2019 年末爆发了新型冠状病毒（COIVD-19），原定于 2021 年在广州举办的第五届 BISMiS 会议推迟到 2023 年 11 月 6—9 日举行。

伯杰氏国际微生物系统学学会的现任主席是来自中国广州中山大学的李文均教授，秘书长是来自马来西亚大学的 Wee Fei Aaron Teo 博士，财务官是来自佐治亚大学的 William B. Whitman 教授。从 2006 年“伯杰氏手册”信托基金委员会的构思，到 2011 年最终获得批准的 BISMiS 章程，BISMiS 的目标始终是促进微生物系统学、分类学家之间的全球交流，并且积极成为微生物系统学和多样性国际的倡导者。

近年来，由于全球范围内暴发的新冠病毒感染，BISMiS 组委会为了增强伯杰氏国际微生物系统学学会的活力，同时为了分享国际范围内的微生物系统分类学的新理论、新技术方法的最新进展，决定自 2021 年 3 月起，每个月的第三个星期六召开一次线上学术交流会议，每次会议都邀请微生物系统分类学领域的一些专家对某个专题进行前沿学术报告，并和同行线上交流，自 2021 年以来共组织了 35 场线上会议。

本章小结。

微生物系统学，这门探索微生物种类、多样性和进化关系的学科，其核心在于对微生物进行精确的分类、鉴定和命名。经过近一个世纪的演变，该学科已经实现了从表层形态学到深层生命机制的跨越式发展。起初，研究者们依靠微生物的形态特征进行分类，随后又通过分析细胞的生理代谢特性和化学组成来进一步理解它们。16S rRNA 基因的发现成为该领域的一个里程碑，极大地加速了微生物系统学的进步。随着测序技术的突飞猛进，微生物分类学已经从单一的基因标记分析，拓展到了全基因组层面的深入研究，极大地丰富了人们对微生物物种多样性的认识。宏基因组学的发展，更是为人们揭示了微生物“生命之树”的全新面貌，让我们对这颗庞大而复杂的生命体系有了更加深刻的理解。

对自然界中微生物的深入了解，不仅丰富了人类的知识体系，更为利用先进技术手段发掘未知微生物资源提供了可能。这些新发现的微生物种质资源，为改善人类生活、医药健康和环境保护提供了坚实的物质基础和理论支撑。随着研究的不断深入，微生物系统学将继续为我们打开自然界认知的新视野，推动微生物学科的进步。

推荐阅读

1. Lewis W H, Tahon G, Geesink P, et al. Innovations to culturing the uncultured microbial majority. Nat Rev Microbiol, 2021, 19: 225–240.（推荐理由：文章较为全面地综述了近些年新分离方法的发展，同时对未培养微生物资源挖掘技术的发展进行了展望。）

2. Konstantinidis K T, Tiedje J M. Prokaryotic taxonomy and phylogeny in the genomic era: advancements and challenges ahead. Curr Opin Microbiol, 2007, 10: 504–59.（推荐理由：文章对基因组时代原核生物分类与系统发育的研究进展进行了详尽的介绍，并对原核生物分类系统学未来面临的挑战进行了阐释。）

3. Rodriguez-R L M, Konstantinidis K T. Bypassing cultivation to identify bacterial species. Microbe. 2014, 9: 111–118.［推荐理由：文章针对平均核苷酸一致性（ANI）与平均氨基酸一致性（AAI）在基因组时代对原核生物分类与系统发育的研究中研究意义进行了介绍。］

4. Kämpfer P, Glaeser S P. Prokaryotic taxonomy in the sequencing era–the polyphasic approach revisited. Environ Microbiol, 2012, 14: 291–317.（推荐理由：文章对基因组时代原核生物分类系统研究过程中传统分类学方法的变化与未来发展趋势进行了介绍。）

5. Konstantinidis K T. Sequence-discrete species for prokaryotes and other microbes: a historical perspective and pending issues. mLife, 2023, 4: 341–9.（推荐理由：文章对基因组时代原核生物物种认知的程度给予重新定义，拓宽了基于基因组分析的物种认知范围。）

6. Porfírio S, Carlson R W, Azadi P. Elucidating peptidoglycan structure: an analytical toolset. Trends in microbiology. 2019, 27: 607–622.（推荐理由：文章对微生物细胞壁中的肽聚糖类型进行了详细的介绍，并对前沿的肽聚糖结构的研究方法进行介绍。）

7. 李文均，陈瑛，田新朋，焦建宇.《伯杰氏鉴定细菌学手册》和“伯杰氏国际系统微生物学学会”历史回顾、发展现状及未来展望.微生物学报，2023，63: 1714–1723.（推荐理由：本综述全面回顾了“伯杰氏手册”和“伯杰氏国际系统微生物学学会”的发展历史及最新进展，并对其未来发展进行了展望。）

思考题

1. 在众多的微生物类群中，不同类群之间的原核生物分类学标准如何选用？

2. 如何更好地挖掘不同生境中未培养的微生物资源？

3. 不同生境中未被发现的微生物类群的进化意义如何，是否符合“自然选择”的进化理论？

4. 自然界中未被发现的微生物资源，会不会在人们发现它之前就消失了？

5. 不同生境中未被发现的微生物资源对人类社会发展有何种影响？

（房保柱、刘兰、王爽、李文均）

第三章

细菌和古菌的分离培养

利用高通量测序技术可以获得微生物的基因组，这使得研究人员能够一瞥“微生物暗物质”的遗传多样性。目前，绝大多数环境微生物仍无法获得纯培养，然而从环境中培养微生物对于了解和利用微生物又必不可少。因此，本章主要介绍了细菌和古菌的通用分离步骤，总结了多种极端环境原核生物的培养策略，并提出一系列在微生物分离工作中重要但易被忽视的技巧。

第一节 细菌和古菌分离培养的一般步骤

细菌和古菌分离培养的通用流程往往可分为4个部分和9个步骤。尽管许多研究人员已经在分离菌株方面有了一些经验，但仍然有许多细节经常被忽略，而这些可能会严重影响分离培养的结果。

一、环境样品采集

使用无菌手术刀或铲子从各个生境中采集不同类型的样品，并立即转移到无菌离心管或密封采样袋中，采集后的样品通常保存在4℃，以便后续的分离培养工作和理化特性分析。需进行厌氧分离的样品需保存于无菌亨盖特厌氧管或厌氧血清瓶中。用于DNA提取的样品通常需置于干冰或液氮中，运回实验室并在DNA提取前于–80℃冷冻保存。需要注意的是，对于4℃保存的样品，微生物群落会随着时间的推移而发生变化，因此，根据以往微生物分离的工作经验，建议4℃保存的样品最好在20天之内开展微生物分离工作，以获得较好的分离结果。

二、培养基准备

在微生物分离实验中，选择合适的培养基是实验成败的关键步骤之一，需根据样品的不同来源，选择合适的培养基。除培养基本身外，往往还需在培养基中加入微量盐和复合维生素，每升培养基推荐加入10 mL的微量盐，微量盐的推荐配方为：$MgSO_4·7H_2O$ 3 g/L、$MnSO_4·2H_2O$ 0.5 g/L、NaCl 1 g/L、$FeSO_4·7H_2O$ 0.1 g/L、$CoCl_2$ 0.1 g/L、$CaCl_2·2H_2O$ 0.1 g/L、$ZnCl_2$ 0.1 g/L、$CuCl_2·2H_2O$ 0.02 g/L、$AlK(SO_4)_2$ 0.01 g/L、H_3BO_3 0.01 g/L、$Na_2MoO_4·2H_2O$ 0.1 g/L、$NiCl_2·6H_2O$

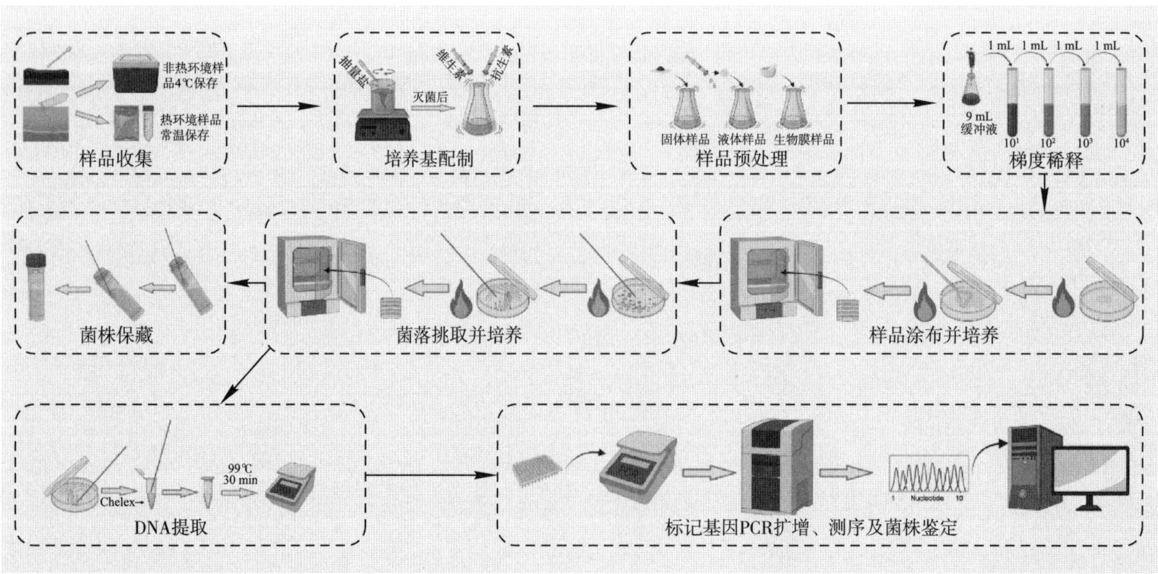

图3-1 细菌和古菌分离培养的9个通用步骤

0.03 g/L、$Na_2WO_4 \cdot 2H_2O$ 0.03 g/L；每升培养基推荐添加 2 mL 的复合维生素溶液，复合维生素溶液的推荐配方为：生物素 5 mg/L、叶酸 5 mg/L、盐酸吡哆醇 25 mg/L、核黄素 12.5 mg/L、硫胺素 12.5 mg/L、烟酸 12.5 mg/L、泛酸 12.5 mg/L、钴胺素 5 mg/L、对氨基苯甲酸 12.5 mg/L、硫辛酸 12.5 mg/L。此外，如果不需要对真菌或藻类进行分离，可以在分离培养基中加入制霉菌素（溶于 DMSO 溶液，工作浓度 0.05 mg/mL），用于抑制快速生长的真核生物。复合维生素溶液和制霉菌素均需经过 0.22 μm 滤膜过滤，待培养基灭菌冷却至 60℃以下后加入混匀。在制作分离平板时，倾倒的培养基的高度最好在培养皿的 1/2 处，并应风干一夜以去除表面水分。需要注意的是，培养基 pH 过高 / 过低或需要进行培养的温度过高时，不宜使用琼脂，因为这些因素会破坏琼脂的氢键使其难以凝固。在此情况下，吉兰糖胶仍具有凝固能力，并且可以获得更好的效果，因此是一个推荐的替代选择。当培养基含有磷酸盐时，最好将磷酸盐和琼脂培养基分开灭菌，从而减少过氧化氢的生成，提高微生物的可培养性。由于获得样品的来源千差万别，因此进行预实验以确定合适或者最佳的分离培养基通常也是必不可少的。

三、样品预处理

采集的样品大致可分为固体、液体和生物膜 3 种类型。对于固体样品可以将 2 g 样品悬浮在装有玻璃珠的 20 mL 生理盐水或 1/10 的 R2A 培养基的锥形瓶中，并在摇床中（200 r/min）孵育 1 h。对于液体样品来说，直接将 2 mL 样品悬浮在装有 18 mL 生理盐水或 1/10 R2A 培养基的锥形瓶中，在摇床中孵育 1 h 即可。若液体样品中的微生物生物量明显较低，则先使用 0.22 μm 滤膜过滤，再将滤膜剪碎，然后使用与固体样品一样的方式进行处理。

四、梯度稀释

将 1 mL 上述孵育好的悬浮液从锥形瓶转移到 15 mL 离心管中，并向管中加入 9 mL 缓冲液。用移液器将管中的液体吹打混匀后，将 1 mL 悬浮液转移到另一根装有 9 mL 缓冲液的 15 mL 离心管，并以此类推重复上述步骤从而将样品稀释至 10^{-1}、10^{-2}、10^{-3} 等浓度。样品的生物量不同，用于分离的稀释浓度也不同，因此，在进行大规模正式实验之前，最好先进行预实验以确定合适的稀释浓度。

五、样品稀释涂布

取 100 μL 稀释后的样品加到分离平板上，用涂布棒在平板表面均匀涂布，一直持续到倾斜平板后观察到没有流动的液体为止。在上述整个操作过程中，平板需要与酒精灯的火焰保持适当的距离。涂布后每个培养皿上均需标记培养基名称、样品类型、温度、稀释度和接种日期等信息。涂布完成的平板需要先在培养箱中正面朝上放置 2 h，之后再将培养皿倒置培养。需要注意的是，光对于一些特定的类群的分离是必需的，因此在对分离平板进行培养时，光也需要作为一个重要的因素来考虑。

六、菌落挑取

分离平板应在孵育 3、7 和 14 天后观察其生长情况（某些样品，如永久冻土，可能需要更长的培养时间）。待离散菌落清晰可见并均匀分布于培养基表面后，即可开始挑取菌落。挑取前，最好在平板底部标记目标菌落，并编号。目标菌落最好与其他菌落分开，避免挑取时被其他菌落污染。菌落挑取时应尽可能基于菌落的颜色、大小、透明度、边缘特征和表面特征进行选择，以避免重复挑取。将单个菌落转移到纯化板上并用三区划线法进行纯化，待分离菌株在纯化板上生长后，可将其接种到同一种类型的平板上培养。收集纯化后的菌体，用于进一步保藏，同时也可以用于 DNA 提取和分离菌株的初步鉴定。由于较小的菌落可能还未成熟或竞争性较弱，它们之间的形态非常相似，这意味着即使是不同的菌株或物种也有可能形成相似的菌落形态，因此，挑菌时有必要适当多挑取这些相似的小菌落。与此同时，外形相似的大型菌落也可能不是同一菌种，在某些代谢功能上可能存在差异，因此在去重复的过程中需要加以注意。在不同的孵育时间从分离平板上进行微生物挑取可以得到更多种类的分离菌株，此时平板底部的数字编号将有助于识别最近生长的菌株。一些古菌或其他生长缓慢的菌株会花费较长的时间才能形成菌落，因此，建议菌落挑取工作初步完成后，仍将分离平板留存 1 至 2 个月，并观察是否有生长缓慢的菌落形成。

七、微生物保存

一般使用无菌的装有 0.5 mL 甘油（20%，*V/V*）的 2 mL 冻存管来保存分离得到的纯培养菌株。首先用无菌接种针挑取适量的新鲜菌体（约绿豆大小），将菌体均匀地涂布在管壁上，然后倾斜试管，使甘油覆盖扩散区域，再使用接种针轻轻搅动以形成悬浮液。悬浮液应先在 −20℃预冻 2 h，然后于 −80℃保存。需要注意的是，在涂抹和搅动时需避免剧烈动作可能引入的外来污染。另外，液体培养的原核生物也可以在甘油（20%，*V/V*）中制备悬浮液后用于菌株保存。也可采用其他保存方法进行保存，具体方法及操作见本书的第八章。

八、DNA 提取

DNA 的提取方法有多种，当需要提取 DNA 的微生物较少时，可以采用酶法小量提取法或者采用试剂盒进行 DNA 的提取，当需要提取 DNA 的微生物较多时，可采用 Chelex 裂解法进行批量快速的提取。酶法小量提取法及 Chelex 裂解法的具体方法见第七章。

九、PCR 扩增及测序

以提取的 DNA 为模版，选择细菌或古菌通用的引物，根据 PCR 反应扩增体系及反应程序进行 PCR 扩增。扩增产物进行琼脂糖凝胶电泳分析，选取条带位置正确的产物送往公司测序。根据返回的 16S rRNA 基因序列峰图，选取测序质量高的序列，利用 EzBioCloud 进行相似性分析，16S rRNA 基因序列相似性小于 98.65% 的，可作为潜在新分类单元进行后续的多相分类鉴定实验。

第二节　极端生境细菌和古菌的分离培养策略

由于极端环境具有独特的限制因素，因而存在独特的微生物群落。因此，在进行不同极端环境可培养微生物分离工作时，需要采取不同的分离策略并关注相应的注意事项（图 3-2）。

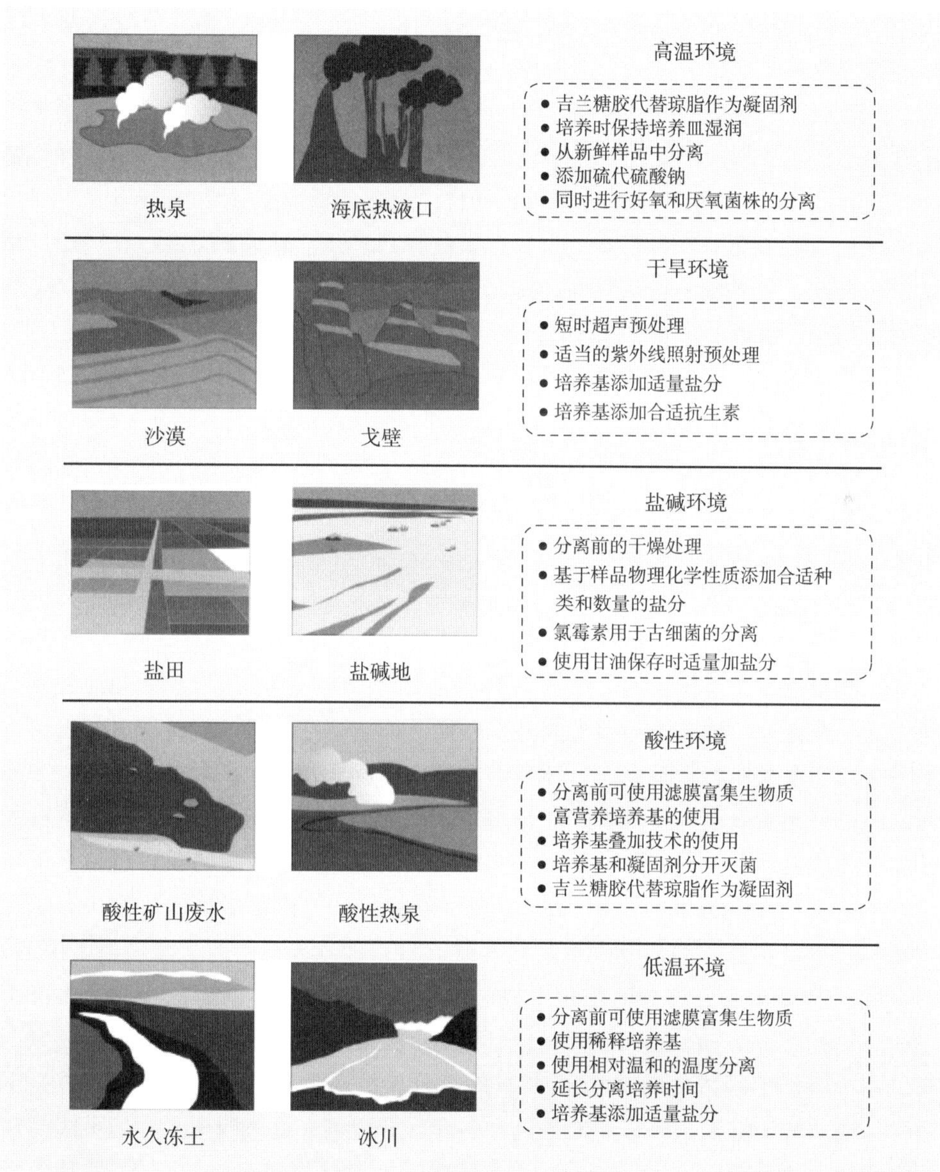

图 3-2　极端环境细菌和古菌分离培养的策略及注意事项

一、高温环境

热环境主要包括陆地热泉和深海热液喷口，高温是这些地方限制生命存在的主要因素之一。为了成功分离热环境微生物，需提高分离温度，然而，高温会使琼脂变性和液化，因此如果分离培养温度高于 60℃的微生物，应使用 0.8% 的吉兰糖胶代替琼脂。高温也会使培养基加速干燥，因此需要将分离平板密封于塑料袋内，并将一个装满水的培养皿放入塑料袋，以保持湿润。此前的研究表明，热泉样品经过低温保存后，其生物多样性会迅速下降，因此，热泉样品的分离时间应在样品新鲜时进行，如果样品需要保存，常温保存比低温保存效果更好。作为热泉环境中的优势类群，栖热菌（*Thermus*）的成员引起了科研工作者的广泛关注，而在培养基中添加 $Na_2S_2O_3$ 则可提高该类群的分离效率。热液喷口内及周围微生物的营养需求非常复杂，因此单一类型的培养基往往不能达到很好的分离效果，若需从这些生境中分离原核生物，应考虑在分离培养基中添加不同的营养物质以满足其生长需求。此外，热环境通常同时生存着好氧和厌氧微生物，因此在进行微生物分离工作时也需要考虑氧气条件。高温环境推荐使用培养基：

1. R2A 培养基：酵母粉 0.5 g/L，胰蛋白胨 0.5 g/L，酸水解酪蛋白 0.5 g/L，葡萄糖 0.5 g/L，可溶性淀粉 0.5 g/L，K_2HPO_4 0.3 g/L，$MgSO_4 \cdot 7H_2O$ 0.05 g/L，丙酮酸钠 0.3 g/L，琼脂 15.0 g/L，pH 7.5；

2. T5 培养基：葡萄糖 1.0 g/L，藕粉 1.0 g/L，酵母粉 2.0 g/L，胰蛋白胨 0.5 g/L，$CaCO_3$ 0.5 g/L，琼脂 15.0 g/L，pH 7.5；

3. 主要用于高温厌氧环境原核生物分离的 YPXS 培养基：酵母粉 5.0 g/L，蛋白胨 1.0 g/L，燕麦木聚糖 5.0 g/L，硫 10.0 g/L，PIPES 缓冲液 6.0 g/L，刃天青 0.001 g/L，琼脂 15.0 g/L，pH 7.5。

二、干旱环境

沙漠和雅丹地貌代表的戈壁等是典型的干旱环境，由于干旱和太阳的紫外辐射，这些地方经常被认为是不毛之地。然而，即使是在自然条件特别恶劣的阿塔卡马沙漠，也存在着数量庞大、种类繁多的微生物。与其他极端环境相比，沙漠样品的前处理策略更加特殊。一般情况下，45 kHz 超声处理 2 min 是一种可靠的样品预处理策略，可以有效抑制生长速度较快的菌株的生长。另外，也可在干净的工作台上使用紫外线照射 10 min 处理沙漠样品，与正常培养方法相比，这种方法可获得更丰富的纯培养微生物多样性。尽管沙漠环境中的盐浓度通常不高，但一些从沙漠环境分离的菌株却可以忍受极高的盐浓度，例如，沙漠糖多孢菌（*Saccharopolyspora deserti*）对 NaCl 的耐受浓度高达 22%（*m*/*V*），因此，在分离培养基中添加不同浓度的 NaCl 可能有助于分离更多独特的沙漠来源的菌株。干旱样品中放线菌特别是链霉菌的比例和多样性非常高，这表明干旱生境可能是次生代谢物生物勘探的宝库。向分离培养基中添加萘啶酮酸（25 mg/L）、重铬酸钾（25 mg/L）和放线菌酮（25 mg/L）可以对竞争菌的生长有明显抑制作用，从而促进放线菌成员的分离。干旱环境推荐使用培养基：

1. R2A 培养基：酵母粉 0.5 g/L，胰蛋白胨 0.5 g/L，酸水解酪蛋白 0.5 g/L，葡萄糖 0.5 g/L，可溶性淀粉 0.5 g/L，K_2HPO_4 0.3 g/L，$MgSO_4 \cdot 7H_2O$ 0.05 g/L，丙酮酸钠 0.3 g/L，琼脂 15.0 g/L，pH 7.5；

2. MM 培养基：葡萄糖 0.5 g/L，酵母粉 0.5 g/L，K_2HPO_4 1.0 g/L，$MgSO_4 \cdot 7H_2O$ 0.5 g/L，NaCl 0.5 g/L，琼脂 15.0 g/L，pH 7.5；

3. 放线菌分离培养基：丙酸钠 4.0 g/L，酸水解酪蛋白 2.0 g/L，磷酸氢二钾 0.5 g/L，L- 天冬酰胺 0.1 g/L，$MgSO_4 \cdot 7H_2O$ 0.1 g/L，$FeSO_4 \cdot 7H_2O$ 0.001 g/L，琼脂 15.0 g/L，pH 8.1。

三、盐碱环境

高盐环境如盐湖、盐沼和盐碱地中生活着大量的嗜盐菌和嗜碱菌。通常而言，盐碱样品在分离前不需要风干，但使用风干的样品往往可获得更高比例的嗜盐或嗜碱放线菌和古菌。此外，不同的盐环境具有不同的盐成分，因此可能需要根据样品的物理化学性质在培养基中添加其他无机盐，如 KCl 或 $MgCl_2$ 等。高浓度的盐在灭菌时可能会与培养基中的有机成分形成沉淀，因此当这种现象发生时，盐和培养基应分开灭菌。在盐环境中，嗜盐古菌在微生物群落中占有相当大的比例。添加 25 mg/L 的氯霉素可有效抑制盐单胞菌等嗜盐细菌的生长，提高嗜盐古菌的分离效率。生活在这些环境中的微生物通常需要特定的盐浓度来维持其正常生理所需的渗透压，因此，除培养基外，还应在样品预处理溶液和甘油溶液中加入 5%～10% 的 NaCl，以此维持菌株的活性。盐碱环境推荐使用培养基：

1. R2A 培养基：酵母粉 0.5 g/L，胰蛋白胨 0.5 g/L，酸水解酪蛋白 0.5 g/L，葡萄糖 0.5 g/L，可溶性淀粉 0.5 g/L，K_2HPO_4 0.3 g/L，$MgSO_4 \cdot 7H_2O$ 0.05 g/L，丙酮酸钠 0.3 g/L，琼脂 15.0 g/L，pH 7.5；

2. MA 2216E 培养基：蛋白胨 5.0 g/L，酵母粉 1.0 g/L，柠檬酸铁 0.1 g/L，NaCl 19.45 g/L，$MgCl_2$ 5.9 g/L，$MgSO_4$ 3.24 g/L，$CaCl_2$ 1.8 g/L，KCl 0.55 g/L，$NaHCO_3$ 0.16 g/L，KBr 0.08 g/L，$SrCl_2$ 0.034 g/L，H_3BO_3 0.022 g/L，Na_2SiO_3 0.004 g/L，NaF 0.002 4 g/L，NH_4NO_3 0.001 6 g/L，Na_2HPO_4 0.008 g/L，琼脂 15.0 g/L，pH 7.5；

3. MMB 培养基：醋酸钠 0.5 g/L，酵母粉 0.5 g/L，米氏 7H9 培养基 4.7 g/L，酸水解酪蛋白 0.5 g/L，$Na_2S_2O_3$ 0.5 g/L，NaCl 2 g/L，琼脂 15.0 g/L，pH 7.5。

四、酸性环境

酸性矿山废水是一种典型的酸性环境，它同时有着 pH 低以及重金属离子浓度高的特点，因受到这些条件的限制，酸性矿山废水环境中微生物的丰度和生物量都很低，这意味着在样品预处理步骤中，酸性矿山废水样品需要使用 0.22 μm 的滤膜进行富集，并降低稀释倍数。通常，用于从酸性矿山废水样品中分离菌株的培养基含有很少的有机成分，然而，使用营养丰富的培养基（改良 ISP 2 培养基）从酸性矿山废水沉积物样品中分离得到多种放线菌，取得了意想不到的效果。

此外，一种被称为“覆盖技术”的方法已被用于极端酸性环境的微生物分离，该方法首先将选定的异养型嗜酸菌接种到培养基并倒入无菌培养皿中，在底部培养基凝固后加入第二层无菌培养基，这使得异养型嗜酸菌既可以清除培养基中的有毒物质，又不会干涉到上层微生物的生长。此外，值得注意的是，由于高温和低pH可能使琼脂变性，使其难以凝固，因此，分离嗜酸菌的培养基和琼脂必须分别灭菌，必要时还可使用吉兰糖胶代替琼脂。酸性环境推荐使用培养基：

1. 改良ISP2培养基：蛋白胨10.0 g/L，酵母粉5.0 g/L，葡萄糖5.0 g/L，琼脂15.0 g/L，pH 2.5；

2. 改良FeO培养基：组分A：$FeSO_4 \cdot 7H_2O$ 7.0 g，ddH_2O 100 mL；组分B：$MgSO_4 \cdot 7H_2O$ 0.7 g，$(NH_4)_2SO_4$ 1.8 g，TSB培养基0.25 g，ddH_2O 650 mL；组分C：琼脂15.0 g，组分250 mL，pH 2.5；

3. 改良9K培养基：组分A：$(NH_4)_2SO_4$ 3 g，KCl 0.1 g，K_2HPO_4 0.5 g，$MgSO_4 \cdot 7H_2O$ 0.5 g，$Ca(NO_3)_2$ 0.015 g，ddH_2O 600 mL；组分B：$FeSO_4 \cdot 7H_2O$ 22 g，ddH_2O 150 mL；组分C：琼脂15.0 g，ddH_2O 250 mL，pH 2.5。

五、低温环境

冰川和永久冻土是典型的低温环境，它们约占地球表面积的10%，且温度常年保持在0℃以下。极低的温度导致这两种环境中微生物的生物量偏低，因此在样品预处理步骤中，最好将冰样融化后使用0.22 μm滤膜富集微生物。与冰川分为极地冰川和高山冰川类似，永久冻土也分为高海拔永久冻土和高纬度永久冻土。它们的理化性质和营养条件以及微生物群落组成都是不同的，这意味着在进行微生物分离时需要考虑这些差异。例如，与中国东北的永久冻土相比，青藏高原的永久冻土含有较低的有机质和无机盐，从而导致微生物生物量更低。因此，从青藏高原冻土样品中分离菌株的培养基建议用1/4 R2A或1/10 TSA这些更寡营养的培养基进行培养。从前期的分离结果来看，大多数从低温环境中培养的微生物似乎主要是耐寒菌而不是嗜冷菌，这些菌株的最佳生长温度一般为12℃至25℃之间。因此除了低温（如0℃或4℃）外，还应选择中等温度（如16℃或25℃）进行微生物分离。出于同样原因，冻土样品可在4℃下保存数周，以增加可培养微生物的数量。一些嗜冷菌生长非常缓慢，在低温下需要几个月的时间才能形成菌落，因此在较低的温度下，分离平板的培养时间需要延长到至少2个月。与来自沙漠环境的菌株类似，从冰川或永久冻土中分离出来的许多嗜冷菌被发现可以耐受一定的盐浓度。因此，在分离培养基中添加3%～5%（*m*/*V*）的NaCl可以提高可培养菌株的多样性。低温环境推荐使用培养基：

1. R2A培养基：酵母粉0.5 g/L，胰蛋白胨0.5 g/L，酸水解酪蛋白0.5 g/L，葡萄糖0.5 g/L，可溶性淀粉0.5 g/L，K_2HPO_4 0.3 g/L，$MgSO_4 \cdot 7H_2O$ 0.05 g/L，丙酮酸钠0.3 g/L，琼脂15.0 g/L，pH 7.5；

2. PYGV培养基：蛋白胨0.25 g/L，酵母粉0.25 g/L，氨三乙酸0.2 g/L，$MgSO_4 \cdot 7H_2O$ 0.6 g/L，$CaCl_2 \cdot 2H_2O$ 0.07 g/L，$Na_2MoO_4 \cdot 2H_2O$ 0.002 g/L，$FeSO_4 \cdot 7H_2O$

0.002 g/L，琼脂 15.0 g/L，pH 7.5；

3. TSA 培养基：酸水解酪蛋白 17.0 g/L，大豆粉木瓜蛋白酶消化物 3 g/L，葡萄糖 2.5 g/L，K_2HPO_4 2.5 g/L，NaCl 5.0 g/L，琼脂 15.0 g/L，pH 7.5。

六、厌氧原核生物

厌氧原核生物分布广泛，在极端环境中发挥重要作用。然而，因为分离必须在缺氧条件下进行，因此与好氧微生物相比，厌氧微生物的分离具有更大的挑战。分离这些菌株的关键是去除培养基中的氧，从而获得并维持其厌氧的环境。亨盖特厌氧滚管技术是分离厌氧菌的传统方法，适用于培养严格厌氧菌，如产甲烷菌。另外，厌氧培养箱技术的优点是可以使用培养皿，并在培养许多厌氧菌方面获得成功。简而言之，厌氧培养箱技术是在好氧条件下制备培养基，灭菌后立即转移到含有气体（$N_2：H_2：CO_2 = 8：1：1$）的厌氧工作站，然后在厌氧条件下将培养基与无菌还原剂一起倒入培养皿中，最后，将样品在无菌生理盐水中连续稀释至适当的浓度，取 100 μL 稀释液涂于分离板上进行厌氧培养。值得强调的是，分离之前也可以通过富集的方式获得特殊的厌氧群落，然后再进行分离。此外，针对厌氧菌株生长缓慢的特点，微流控系统或其他单细胞培养方法有助于将不同细胞隔离开来，从而使缓慢生长的菌株不会受到快速生长菌株的影响。

第三节　细菌和古菌的分离培养新方法

未 / 难培养原核生物可培养性的限制因素有很多，但是大致可以归类为五种，分别为实验室无法模拟微生物生长的原生自然环境、休眠体的存在与复苏、微生物的低丰度与慢生长、群落成员间的相互作用以及营养环境的剧烈变化。这些问题都是传统的原核生物分离方法无法解决的，因此近些年来涌现出了许多针对这五种问题中某一种或者某两种的创新培养方法。

一、基于膜扩散的方法

膜扩散的方法主要针对实验室无法模拟微生物生长的原生自然环境问题。这种方法利用能使小分子营养物质通过而阻止细胞通过的孔隙微小的通透膜将微生物置于局部原生环境之中，使其获得原本的生长状态，以促进未 / 难培养微生物资源的获得。这种培养方法能较大程度地模拟微生物所处的自然环境，由于化学物质可以自由穿过薄膜，环境中的营养物质和代谢产物可透过通透膜扩散到培养基中，但膜内外的微生物不能相互接触，从而可使膜内微生物获得其原始生境中所需的所有生长因子，保证了细胞间的物质交流，提高了未 / 难培养微生物可培养性。中空纤维膜室（Hollow-Fibre Membrane Chamber Device，HFMC）、分离芯片（The Isolation Chip，iChip）、土壤基质膜系统（The Soil Substrate Membrane System，SSMS）、扩散生物反应器（The Diffusion Bioreactor）都是该类基于膜扩散的分离方法，下文以分离芯片为例介绍这种方法。

分离芯片是高通量原位培养装置，该装置由包括中央孔板（2 mm × 19 mm × 1 mm）和两个对称的上、下孔板（各 72 mm × 19 mm × 6.5 mm）的平板组装而成（图 3–3），这些平板具有多个直径为 1 mm 的微孔，排列成两个阵列，每个阵列有 192 个微孔，每一个微孔可以捕获一定数量的微生物细胞。之后用上下孔板分别把 0.03 μm 孔径的聚碳酸酯膜固定在中央板的两面，当细胞悬浮在以琼脂为基础的液体培养基中时，细胞被固定在琼脂凝固后形成的小琼脂塞内。因此，这些细胞被单独“困”在各自的通孔中，彼此分离使每个孔成为相对独立的培养室。整个装置可置于原位培养中，微孔中的细胞与外界环境可以进行物质交换从而克服实验室无法模拟微生物生长的原生自然环境的问题。

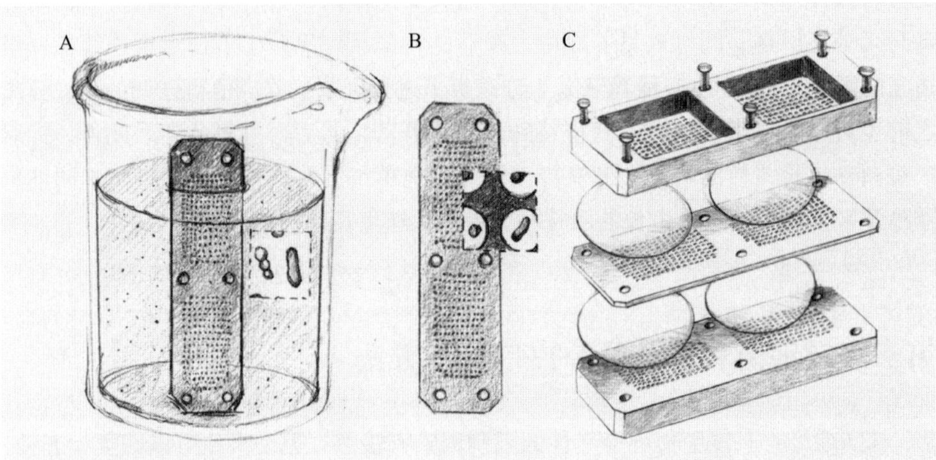

图 3–3 分离芯片装置（引自 Nichols et al.，2010）

二、微流控技术

微流控技术（Microfluidics）是在微观尺寸下对复杂流体进行控制、操作和检测的技术，其能在短时间内同时检测多种未培养微生物的存在，还可以快速获得目标微生物的纯培养物。这种技术主要针对的是微生物的低丰度与慢生长问题，不仅可以实现单细胞的分离培养，去除群落中的竞争和拮抗作用，又可实现生长状态的检测，且高通量机械操纵大批量细胞，明显提高了微生物菌种的产出量。滑动芯片（SlipChips）、纳米多孔微生物培养系统（Nanoporous Microscale Incubator System，NMMI）、微液滴培养系统（Microfluidics）等方法都是微流控技术的代表，下文以微液滴培养系统为例介绍这种方法。

液滴微流控作为微流控技术的重要分支，是近年来在传统连续流微流控系统的基础上发展起来的，利用互不相溶的两液相产生分散的微液滴并对微液滴进行操作的非连续流微流控技术。它一般包含液滴发生系统、液滴进样系统、液滴识别系统、液滴培养、分选系统等（图 3–4）。液滴微流控技术因其生成的液滴体积小、通量高、质能交换快、可独立操作等特性为微生物研究提供了新方法。但是

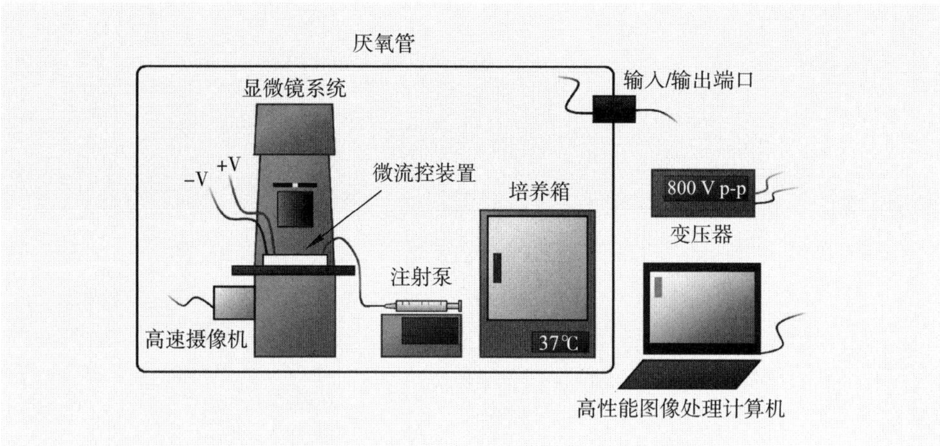

图 3-4　液滴微流控装置（引自 Watterson et al.，2020）

它又存在操作要求高、影响因素多、缺乏自动化集成等问题，从而限制了该技术的应用推广。

三、细胞分选技术

细胞分选技术主要包括光学镊子（Optical tweezers）、荧光原位杂交（Fluorescence *in situ* Hybridization，FISH）、荧光激活细胞分选（Fluorescence-Activated Cell Sorting，FACS）、拉曼激活细胞分选（Raman-Activatedsingle-Cell Sorting，RACS）和反向基因组学筛选（Reverse Genomics for Targeted Isolation）等技术，它们的目的是避开上述微生物难培养问题，直接对微生物细胞进行靶向分离，特异性地获得标靶微生物。下文以反向基因组学筛选为例介绍这种方法。

Karissa L. Cross 等首先利用 TM7 的单细胞基因组数据，鉴定出编码膜蛋白的基因，并选择特定膜蛋白（青霉素结合蛋白）上的特定表位，对兔子进行免疫以产生抗体，随后利用标记了荧光的抗体对菌群样本中的 TM7 进行染色，分离并培养出了 TM7 中的 3 个菌种，发现其均为放线菌的体表寄生物种，并最终利用相同的方法，分离并培养出了一种先前无法培养的细菌——人口腔细菌 SR1（图 3-5）。

第四节　多组学指导下的细菌和古菌的分离

上述介绍的培养策略是非靶向性的，适用于生活在环境中的大部分原核生物的分离。随着各种高通量测序技术和算法的发展，通过对宏基因组组装基因组（MAGs）、单细胞组装基因组（SAGs）或其他组学方法的分析，发现了一系列具有特定功能或在系统发育分析中具有重要意义的未培养微生物。可结合对 SAGs、MAGs 的功能分析结果，检测技术（放射自显影技术、荧光原位杂交、质谱、拉曼光谱等）和创新培养方法，指导这些微生物的分离，从而实现微生物的靶向分

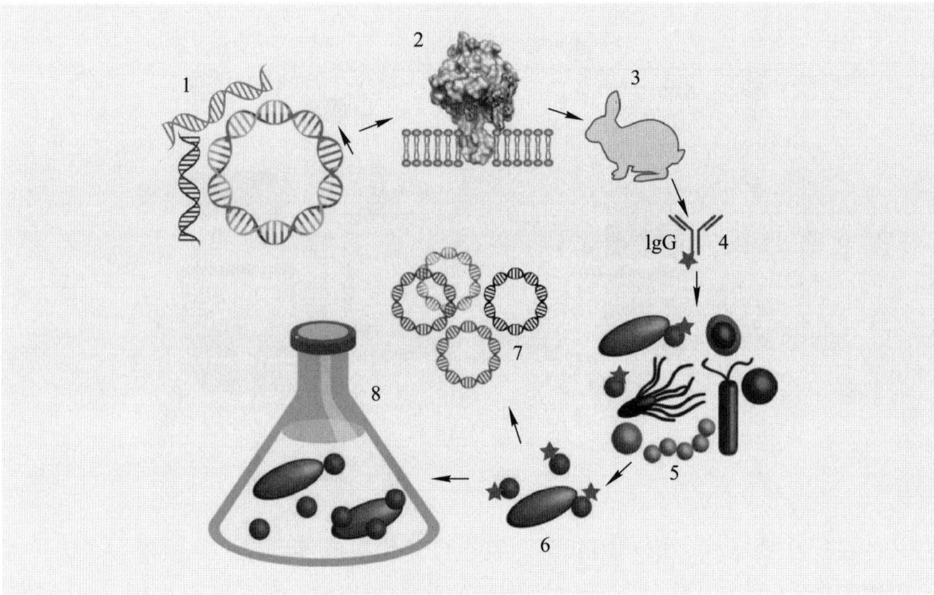

图 3–5 反向基因组学筛选方法（引自 Cross et al.，2019）
1. SAGs 和 MAGs 中膜蛋白编码基因的鉴定；2. 预测暴露表位的选择；3. 抗体的产生；4. 纯化和荧光标记；5. 微生物组样品中靶细胞的染色；6. 微生物分离；7. 基因组测序；8. 微生物培养

离培养。值得注意的是，在传统的培养方法设计中，微生物的相互作用被严重忽视，这可能是许多尚未培养的微生物仍然无法获得培养的一个关键原因，但创新的培养方法，如芯片分离技术，允许微生物与环境和其他物种交换代谢物，可以增加可培养微生物的数量。此外，来自 16S rRNA 基因数据集的共现网络，以及来自多组学数据的功能网络技术，也可为培养策略的设计提供指导。

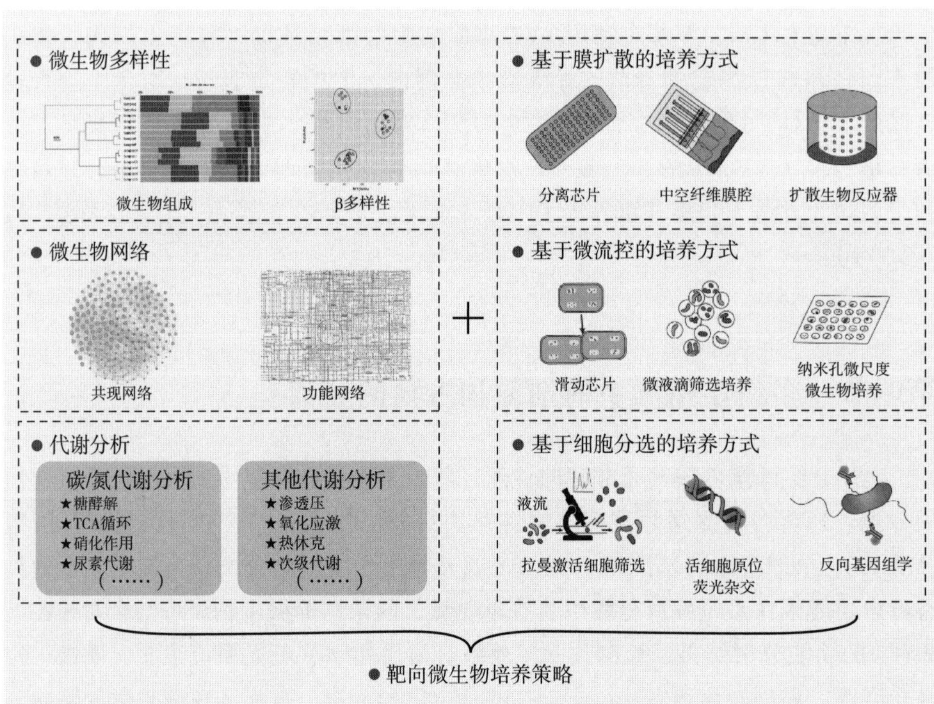

图 3–6 靶向微生物培养策略示意图

彩图

本章小结

与免培养方法相比，微生物的分离和培养无疑是一种劳动密集型的方法，极端环境下的微生物由于其具有特异的适应性和代谢功能，与普通环境的微生物相比更难分离，但纯培养微生物在研究微生物生理学、验证微生物互作，以及生物技术应用等方面有着不可替代的作用。本章提供的方案可有效地用于分离普通环境微生物，并指导极端环境下未培养微生物的分离培养，希望能以此促进极端环境微生物的分离培养工作，使得从极端环境中分离微生物变得更加容易和高效，从而突破传统微生物分离方法的瓶颈。

推荐阅读

1. Imachi H，Nobu M K，Nakahara N，et al. Isolation of an archaeon at the prokaryote-eukaryote interface. Nature，2020，577：519–525.（推荐理由：这项研究通过长达 12 年的富集实验，首次成功分离培养了阿斯加德古菌，而阿斯加德古菌在近些年来被认为是在进化树上与真核生物最为近缘的一个类群。阿斯加德古菌的成功培养可为真核生物的进化过程提供关键见解。）

2. Cross K L，Campbell J H，Balachandran M. et al. Targeted isolation and cultivation of uncultivated bacteria by reverse genomics. Nat Biotechnol，2019，37：1314–1321.（推荐理由：这项研究展示了一种新的靶向分离方法，利用类群特异性抗体标记结合 FACS 流式细胞分选技术，分离到了此前被认为很难获得纯培养的微生物类群。）

3. Ma L，Kim J，Hatzenpichler R，et al. Gene-targeted microfluidic cultivation validated by isolation of a gut bacterium listed in Human Microbiome Project's Most Wanted taxa. Proc Natl Acad Sci USA，2014，111：9768–9773.（推荐理由：该研究使用微流控 SlipChip 装置培养了瘤胃菌科 *Ruminococcaceae* 的第一个微生物，这对于更好地了解人类微生物组具有重要意义。）

4. Watterson W J，Tanyeri M，Watson A R，et al. Droplet- based high-throughput cultivation for accurate screening of antibiotic resistant gut microbes. eLife，2020，9：e56998.（推荐理由：这项研究展示了一种高通量的微液滴培养技术，利用该技术高效地从环境样品中分离和培养了大量的菌株。）

5. Yang Z W，Lian Z H，Liu L，et al. Cultivation strategies for prokaryotes from extreme environments. iMeta，2023. 2：e123.（推荐理由：该文章提供了一个直接且简便的方案来有效地分离来自极端环境的原核生物，并提出了使用多组学指导的微生物培养方法来培养那些尚未培养的微生物，以此来突破传统微生物分离方法的瓶颈的观点。）

6. Nichols D，Cahoon N，Trakhtenberg E M，et al. Use of Ichip for High-

Throughput In Situ Cultivation of "Uncultivable" Microbial Species. Applied and Environmental Microbiology，2010，76：2445–2450.（推荐理由：该文章介绍了一种基于半透膜的高通量原位微生物培养方法，这种方法可以分离到以前无法分离到的大量不同的微生物，适合用于基础研究和应用研究。）

思考题

1. 为什么获得微生物的纯培养物对微生物研究而言是不可或缺的？
2. 微生物分离大致分为几个步骤，每个步骤的作用是什么？
3. 在微生物分离过程中需要注意哪些细节问题？
4. 为什么不同极端环境样品的分离策略相差甚远？
5. 现代的靶向微生物分离策略与传统的微生物分离方法有哪些异同？

（杨子文、焦建宇、刘兰、李文均）

第四章

形态学特征

微生物的形态特征是重要的微生物分类依据之一，其受基因调控。不具有菌丝分化的细菌和古菌的形态特征一般在不同培养基中相对稳定，不会发生太大的变化。在不同培养基上，具有菌丝分化特征的细菌（如放线菌）及古菌（如产丝古菌属）的形态特征则可能表现出不同情况。因此，在对具有菌丝分化特征的放线菌进行分类时，需先将微生物培养在不同的培养基上，记录菌丝的有无、菌落的颜色和可溶性色素的颜色等，以完成培养特征实验。微生物形态学特征的观察需要借助于显微镜，本章对常用的显微镜进行了介绍，并对细菌和古菌形态学特征的观察方法进行了详细的阐述。

第一节 常用的显微镜

一、普通光学显微镜

普通光学显微镜（Optical Microscope，OM）能够利用光学原理，把肉眼不能分辨的微小物体放大成像，以供人们提取细微结构信息。早在公元前1世纪，人们就发现通过球形透明物去观察微小物体时，可以使其放大成像；1590年，荷兰和意大利的眼镜制造者已经造出类似显微镜的放大仪器；1610年，意大利的伽利略和德国的开普勒在研究望远镜的同时，通过改变物镜和目镜之间的距离，得出了合理的显微镜光路结构；1673—1677年间，安东尼·范·列文虎克制成了单组元放大镜式的高倍显微镜，利用自制的显微镜，其在动植物微观结构的研究方面取得了杰出的成就。随着科学技术的进步，显微镜逐渐从单纯的放大器发展成为一种功能强大的观察和分析工具。

无论光学显微镜的功能如何发展，其基础依旧是利用凸透镜成像的原理，经过透镜的两次成像，形成倒立放大的虚像，从而使显微结构放大为肉眼可见的物像。基于此，普通光学显微镜通常由机械装置（包括镜座、镜臂、镜筒、物镜转换器、载物台、粗准焦螺旋和细准焦螺旋）和光学系统（包括物镜、目镜、聚光器、光源和滤光片）（图4-1）等组成。样品放置在载物台上，经过光源照明后，物镜放大了样品的细微结构，并将光线聚焦到目镜上，形成可见的放大图像。光学显微镜在生物学中被广泛应用于观察细胞结构和生物组织等，对生命科学研究

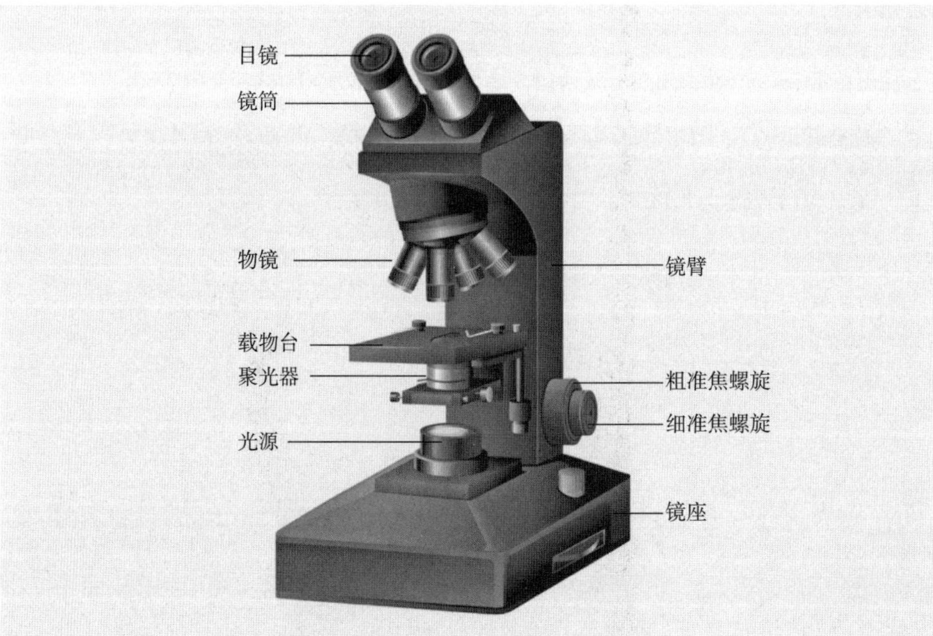

图4-1 普通光学显微镜的基本结构

起着重要作用。

二、相差显微镜

相差显微镜（Phase Contrast Microscope，PCM）是荷兰科学家 Frits Zernike 于 1935 年发明的，适用于观察活细胞和未染色标本（图 4-2）。采用普通的光学显微镜观察未经染色的标本时，由于标本透明，光透过标本时，其波长和振幅都没有明显的变化，难以分辨其形态和内部结构。在观察活细胞和未染色的生物标本时，因细胞各部分细微结构的折射率和厚度的不同，当光波通过时，波长和振幅并不发生变化，仅相位发生变化，这种相位差人眼无法观察。但相差显微镜因配备有环状光阑和相差板，能利用光的衍射和干涉现象，将光的相位差变为人眼可观察的振幅差（明暗差）来观察活细胞和未染色的标本。相差显微镜和普通显微镜的区别是，相差显微镜用环状光阑代替可变光阑，用带相差板的物镜代替普通物镜，能够在标本不染色的情况下，比较清楚地观察到活细胞及细胞内的某些细微结构。这是显微技术的一大突破，发明人 Frits Zernike 因此获得了 1953 年的诺贝尔物理学奖。

三、荧光显微镜

荧光素可以吸收紫外线并放出一部分波长较长的可见光，这种现象称为荧光现象。利用在紫外线的照射下，发荧光的物体会在黑暗的背景下表现为有色的光亮物体的原理，荧光显微镜（Fluorescence Microscope，FM）采用荧光显微技术和透射视场观察，可以清楚地观察和鉴定用普通显微镜难以观察到染色体的标本，广泛应用于生物学、医学相关研究工作。

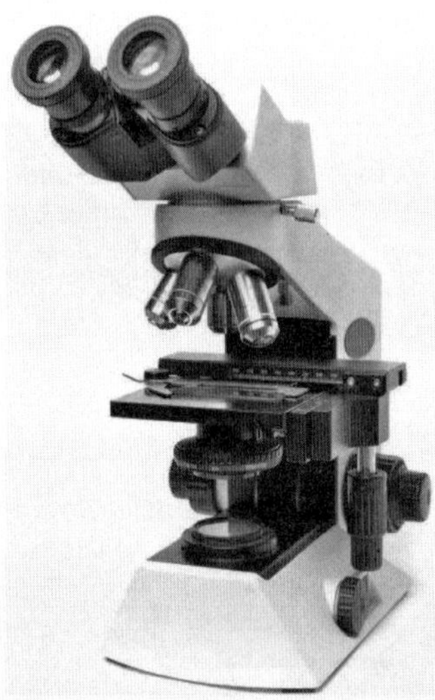

图 4-2　相差显微镜

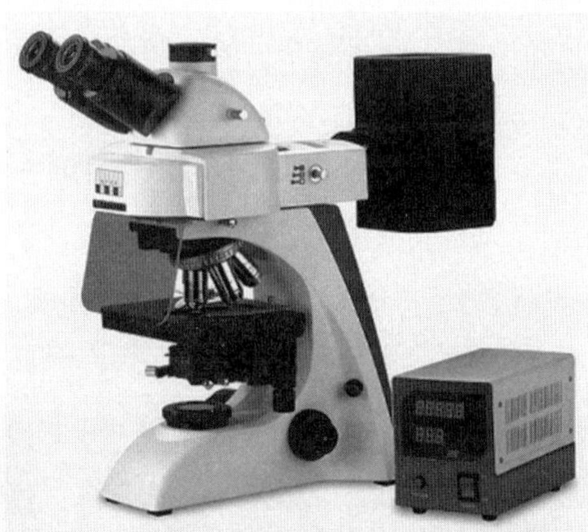

图 4-3　荧光显微镜

四、激光扫描共聚焦荧光显微镜

激光扫描共聚焦荧光显微镜（Laser Scanning Confocal Microscope，LSCM）是一种目前最先进的利用计算机、激光和图像处理技术获得生物样品三维数据的分子细胞生物学分析仪器（图 4–4）。主要用于观察活细胞结构及特定分子离子的生物学变化、定量分析以及实时定量测定等。普通的荧光光学显微镜在对较厚的标本观察时，来自观察点邻近区域的荧光会对结构的分辨率形成较大的干扰。激光扫描共聚焦显微技术的关键点在于，每次只对空间上的一个点（焦点）进行成像，再通过计算机控制的一点一点地扫描从而形成标本的二维或者三维图像。在此过程中，来自焦点以外的光信号不会对图像形成干扰，从而大大提高了显微图像的清晰度和细节分辨能力。

图 4–4 激光扫描共聚焦显微镜

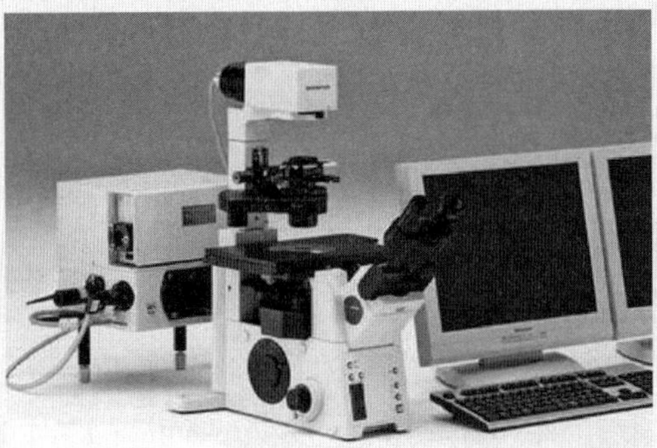

五、原子力显微镜

原子力显微镜（Atomic Force Microscope，AFM）利用微悬臂感受和放大悬臂上尖细探针与受测样品原子之间的作用力，从而达到检测的目的，具有原子级的分辨率（图 4–5）。原子力显微镜既可以观察导体，也可以观察非导体。原子力显微镜是由 IBM 公司苏黎世研究中心的 Gerd Binnig 与斯坦福大学的 Calvin Quate 于

图 4–5 原子力显微镜

1985 年发明的，其目的是使非导体也可以采用类似扫描探针显微镜（SPM）的观测方法。原子力显微镜与扫描隧道显微镜最大的差别在于并非利用电子隧穿效应，而是检测原子之间的接触，原子键合，范德瓦耳斯力或卡西米尔效应等来呈现样品的表面特性。

六、透射电子显微镜

透射电子显微镜（Transmission Electron Microscope，TEM）起源于 20 世纪 20—30 年代。20 世纪 20 年代，研究者基于中心旋转对称的电磁场对电子束的控制行为发明了磁透镜；此后，柏林科技大学的高电压技术教授阿道夫 · 马蒂亚斯让马克斯 · 克诺尔领导研究小组改进阴极射线示波器，陆续获得了不同放大倍数的电子显微镜雏形及第一部电子显微镜，并于 1933 年证实了电子显微镜较光学显微镜有更高的分辨率；1934 年，电子显微镜的分辨率已经达到了 500 Å；1986 年，为表彰恩斯特 · 鲁斯卡（Ernst Ruska）在透射电子显微镜领域的贡献，授予其诺贝尔物理学奖。

自 1949 年全球第一款商用透射电子显微镜问世以来，透射电子显微镜的精度和功能均得到了广泛的发展。20 世纪 90 年代，电脑被广泛应用于分析显微镜图像，20 世纪末，球差校正器研制成功，至此，现今正在使用的透射电子显微镜已然成形（图 4-6）。透射电子显微镜一般由电子枪、聚光镜、样品杆、物镜、中间镜、投影镜、荧光屏及相机构成。透射电子显微镜和光学显微镜的透镜及光路图基本一致，都是光源（电子）经过聚光镜汇聚之后照到样品，光束（电子）透过样品后进入物镜，由物镜汇聚成像，之后物镜所成的一次放大像再由目镜（中间镜和投影镜）二次放大后进入观察者的眼睛（荧光屏），最终物像能够通过相机进行记录。具体而言，透射电镜由电子枪发出电子束，经聚光镜沿主光轴汇聚形成尖细明亮的电子束并投射于厚度小于 100 nm 的样品上（组织样品需进行切片），电子与样品中的原子及原子核外电子发生相互作用，在碰撞过程中改变方向并产生立体角散射。这些立体角散射根据散射时能量变化得失分为弹性散射和非弹性散射，发生弹性散射的电子经过物镜和中间镜形成电子衍射像、衍射衬度像和相位衬度像，散射角大小与样品密度及厚度相关，据此最终形成明暗不同的影像。应用透射电镜观察细胞表面及内部超微结构是生物学研究形态结构的重要方式之一，能最大程度真实地呈现样品结构信息。

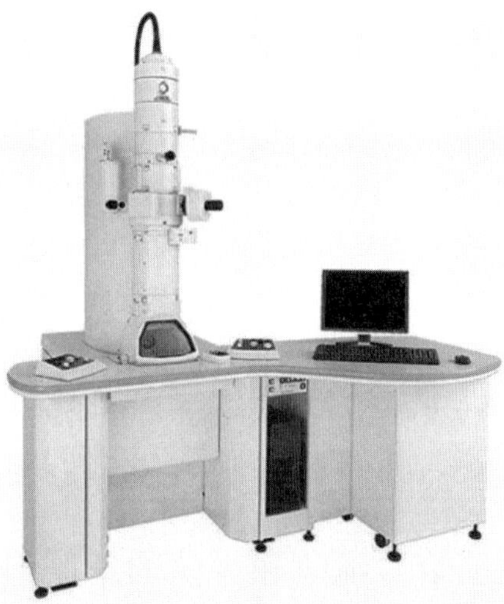

图 4-6　透射电子显微镜

七、扫描电子显微镜

扫描电子显微镜（Scanning Electron Microscope，SEM）是一种先进的显微镜技术，利用电子束代替光线来放大和观察样品表面的微观结构（图 4–7）。扫描电子显微镜的发展可以追溯到 20 世纪中期，它是在透射电子显微镜的基础上逐渐发展完善的。其工作原理是利用加速电子束与样品表面原子间相互作用产生的各种信号来获取样品表面的信息。具体而言，扫描电子显微镜从电子光源（发射电子枪）处发生电子，经电子光学系统将电子约束为电子束，电子束在扫描控制系统的控制下有规律地打在样品上产生检测系统可识别的信号，最终这些信号经系统处理后转变为高分辨率的图像。

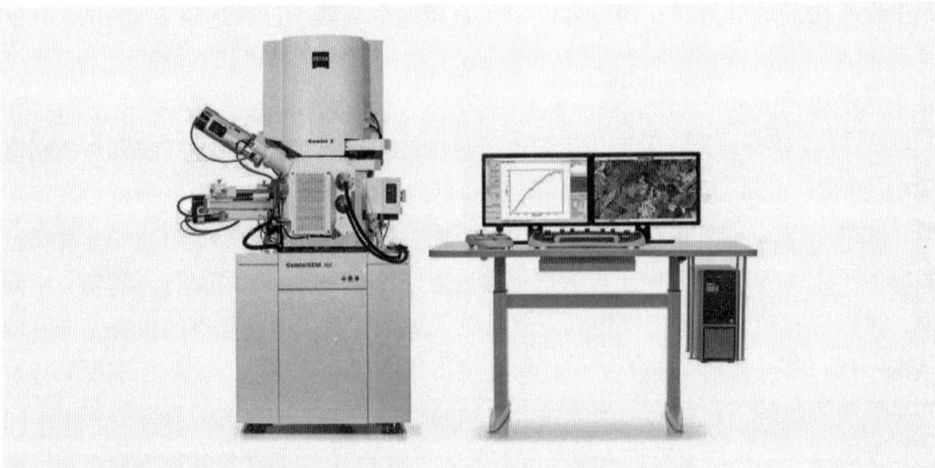

图 4–7 扫描电子显微镜

与光学显微镜乃至透射电子显微镜相比，扫描电子显微镜景深很大，具有更高的放大倍数和更高的分辨率，成像具有很强的立体感，能够清晰地观察到样品表面的微观结构、纳米级别的颗粒和表面形貌。此外 SEM 还具有较大的深度视野，能够同时获取大范围的表面信息。在扫描电子显微镜中，电子束的轰击使样品表面除放出二次电子外，还可产生许多有用的物理信号，如特征性 X 线谱线、阴极荧光、背散射电子、俄歇电子及样品电流等。对这些信号分别进行收集、分析，还能得到相关样品的其他信号。如收集 X 射线信号，与 X 射线能谱分析仪相连，可以对样品的元素组成进行分析。扫描电子显微镜广泛应用于材料科学、纳米技术、生物学、地质学、医学等领域，在生物学中，SEM 可用于细胞形态学及生物组织结构等的研究。

第二节 细菌和古菌的细胞形态观察

细菌和古菌为原核生物，个体微小，在一般光学显微镜下不易观察，必须使用电子显微镜才能观察到其形态。在电子显微镜下，细菌和古菌基本的细胞形态是球状、杆状和螺旋状等（图 4–8）。球菌，呈圆球形或近似圆球形，有的呈矛头状或肾状。单个球菌的直径在 0.8 ~ 1.2 μm。根据繁殖时细胞分裂方向和分裂后细胞粘连程度及排列方式不同可分为双球菌、链球菌、四联球菌、八叠球菌和葡萄球菌。各种杆菌的大小、长短、弯度和粗细差异较大，大多数杆菌长 2.0 ~ 5.0 μm，宽 0.3 ~ 1.0 μm；杆菌细胞的形态多数呈直杆状，也有的细胞微弯；细胞两端多呈钝圆形，少数两端平齐（如炭疽杆菌），也有两端尖细（如梭杆菌）或末端膨大呈棒状（如白喉杆菌）；杆菌细胞一般分散存在，无一定排列形式，偶有成对或链状，个别呈特殊的排列，如栅栏状，V、Y 或 L 字样。螺形菌细胞弯曲，可分为弧菌和螺菌。弧菌细胞只有一个弯曲，呈弧状或逗点状，如霍乱弧菌；螺菌的细胞有数个弯曲，如鼠咬热螺菌。

相比细菌而言，一些古菌的细胞则有着惊人的形态，如从盐湖及盐田中分离到的盐链菌属（*Halocatena*）（图 4–9）和放线古菌属（*Actinoarchaeum*）

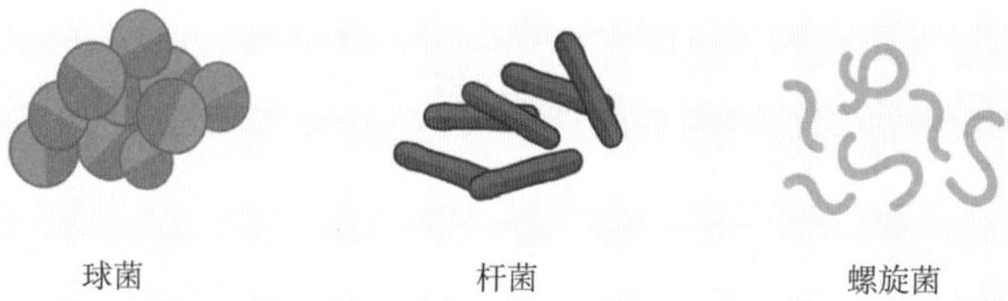

图 4–8 细菌和古菌常见的细胞形态

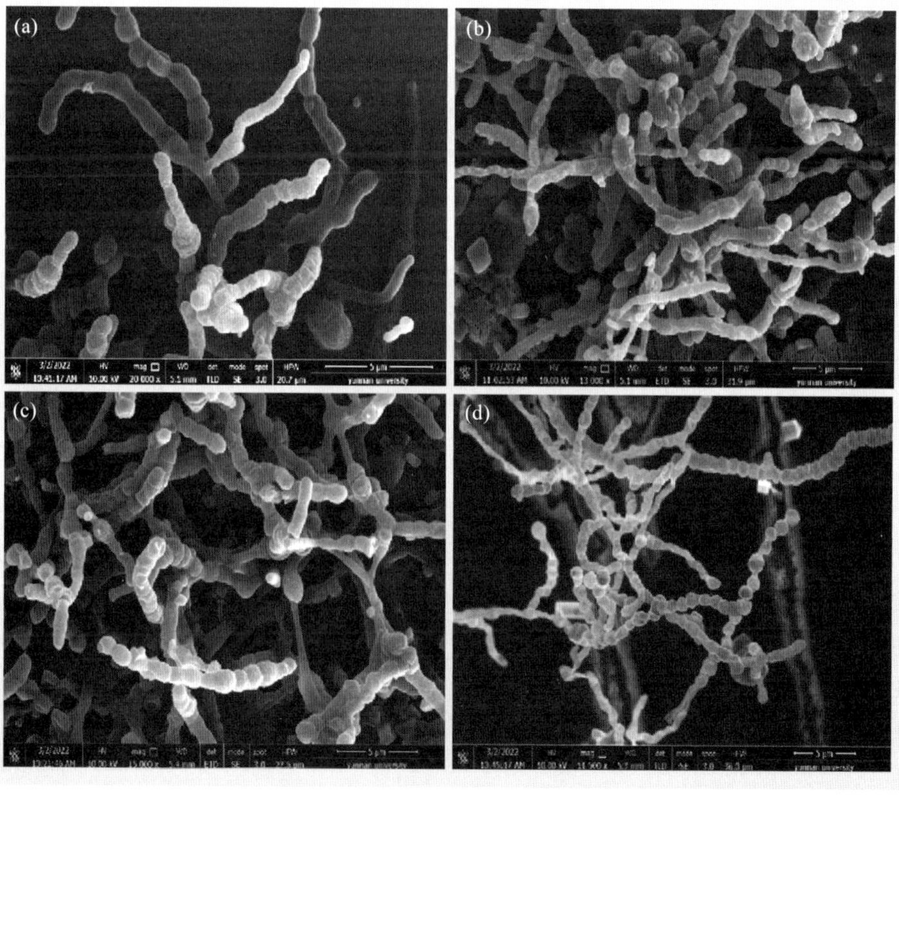

图 4–9 盐链菌属（*Halocatena*）的细胞形态（引自 Wu et al., 2023）

（a）*Halocatena marina* RDMS1；（b）*Halocatena marina* QDMS1；（c）*Halocatena salina* AD–1^T；（d）*Halocatena pleomorpha* JCM 31368^T

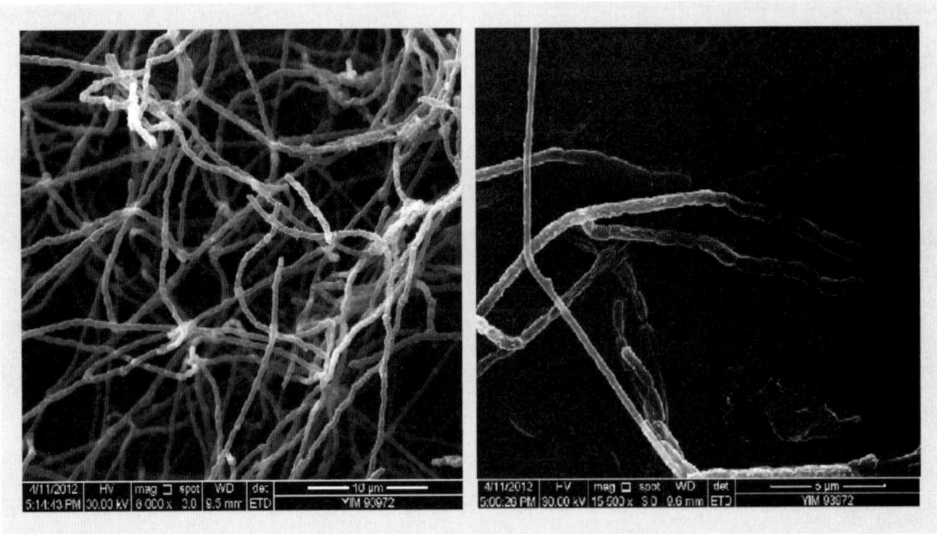

图 4-10 嗜盐放线古菌（*Actinoarchaeum halophilum*）的细胞形态（引自 Tang et al., 2023）

（图 4-10）的细胞形态与放线菌的相似；在云南腾冲地区生活的腾冲嗜酸两面菌（*Acidianus tengchongensis*）细胞状如人耳；能在饱和盐水中生长的极端嗜盐的瓦氏盐方菌（*Haloquadratum walsbyi*）细胞呈方形（图 4-11）；能在 105℃条件下生长的近亲隐蔽热网菌（*Pyrodictium occultum*）的细胞形如丝网。

细菌和古菌的细胞形态受各种理化因素的影响，一般来说，在生长条件适宜时培养至对数期末期的细胞形态较为典型；幼龄时细胞形体较长；衰老时或在陈旧培养物中，或环境中有不适合细菌和古菌生长的物质（如药物、抗生素、抗体、过高的盐分等）时，细胞常出现不规则的形态，表现为多形性（Pleomorphism），呈梨形、气球状、丝状等，称为衰退型（Involutionform），不易识别。观察细菌和古菌的形态和大小特征时，应注意来自机体或环境中各种因素所导致的形态变化。同时，细菌和古菌具有包括细胞壁、细胞膜、细胞质、核质体和内容物的基本结

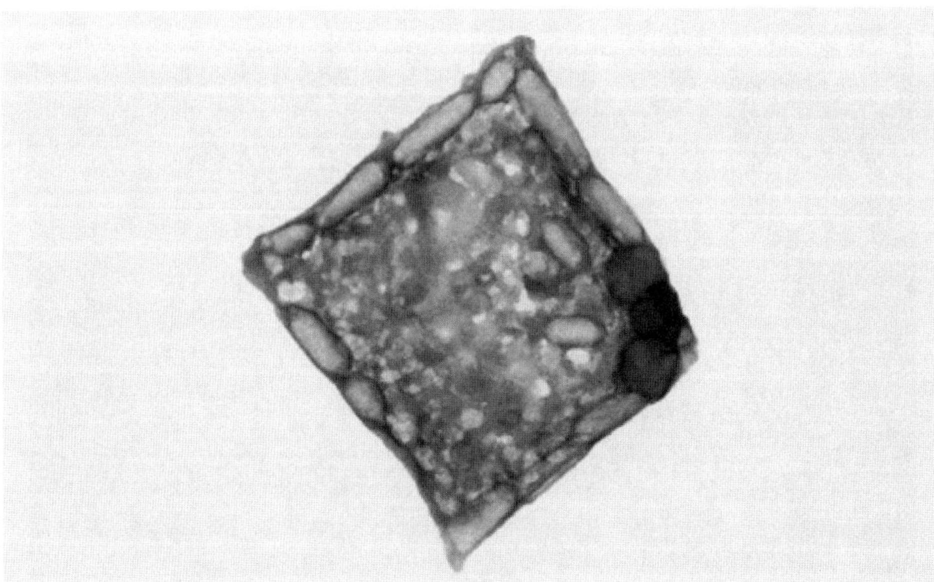

图 4-11 瓦氏盐方菌（*Haloquadratum walsbyi*）的细胞形态（引自 van Wolferen et al., 2022）

构，而像芽孢、荚膜、鞭毛等是某些细菌和古菌在一定条件下所具有的结构，属于特殊结构，需采用特殊的方法才能观察到。

一、普通光学显微镜下对细菌和古菌细胞形态的观察

1. 收集菌体，用 0.9% NaCl 或磷酸缓冲液 PBS 清洗 2 ~ 3 次，加无菌水做成菌悬液，取适量菌悬液均匀涂抹于干净的载玻片上，涂抹区的直径在 1 ~ 1.5 cm 之间。

2. 将载玻片的抹涂面朝上，以其背面在酒精灯表面通过数次进行干燥，干燥时载玻片离酒精灯要有一定距离，以避免载玻片过热影响形体的观察。为更清楚地看清形态，也可对样本染色后再进行观察。

3. 打开电源，将低倍镜转至工作状态，对准通光孔，眼观察目镜，转动聚光器，直至看到明亮的视野。

4. 将载玻片置于载物台上，使被观察的标本部位对准通光孔的中央，用标本夹夹住载玻片。转动粗准焦螺旋，使物镜镜头下降，直至低倍镜头距玻片的距离小于 0.6 cm 为止；眼睛置于目镜上方，转动粗准焦螺旋使镜筒上升直至视野中出现物像；转动细准焦螺旋，使视野中的物像变得清晰。随后转动物镜转换器，将低倍镜换成高倍镜，重复上述操作，直至观察到清晰的物像即可。

5. 需要用到油镜时，在玻片上需要观察的部位滴加一滴香柏油或者石蜡油，将油镜转至工作状态，转动粗准焦螺旋，使物镜镜头下降，直至油镜距玻片的距离小于 0.6 cm 为止。随后，眼置于目镜上方，转动粗准焦螺旋使镜筒上升直至视野中出现物像，再转动细准焦螺旋，使视野中的物像变得清晰即可。

6. 观察完毕后，上升镜筒，将油镜转离通光孔，用擦镜纸擦去油镜上的油，再蘸取少量二甲苯擦去镜头上残留的油。清洁显微镜的机械部分，并将显微镜的各个部位还原，盖上防尘罩。

视频 4-1
扫描电镜下细胞形态的观察

二、扫描电子显微镜下对细菌和古菌细胞形态的观察

1. 收集菌体，用 0.9% NaCl 或磷酸缓冲液 PBS 清洗细胞 2 ~ 3 次。

2. 加入 2.5% 的戊二醛在 4℃固定 1 h 以上，固定后用 0.9% NaCl 或磷酸缓冲液 PBS 浸泡清洗细胞 2 次，每次 20 min。

3. 用 0.9% NaCl 或磷酸缓冲液 PBS 重悬菌体，吸取适量的液体均匀涂抹于洁净的载玻片上，以其背面在酒精灯外焰通过数次进行干燥，干燥时载玻片离酒精灯外焰要有一定距离，以避免载玻片过热影响形体的观察。也可直接风干。

4. 将玻片置于不同浓度的乙醇（30%、50%、70%、90% 和 100%）中进行梯度脱水，每次 15 min，脱水后取出玻片，待其干燥后喷金，最后在扫描电子显微镜下进行观察。

5. 也可将固定清洗后的菌体收集于 EP 管中，将 30% 的乙醇加入 EP 管中脱水，10 min 后离心去乙醇，随后将其依次置于 50%、70%、90% 和 100% 的乙醇中执行上述操作，进行梯度脱水。脱水后用叔丁醇浸泡清洗 2 次，再用叔丁

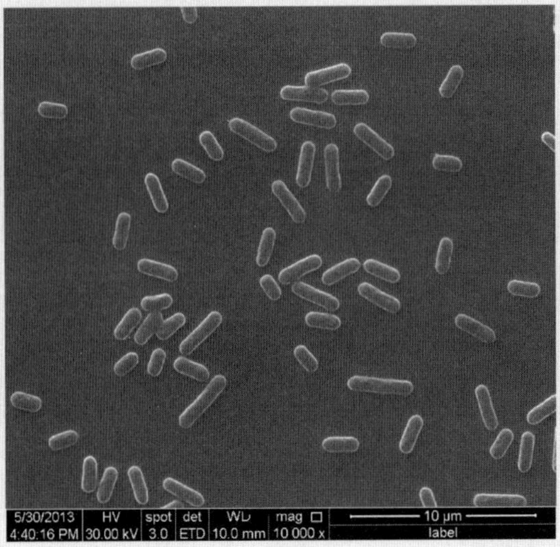

图 4–12 藤黄薄层菌（*Hymenobacter luteus*）菌株 YIM 77921^{T} 的扫描电子显微镜图片

醇将上述处理后的菌体浸泡，放置于 –80℃。冰箱冷冻，随后用真空冷冻干燥机将其干燥。最后取适量冻干的菌体于载物台上喷金，在扫描电子显微镜下进行观察。

6. 以藤黄薄层菌（*Hymenobacter luteus*）菌株 YIM 77921^{T} 为例，从图 4–12 中可以看出，菌株 YIM 77921^{T} 的细胞呈短杆状。

需注意的是，嗜盐古菌的清洗及重悬应选用含 15% NaCl 的相应溶液。

视频 4-2
透射电镜下细胞形态的观察

三、透射电子显微镜下对细菌和古菌细胞形态的观察

1. 取约 0.05 g 菌体于 1.5 mL EP 管中，用 1 mL 无菌水或无菌生理盐水进行重悬。

2. 离心机 5 000 *g* 离心 2 min，弃上清液，加入 1 mL 无菌水或生理盐水进行菌体重悬，再次离心后加入 200 μL 无菌水做成菌悬液。

3. 对载网进行亲水处理（一般情况下电镜室会提前做亲水）。

4. 剪下合适大小的封口膜，将保护纸去掉，并以接触保护纸的一面为上面放置在桌面上。

5. 分别取 10 μL 样品以及 10 μL 的 2% 磷钨酸盐溶液滴加在封口膜上。

6. 用镊子取出载网，分清方向（铜圈明显一面为背面），将载网正面倾覆在样品液滴上，保持 1 min。

7. 再次用镊子拿起载网，用滤纸沿载网边缘吸干残余的样品溶液，此后将载网倾覆在磷钨酸盐溶液液滴上，保持 10 s，若观察后颜色较深，可将染色时间缩短至 3 ~ 7 s。

8. 拿起载网，用滤纸吸干多余的磷钨酸盐溶液，将带有样品的载网按照样品序号放置妥当，最后在透射电子显微镜下进行观察。

9. 以热泉梭菌（*Clostridium thermarum*）SYSU GA15002^{T} 为例，从图 4–13 中

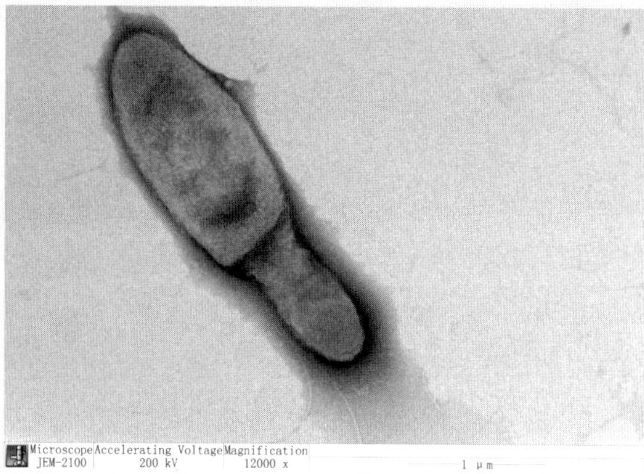

图 4–13　热泉梭菌（*Clostridium thermarum*）SYSU GA15002^T 的透射电镜图片

可以看出，菌株 SYSU GA15002^T 的细胞呈梭状。

需注意的是，嗜盐古菌的清洗及重悬应选用含 15% NaCl 的相应溶液。

第三节　放线菌的细胞形态观察

放线菌是一类具有丝状分支细胞、主要以外生孢子形式繁殖的革兰氏阳性原核生物，其拥有发育良好的放射状菌丝体，因早期发现其菌落中的菌丝常常从一个中心向四周呈现放射性生长而得名。放线菌作为重要的抗生素、酶和维生素的生产菌，其在甾体转化、石油脱蜡、污水处理等工业应用上也非常重要。具有菌丝分化特征的放线菌在生长过程中，首先由孢子定植于培养基中萌发到基内菌丝生长，当基内菌丝生长到一定程度则会产生气生菌丝，继而形成孢子丝。当孢子丝生长成熟之后，会产生孢子，这样又进入新一轮的循环中（图 4–14）。

一、放线菌的形态

根据菌丝的形态与功能，放线菌的菌丝可分为基内菌丝（Substrate mycelium）、气生菌丝（Aerial mycelium）和孢子丝（Sporotrichial），有些形成孢子（Spore）、孢子链（Spore chain）、孢囊（Sporangium）及孢囊孢子（Sporangiospora）等复杂的形态结构。基内菌丝的生长及断裂方式、孢子的着生部位、孢子数的多寡、孢子表面结构、孢囊形状、孢囊孢子有无鞭毛、色素等形态特征均是放线菌分类的重要形态学指征。

1. 基内菌丝

基内菌丝又称营养菌丝（Vegetative mycelium）、初级菌丝（Primary mycelium）或一级菌丝体，匍匐在培养基内或生长在培养基表面，主要功能为吸收营养物。在显微镜下观察，基内菌丝多分枝、透明，且颜色较浅。基内菌丝直径一般为 0.4 ~ 1.2 μm，大多数类群不形成横隔也不断裂，少数类群（如诺卡氏菌

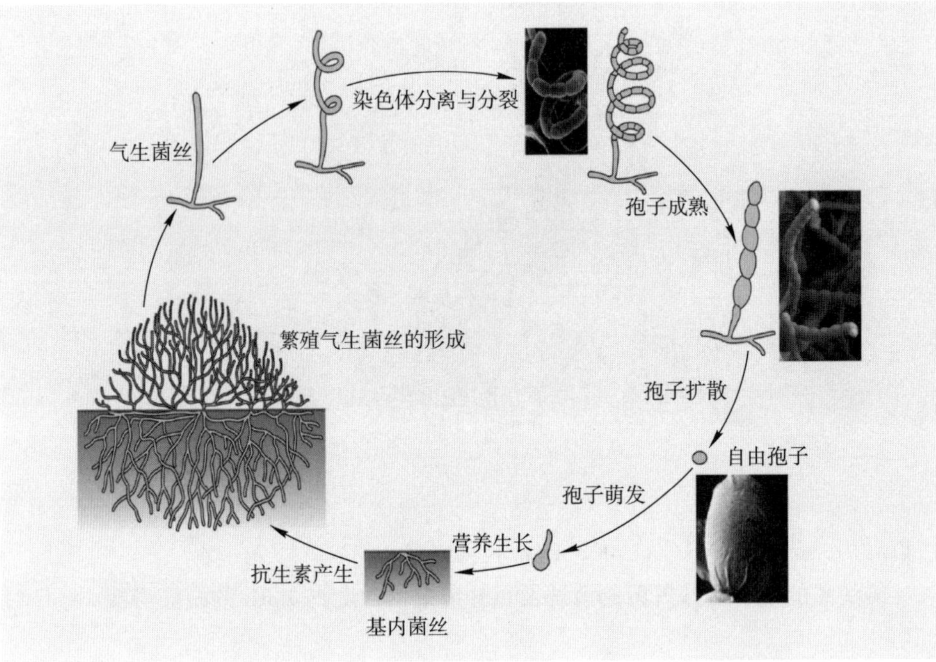

图 4-14 产孢放线菌的生命周期示意图（引自 Barka et al., 2016）

Nocardia）基内菌丝剧烈弯曲，呈树根状，生长到一定阶段形成横隔，并断裂成不同形状的片段。束丝放线菌属（*Actinosynnema*）的基内菌丝缠扭成菌丝束，有些菌属的基内菌丝缠绕形成菌核。有的基内菌丝无色素，有的会产生红、橙、黄、绿、蓝、黑和褐等不同色素。若是水溶性色素，可以透入培养基内部，将培养基染上不同的颜色，若是脂溶性色素，则使菌落呈现不同的颜色。

2. 气生菌丝

气生菌丝又称二级菌丝体，是基内菌丝发育到一定阶段，向空气中生长的菌丝体。气生菌丝叠生于营养菌丝之上，有时可以覆盖整个菌落表面，因此与基内菌丝有时很难区分。在显微镜下观察时，气生菌丝颜色一般比基内菌丝颜色浅，常呈白色，有气流则会晃动，形态呈现直型或弯曲型而分枝，有的还产生色素。各类放线菌能否形成气生菌丝，取决于物种特性、营养条件或环境等因素。

3. 孢子丝

气生菌丝生长至一定阶段，在其上分化出可以形成孢子的菌丝即为孢子丝。孢子丝成熟后多以横隔分裂的方式形成孢子和孢子链，链霉菌和其他许多放线菌都会形成孢子链。孢子链有直形、波曲、螺旋或轮生等不同形状（图 4-15）。螺旋状孢子丝的螺旋结构和长度均很稳定，其螺旋数目、疏密程度和旋转方向随菌种而异。轮生孢子链是从气生菌丝上同一部位长出三个以上的孢子丝，有一级、二级轮生、直形与螺旋形之分。链轮丝菌的孢子链是轮生状，链霉菌的孢子链一般有 20 个以上的孢子，孢子链的形状是定种的依据之一。成熟的孢子链显示各种颜色，如白色、灰色、黄色、粉红色、淡紫色、蓝色或绿色等。放线菌孢子链的长短、形状、着生位置、颜色是重要的分类依据（图 4-15）。

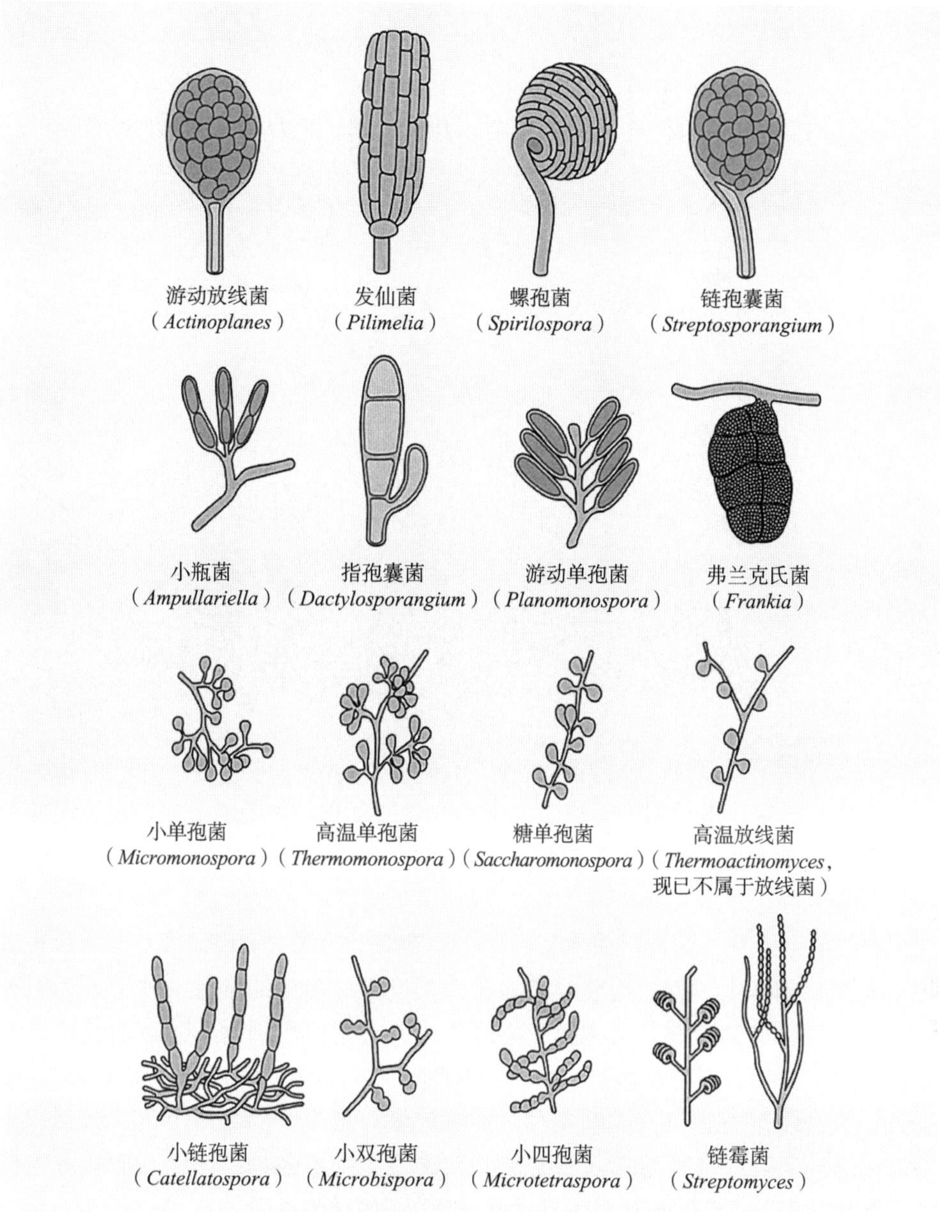

图 4–15 放线菌产生的不同类型孢子丝的示意图（引自 Barka et al., 2016）

4. 孢子

孢子丝生长到一定程度可形成孢子。放线菌孢子的形成方式有三种，第一种是基内菌丝的胞壁产生隔膜，进而形成孢子，如小单孢菌。第二种是由鞘菌丝的胞壁产生隔膜而成，孢子壁是母菌丝的壁，如链霉菌。第三种是孢子在母菌丝内形成，又在其外形成孢子壁，母菌丝壁破裂后释放孢子，这称之为内生孢子。放线菌孢子在光学显微镜下呈现球形、卵形、瓶状、杆状、柱形、腊肠状或瓜子状（图 4–16），在电子显微镜下观察孢子的表面结构，则会呈现出光滑、皱褶、瘤状、鳞片状、刺状或毛发状。孢子一般含有色素，因此成熟的孢子会形成不同的颜色，而且在一定条件下比较稳定。有些孢子有鞭毛，呈现极生或周生特征。孢

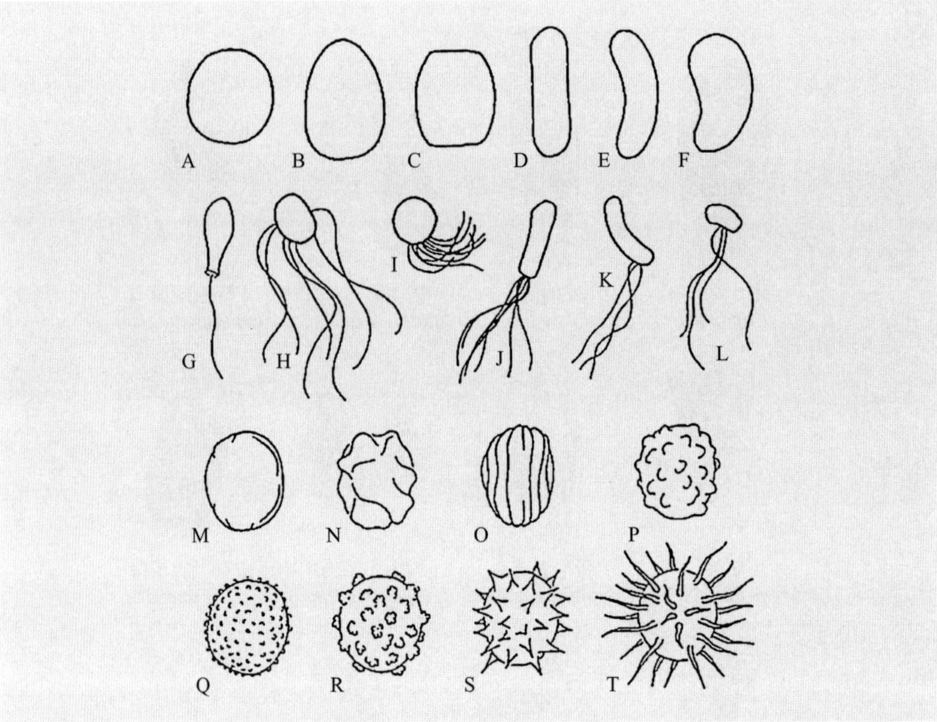

图 4-16 孢子、鞭毛以及孢子表面结构的基本形态模式（引自 Miyadoh et al., 1997）

孢子形状：A. 球状；B. 卵状；C. 瓶状；D. 杆状；E. 腊肠状；F. 瓜子状。鞭毛类型：G. 单鞭毛；H. 周身鞭毛；I. 极生；J. 单极丛生；K. 底极丛生；L. 测生丛生。孢子表面特征：M. 光滑；N. 不规则皱褶；O. 平行皱褶；P. 疣状；Q. 小瘤状；R. 多疣状；S. 刺状；T. 毛发状

子的类型、形状、孢子的着生位置、孢子的排列方式、孢子的多少、孢子游动与否、孢子表面结构特征等都是重要的分类依据。

5. 孢囊

有些生孢囊放线菌会形成典型孢囊，孢囊着生的位置因属而异。有的菌孢囊生长在气生菌丝上，有的孢囊生长在基内菌丝上。孢囊的形成大体上分为两种形式，有些菌属的孢囊是由孢子丝卷绕而成，有些菌属的孢囊是由孢囊梗逐渐膨大产生。孢囊有圆形、棒状、指状、瓶状或不规则等不同形状（图 4-17）。孢囊外围大部分都有囊壁，无壁者称之为假孢囊。孢囊内原生质分化为孢囊孢子（Sporangiospora），带鞭毛者遇水游动，无鞭毛者则不游动。因而，孢囊着生位置、孢囊形状与孢囊孢子有无鞭毛，都是划分属的重要指征。

二、放线菌的培养特征实验

放线菌因产菌丝体情况的不同可分为三类，一类放线菌所形成的菌落可产生大量基内菌丝和气生菌丝，链霉菌是这一类型的代表。链霉菌菌丝较细，生长缓慢，分枝多而且相互缠绕，故形成的菌落质地致密、表面呈较紧密的绒状或坚实、干燥、多皱，菌落较小而不蔓延；营养菌丝长在培养基内，所以菌落与培养基结合较紧，不易挑起或挑起后不易破碎；当气生菌丝尚未分化成孢子丝以前，幼龄菌落与细菌的菌落很相似，光滑或如发状缠结。有时气生菌丝呈同心环状，当孢子丝产生大量孢子并布满整个菌落表面后，才形成絮状、粉状或颗粒状的典型的放线菌菌落；有些种类的孢子含有色素，使菌落正面或背面呈现不同颜色。

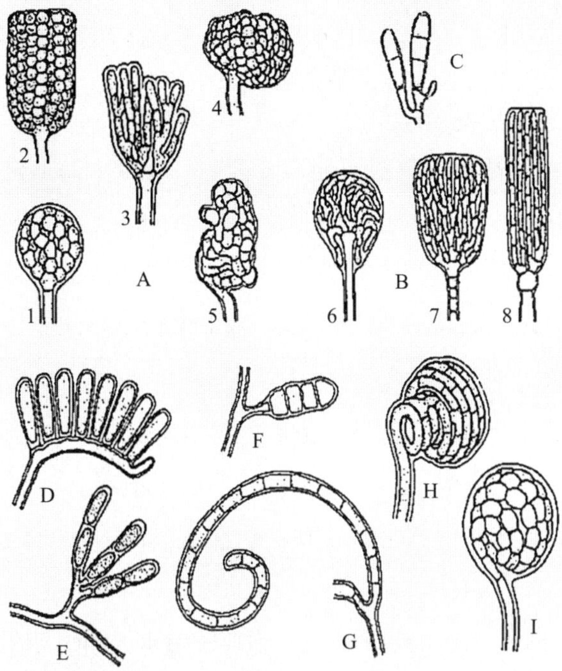

图4–17 孢囊的基本形态模式（引自 Miyadoh et al.，1997）基内菌丝着生孢囊：A. 游动放线菌属：1. 球形；2. 圆柱形；3. 叶状；4. 椭圆形；5. 不规则状。B. 发仙菌属：6. 卵形；7. 钟形；8. 圆柱形。C. 指孢囊菌属：寡孢，棒状；气生菌丝着生孢囊。D. 游动单孢菌属：单孢子，棒状。E. 游动双孢菌属：双孢子，圆柱形。F. 游动四孢菌属：四孢子，圆柱形。G. 游动多孢菌属：多孢子，管状。H. 螺孢菌属：多孢子，球形。I. 链孢囊菌属：多孢子，球形

另一类放线菌的菌落不产生大量菌丝体，如诺卡氏菌，其菌落黏着力差，结构呈粉质状，用针挑起则粉碎。若将放线菌接种于液体培养基内静置培养，能在瓶壁液面处形成斑状或膜状菌落，或沉降于瓶底而不使培养基混浊；如以振荡培养，常形成由短的菌丝体所构成的球状颗粒。第三类是细菌形态的放线菌，如酸微菌。酸微菌呈现出普通的非菌丝体形态，在液体培养基中无论静止或者振荡，都没有相应的膜状结构产生，且在固体培养基中不产孢子。因此，在进行放线菌分类时，通常会将放线菌接种在多种培养基上，分别在培养 7 d、14 d、21 d时观察记录生长情况，与标准色卡比较，记录气生菌丝、基内菌丝及可溶性色素的颜色，从而完成培养特征的相关实验。进行培养特征实验时，常用的培养基如下：

1. 胰蛋白胨 – 酵母浸粉琼脂（ISP1）：胰蛋白胨 5 g；酵母粉 3 g；琼脂 20 g；pH 7. 2。

2. 酵母膏 – 麦芽汁琼脂（ISP2）：酵母膏 4 g；麦芽膏 10 g；葡萄糖 4 g；ddH_2O 1 000 mL；琼脂 20 g；pH 7.3。

3. 燕麦片琼脂（ISP3）：燕麦片 20 g（加水 1 L 煮沸 20 min 后用粗棉布过滤，加水补足 1 L）；微量盐 1 mL；琼脂 20 g；pH 7.2。

4. 无机盐淀粉琼脂（ISP4）：K_2HPO_4 2 g；$MgSO_4 \cdot 7H_2O$ 2 g；NaCl 2 g；$(NH_4)_2SO_4$ 4 g；$CaCO_3$ 4 g；可溶性淀粉 10 g；ddH_2O 1 000 mL；琼脂 20 g；微量盐 2 mL；pH 7.2。

5. 甘油 – 天门冬酰胺琼脂（ISP5）：L– 天门冬酰胺 1. 0 g；甘油 10 g；K_2HPO_4 1 g；微量盐 1 mL；ddH_2O 1 000 mL；琼脂 20 g；pH 7.2。

6. 查氏琼脂（CK）：蔗糖 30 g；$FeSO_4 \cdot 7H_2O$ 0.01 g；$NaNO_3$ 2 g；K_2HPO_4 1 g；$MgSO_4 \cdot 7H_2O$ 0.5 g；KCl 0.5 g；ddH_2O 1 000 mL；琼脂 20 g；pH 7.2。

7. 营养琼脂：蛋白胨 10 g；牛肉膏 5 g；NaCl 5 g；ddH_2O 1 000 mL；琼脂 20 g；pH 7. 2；121℃灭菌 30 min。

将在以上培养基培养的放线菌分别于第 7 d、14 d、21 d 进行培养特征的观察，并将结果记录在表 4–1 中。以解淀粉马杜拉（*Actinomadura amylolytica*）YIM 77502^T 为例，其培养特征实验结果如表 4–1 所示。

表 4–1 解淀粉马杜拉（*Actinomadura amylolytica*）菌株 YIM 77502^T 的培养特征实验结果

培养基	长势	气生菌丝	基内菌丝	可溶性色素
ISP1	++	白色（white）	亮橙黄色（light orange–yellow）	–
ISP2	+++	白色（white）	暗橙黄色（dark orange–yellow）	–
ISP3	++	白色（white）	淡橙黄色（pale orange–yellow）	–
ISP4	++	白色（white）	黄白色（yellow white）	–
ISP5	++	白色（white）	黄白色（yellow white）	–
CK	+++	白色（white）	黄白色（yellow white）	–
NA	+	白色（white）	淡橙黄色（pale orange–yellow）	–

注：“–”代表不产色素；不同数量的“+”代表长势的强弱

视频 4–3
埋片法对放线菌形态的观察

三、采用埋片法观察放线菌的形态

对细菌形态的放线菌来说，通常按照上述细菌和古菌形态学观察的方法来进行处理。对产生大量菌丝体的放线菌来说，通常采用埋片法来观察放线菌的形态。具体步骤如下：

1. 将放线菌的最适培养基平板挖成 3 cm × 1 cm 的长方形小槽，在小槽边缘接种，随后盖上无菌盖玻片进行培养；

2. 待菌体长在盖片上，在不同培养时间（一般 2、5、10、20 天）取出盖玻片，选择长有菌体的区域进行喷金，随后用扫描电子显微镜观察细微结构。为避免形态变形，可将长有菌体的盖玻片放在 2.5% 戊二醛溶液中固定 1 h，取出后分别用 30%、50%、70%、90% 和 100% 乙醇各脱水 15 min，取出放于干燥器中干燥 1 h。最后选择较完整的区域，喷金后用扫描电子显微镜观察。

3. 结果展示：以解淀粉马杜拉（*Actinomadura amylolytica*）菌株 YIM 77502^T 为例，从图 4–18 中可以看出，菌株 YIM 77502^T 具有良好的基内菌丝和气生菌丝，且气生菌丝能分化形成短的孢子链。

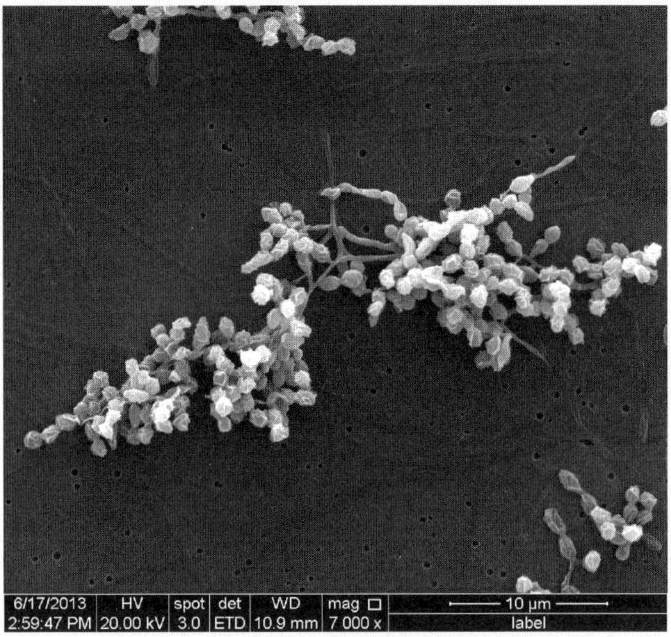

图 4-18 解淀粉马杜拉（*Actinomadura amylolytica*）菌株 YIM 77502^T 的扫描电镜图片

第四节 特殊结构的观察

一、革兰氏染色

革兰氏染色的方法是由丹麦细菌学家 Hans C. Gram 于 1884 年创立，在此之后被广泛应用于科研、微生物学教学和临床实践。因细菌、古菌细胞壁的结构不同，在处理之后呈现出不同的颜色状态，故此染色方法可以将细菌古菌分为革兰氏阳性菌（Gram positive bacteria，G^+）和革兰氏阴性菌（Gram negative bacteria，G^-），其具体的原理主要是由于革兰氏阳性菌和革兰氏阴性菌细胞壁化学成分的差异而引起的染液脱色能力的不同，进而呈现出不同颜色反应。细胞经过结晶紫初染和碘液媒染，在细胞壁内形成不溶于水的结晶紫和碘液的复合物，革兰氏阳性菌因细胞壁肽聚糖网层次多，交联紧密，不含内脂，在遇脱色剂乙醇时细胞失水，网孔缩小，因此可以把结晶紫和碘液形成的复合物留在细胞壁内，故革兰氏阳性菌的细胞保持紫色；而革兰氏阴性菌的肽聚糖网层次少，交联度差，类脂含量高，在用乙醇脱色时，外膜迅速溶解，结晶紫和碘液形成的复合物溶出，细胞为无色，再用番红复染后革兰氏阴性菌的细胞呈现红色，从而与革兰氏阳性菌区分开来。

革兰氏染色的方法具体如下：

1. 涂片：挑取对数期的细菌或者古菌菌体于无菌水或者生理盐水中做成菌悬液，随后取适量菌悬液均匀涂布在载玻片上（注：此处应选择生长活跃期的菌体进行染色，老龄的革兰氏阳性菌也可能会被染成红色，造成假阴性结果）。

2. 固定：将未涂有菌体的载玻片一面放在火焰外焰处，迅速通过 3 ~ 4 次为宜，然后冷却（注：固定时温度不宜太高，以免破坏菌体的结构，因此载玻片不能离火焰太近，通过火焰的速度也要较快）。

3. 初染和媒染：滴加 1 ~ 2 滴草酸铵结晶紫染液染色 1 min，用水反复冲洗载玻片，冲洗至水成无色；随后加入碘液染色 1 min，染色后同样反复冲洗至水成无色。

4. 脱色：斜置载玻片，滴加 95% 乙醇脱色，直至流出的乙醇不出现紫色为止，此过程大概需要 20 ~ 30 s，脱色后随即用水冲洗（注：脱色是革兰氏染色的关键步骤，脱色时间应根据涂片的厚薄程度及标本种类进行适当的调整）。

5. 复染：用滤纸吸去多余的水分，用番红试剂进行复染，复染时间为 30 ~ 60 s，染色后再次水洗。

6. 镜检：将载玻片置于普通光学显微镜下观察，细胞呈紫色的为革兰氏阳性菌，细胞呈红色的为革兰氏阴性菌。

除革兰氏染色法以外，还可以采用氢氧化钾拉丝实验来区分革兰氏阳性菌和革兰氏阴性菌。该方法是将菌体置于碱溶液中，革兰氏阴性菌的细胞壁肽聚糖层少，细胞壁易破裂，细胞内未断裂的 DNA 会释放出来，使氢氧化钾菌悬液呈粘性，搅拌后就可拉出丝来。而革兰氏阳性菌在稀碱溶液中仍保持不变，搅拌后不拉丝。

氢氧化钾拉丝实验的方法如下：

1. 配制 3% 的 KOH 水溶液（注：KOH 溶液应现配现用）。

2. 滴 3% 的 KOH 水溶液于洁净的玻片上。

3. 用接种环于固体培养基上取新鲜的菌体少许，将其置于 KOH 溶液中搅拌均匀，每隔几秒将菌液用接种环向上提起，观察是否具有拉丝现象（注：此处应选择生长活跃期的菌体进行实验；对于在固体平板上本身就形成了很黏的菌落的菌株，可以考虑用液体培养基培养后离心收集菌体，再进行氢氧化钾拉丝检测）。

二、鞭毛染色

鞭毛（Flagellum）是长在微生物细胞上细长而弯曲的具有运动功能的蛋白质附属丝状物。鞭毛的长度常超过菌体若干倍，少则 1 ~ 2 根，多则可达数百根。根据鞭毛在细胞表面的着生方式，微生物可分为单端鞭毛菌、端生丛毛菌、两端鞭毛菌和周毛菌等。鞭毛可借助透射显微镜进行观察，也可染色后在普通光学显微镜下进行观察。染色前先用媒染剂处理，让它沉积在鞭毛上，使鞭毛直径加粗，然后再进行染色，即可进行观察。常用的媒染剂由丹宁酸和氯化铁等配制而成。染色法观察鞭毛的步骤如下：

1. 染色剂的配制

按照下面介绍的方法配制甲液和乙液。

甲液：单宁酸 5.0 g；$FeCl_3$ 1.5 g；甲醛溶液（15%）2.0 mL；NaOH（1%）1.0 mL；ddH_2O 100 mL。

乙液：取 2.0 g 的 $AgNO_3$ 溶解于 100 mL 蒸馏水中，待 $AgNO_3$ 完全溶解后，取出 10 mL 备用，向余下的 90 mL $AgNO_3$ 液中滴加浓 NH_4OH，形成很多沉淀，连续滴加 NH_4OH 直到刚溶解沉淀成为澄清溶液为止，再将取出的 $AgNO_3$ 液慢慢滴入，出现薄雾，经轻摇后薄雾消失，继续滴入 $AgNO_3$ 液，直到摇动后仍呈现轻微而稳定的薄雾状沉淀为止。

2. 玻片准备

选择光滑无痕纹玻片，先用十二烷基硫酸钠（SDS）溶液煮沸，为了充分接触，将玻片置于特制玻片架上，煮沸 30 min，然后冷却，再放入洗液，浸泡过夜，用水冲去残留的洗液，最后用蒸馏水冲洗，沥干水，再放入 95% 乙醇脱水，取出玻片，以火焰去除乙醇，立即使用。

3. 菌体准备

一般用新制备斜面，以接种后培养 16 ~ 24 h 为宜。如果长期未转接，最好先连续转接活化 2 或 3 次。

4. 染色

在载玻片的一端滴一滴蒸馏水，用接种环挑取斜面上少许菌苔（注意不要挑上培养基），在载玻片的水滴中轻蘸几下，将玻片倾斜，使菌液缓慢流到另一端，然后平放在空气中干燥。待涂片干燥后，滴加甲液染 10 min，用蒸馏水冲洗，干燥或将残留水分沥干或用乙液冲去残留的水分后，加入乙液染 30 ~ 60 s，加热，使其稍冒蒸气而染液不干，冷却后用蒸馏水冲洗。

5. 结果观察

在普通光学显微镜下进行观察，观察方法见本章第二节。镜检时多观察几个视野，深褐色为菌体，浅褐色为鞭毛。

需注意的是，染液最好当日配制，次日使用效果差；一定要充分洗净甲液后再加入乙液，否则背景污浊。

三、芽孢染色

芽孢是某些微生物在其生长发育到一定阶段后，在细胞内形成的圆形或者椭圆形的抗逆性休眠体。芽孢含水量低，具有极强的抵抗寒冷、干旱、高温和营养缺乏等的能力，可以帮助微生物度过逆境，重新发育成新的细胞。芽孢通常可在革兰氏染色反应中看到，当不易清晰观察时，可用特殊的芽孢染色法，使芽孢与菌体分别呈现不同颜色。芽孢壁厚而致密，透性差，着色和脱色都较难，而菌体易着色和脱色。因此，先用着色力强的染料将菌体和芽孢都染上颜色，加热，以促进芽孢着色，然后水洗，菌体脱色，而进入芽孢的染料则难以渗出。再用对比度强的染料对菌体复染，而芽孢仍保留初染剂的颜色。这样，菌体和芽孢就呈现出不同的颜色，便于观察。芽孢染色的方法如下所示：

1. 挑取对数期的菌体于无菌水或者生理盐水中做成菌悬液，随后取一滴均匀涂布在载玻片上。将未涂有菌体的载玻片一面放在火焰外焰处，迅速过 3 ~ 4 次为宜，然后冷却。冷却后加入饱和的孔雀绿（Malachite Green）水溶液（约为 7.6%)，用试管夹夹住涂片，置于酒精灯火焰上加热，染液开始冒蒸汽时计时 4 ~ 5 min。注意玻片与火焰的距离，使染液冒蒸汽但不沸腾，切勿使标本干涸，必要时添加染液和蒸馏水。

2. 染色完成后，用自来水反复冲洗载玻片，冲洗至水呈无色。

3. 用 0.5% 番红复染 30 s，复染后用自来水反复冲洗载玻片至水呈无色，然后吸干水分。

4. 在普通光学显微镜下进行观察，观察方法见本章第二节。呈绿色的为芽孢，呈微红色的是细胞。

应注意的是，当菌体中有异染粒时，也可呈现绿色。此外，芽孢也可直接用相差显微镜进行观察，视野比较亮的为芽孢结构，视野较暗的为菌体。

四、荚膜染色

荚膜是微生物分泌到菌体细胞壁外的一层黏液状物质，主要成分是多糖和多肽类物质，与染料亲和力弱，不易着色，通常采用衬托染色法或称负染色法，使菌体和背景着色，把透明、不着色的荚膜衬托出来。由于荚膜的含水量大，在 90% 以上，故染色时一般不加热固定，以免荚膜皱缩变形。

1. 方法一

(1) 在载玻片一端滴一滴无菌水，取少许菌苔在水滴中制成悬液。

(2) 取一滴墨汁(绘图用墨汁)与菌悬液混合，并用另一载玻片的一端将此水滴在载玻片上刮成薄膜，风干。

(3) 用甲醇固定 1 min。

(4) 滴加 0.5% 番红液数滴于涂片上，冲去残余甲醇，并染色 30 s，然后倾去染液，立即吸干。

(5) 在普通光学显微镜下进行观察，观察方法见本章第二节。此方法下，视野背景为黑色，荚膜为无色，细胞为红色。

2. 方法二

(1) 将 2% 的刚果红 (Congo red) 水溶液和 0.1% 的明胶水溶液各一滴滴于干净的载玻片上。

(2) 用接种环蘸取培养物或悬浮液在载玻片上，与上述两滴溶液混匀并风干。

(3) 滴加 1%HCl 冲洗，使载玻片呈蓝色；用蒸馏水漂洗，除去 HCl。

(4) 用吕氏亚甲蓝染液 (30 mL 浓度为 2% 的美蓝乙醇饱和液与 100 mL 浓度为 0.01% 的 KOH 水溶液混合) 复染 1 min，风干后镜检。

(5) 在普通光学显微镜下进行观察，观察方法见本章第二节。有荚膜的菌，菌体蓝色，荚膜不着色，背景蓝紫色；无荚膜的菌，菌体蓝色，背景蓝紫色。由于干燥菌体收缩，菌体四周也可能有一圈狭窄的不着色环，但这不是荚膜。荚膜的不着色部分宽。

需注意的是荚膜的产生与培养基有关，所以应选用合适的培养基。在报告结果时应注明所采用的培养基。不同的种，产生荚膜的时间不尽相同，必要时可在不同时间进行观察。

本章小结

微生物形态特征是微生物的重要分类依据之一，细菌和古菌的细胞通常为球状、杆状和螺旋状，但有些古菌的细胞会呈现出三角形或者方形等奇特的形状。细菌和古菌的基本形态结构、表面的细微结构和超显微结构可分别用光学显微镜、扫描电子显微镜和透射电子显微镜观察。常用扫描电子显微镜来观察放线菌的细胞结构，细菌和古菌的细胞结构可采用扫描电子显微镜或透射电子显微镜进行观察，当有鞭毛时通常需借助透射电子显微镜。因放线菌具有基内菌丝、气生菌丝或孢子等特殊结构，因此，使用扫描电子显微镜时，细菌、古菌和放线菌的观察方法一样，只是样品的前处理不一样。在对放线菌进行分类时必须先进行培养特征的相关实验，记录放线菌在不同培养基上菌丝及菌落特征等，以获得更加准确的微生物形态特征。此外，鞭毛、芽孢及荚膜等可通过染色镜检后来确定其有无。

推荐阅读

1. Young K D. Bacterial morphology：why have different shapes? Curr Opin Microbiol，2007，10：596–600.（推荐理由：本文以综述的方式探讨了细菌形态的重要生物学意义，并指出细菌之所以具有多种多样的形态，其根本原因与环境适应和生态功能相关，是环境选择和长期进化形成的。）

2. Barka E A，Vatsa P，Sanchez L，et al. Taxonomy，physiology，and natural products of *Actinobacteria*. Microbiol. Mol Biol Rev，2016，80：1–43.（推荐理由：放线菌属是一类革兰氏阳性细菌，其 DNA 含有高比例的 GC 含量，构成了最大的细菌门之一，它们普遍分布于水生和陆生生态系统。许多放线菌属具有菌丝体生活方式，并经历复杂的形态分化。它们还具有广泛的次生代谢能力，能产生目前临床使用的所有天然抗生素的 2/3，以及许多抗癌、驱虫和抗真菌化合物。本文对放线菌的分类、生理特性及天然产物的合成进行了综述，有助于加深我们对放线菌的全面认知。）

3. van Wolferen M，Pulschen A A，Baum B，et al. The cell biology of archaea. Nat Microbiol，2022，7：1744–1755.（推荐理由：本文就古菌细胞的形态、内部组织和表面结构特征以及膜系统重构、细胞生长和分裂等方面进行了综述。同时，本文还强调了目前所面临的一些技术挑战，并讨论了新的和改进的技术将如何帮助解决许多悬而未决的关键问题。）

4. Wu Z P，Zheng X W，Sun Y P，et al. Halocatena marina sp. nov.，a novel filamentous halophilic archaeon isolated from marine tidal flat and emended description of the genus Halocatena. Extremophiles，2023，27：7.（推荐理由：从中国江苏省

不同地区潮间带的沿海盐碱土壤样品中，分离出了三株新的嗜盐古菌。这些菌株的菌落呈粉白色，细胞形态与放线菌的形态相似，呈丝状，揭示了古菌细胞形态的多样性。）

5. Tang S K，Zhi X Y，Zhang Y，et al. Cellular differentiation into hyphae and spores in halophilic archaea. Nature Communications，2023，14：1827.［推荐理由：在一项针对盐湖高盐环境放线菌多样性的调查项目中，偶然发现了一株形态与放线菌相似的新的嗜盐古菌，命名为嗜盐放线古菌（*Actinoarchaeum halophilum*）。本文确定了参与其菌丝分化和孢子形成过程的关键基因，不仅扩展了我们对古菌形态学的认知，同时为微生物生态适应和趋同进化研究提供了新的材料和方向。］

思考题

1. 用于观察微生物形态的常见显微镜包括哪些？
2. 显微镜最早是谁发明的？
3. 电子显微镜相对普通光学显微镜有哪些优势？
4. 哪位科学家因为在透射电子显微镜上的贡献而被授予诺贝尔物理学奖？
5. 微生物形态主要包括哪些类型？
6. 产孢放线菌的生命周期包括哪些过程？
7. 放线菌的菌丝可分为哪些类型？
8. 放线菌形态学的观察与细菌和古菌形态学的观察有什么不同？

（刘泽涛、吕爱萍、房保柱、刘兰、李文均）

第五章

生理生化特征

微生物作为地球上最古老、最丰富的生命形式之一，在环境中广泛存在且发挥着不可或缺的作用。然而，微生物的种类之多、形态之异、生态角色之广使得其分类成为一项艰巨的任务。微生物在一定的培养条件下表现出来的生理生化特征可以通过现代分析手段或者仪器进行精确测定。微生物对营养成分的分解和利用，以及不同环境因子对微生物生长的影响等都具有种属特异性，这些差异性特征可以作为分类鉴定的指标。深入了解相关微生物的生理生化特征，是微生物分类鉴定工作中重要的部分，也有助于人们更加准确地认识和利用这些微生物。值得强调的是，由于不少生理生化特性是染色体外遗传因子编码，加之影响生理生化特性表达的因素比较复杂，所以根据生理生化特征来判断亲缘关系，并进行系统分类时，必须与其他特征特别是基因型特征进行综合分析。本章旨在探讨微生物系统分类中的生理生化特征，介绍不同生理生化实验的原理、方法和注意事项等。

第一节 常规生理生化特征

一、pH 耐受

各类微生物都有不同的 pH 生长范围和最适 pH，因酶促反应的进行、蛋白质的构象和稳定性、氧化还原状态的变化等都需要在一定的 pH 条件下进行，因此，细胞内的 pH 对于维持机体功能至关重要。pH 耐受测试的方法具体如下：

本实验需选择微生物生长最适宜的培养基进行，用液体培养基或固体培养基均可（若菌株最适生长培养基中含有较多不溶物，建议使用固体培养基进行实验）。此外，在培养的过程中，细胞会分泌有机酸或者碱性物质到细胞外，影响培养基的 pH，因此必须使用缓冲体系以维持菌株培养过程中培养基 pH 的稳定性。

实验时需将 pH 缓冲体系与培养基分开灭菌，随后再混合在一起，因此，取一半体积的水按表 5-1 的配方配制不同的缓冲体系，另一半体积的水用来配制培养基（注：缓冲体系和培养基各成分的量都应按照混合后的总体积计算），灭菌后在超净台中混匀，采用 pH 试纸测定 pH，pH 出现偏差的体系可用 HCl 或 NaOH 将 pH 调节到相应的数值。最后，将菌体接种至上述混合后的培养基中，置于适当温度培养一定时间后，观察微生物在各个 pH 下的生长状况，并记录相关结果。

表 5-1　100 mL 培养基中缓冲体系的试剂量

pH 值	试剂 1	含量	试剂 2	含量
pH 4.0	柠檬酸	1.24 g	柠檬酸钠	1.205 4 g
pH 5.0	柠檬酸	0.735 35 g	柠檬酸钠	1.911 g
pH 6.0	NaOH	0.022 4 g	KH_2PO_4	0.68 g
pH 7.0	NaOH	0.116 4 g	KH_2PO_4	0.618 g
pH 8.0	NaOH	0.184 4 g	KH_2PO_4	0.68 g
pH 9.0	$Na_2CO_3 \cdot 10H_2O$	0.572 4 g	$NaHCO_3$	0.672 g
pH 10.0	$Na_2CO_3 \cdot 10H_2O$	1.717 2 g	$NaHCO_3$	0.336 g

二、温度耐受

各类微生物都有自身适宜的生长温度，外界温度过高或者过低会对其产生胁迫。高温会破坏生物大分子间的氢键和疏水键，造成核酸及蛋白质变性，活性氧增多，影响细胞的代谢活动，严重时导致细胞死亡。低温时细胞的生长和代谢活动都会变慢。各类微生物都有自身适宜生长的温度范围和最适温度。

温度实验可采用固体培养基以便于实验结果的观察，通常将新鲜的菌体转接至微生物最适生长的培养基中，然后置于不同温度下培养，一定时间后，观察微生物在各个温度下的生长状况，记录相关结果。当采用固体培养基不能明显区分不同温度下微生物的生长状况时，需将微生物接种至液体培养基中，最后根据 OD 值来判断在不同温度下微生物的生长状况，从而确定其生长温度范围和最适生长温度。常温菌株的温度测试范围一般为 0 ~ 45℃，高温菌株的温度测试范围一般为 28 ~ 80℃。

三、盐浓度耐受

细胞内的盐浓度对于维持机体功能至关重要，当外界盐浓度较高，细胞内水分外流，细胞质壁分离，最终导致细胞停止生长，甚至死亡；当外界盐浓度较低时，细胞吸水膨胀，细胞膜受损甚至破裂。因此在对微生物进行培养时，应在最适的盐浓度下进行。

盐浓度耐受实验主要测试菌株对 NaCl 的耐受能力，可采用液体培养基或固体培养基。通常将新鲜的菌体转接至不同盐浓度的培养基中，置于最适温度下培养，一定时间后，观察微生物在各个盐浓度下的生长状况，记录相关结果。当采用固体培养基不能明显区分不同盐浓度下微生物的生长状况时，需将微生物接种至液体培养基中，最后根据 OD 值来判断在不同盐浓度下微生物的生长状况，从而确定其盐浓度耐受范围和最适生长盐浓度。需注意的是，测试的盐浓度范围可以参考参比菌株的盐浓度范围来进行设置。

四、细胞游动性

具有运动能力的微生物可以在半固体培养基中游动却又不能任意游走，观察微生物在半固体培养基中的生长情况，可判定微生物是否有运动性。

实验时，选用待测菌株最适生长的培养基，在其中添加 0.3% ~ 0.6% 的琼脂，用直针穿刺接种测试菌株于半固体培养基内，于适宜的培养条件下进行培养，待测微生物的运动性可用透射光目测。若生长物只生长在穿刺线上，且边缘十分清晰，则表示待测菌株无运动性；若生长物由穿刺线向四周呈云雾状扩散，且边缘呈云雾状，则表示待测菌株具有运动性。值得注意的是，所用琼脂量因品牌不同而异，一般半固体培养基应是放倒试管不流动，而在手上轻轻敲打时琼脂可破裂为宜。

五、碳氮源利用

碳源、氮源、能源、生长因子、无机盐和水是微生物生长需要的 6 类营养要素，碳源、氮源在其中发挥着重要作用，由于不同的微生物类群对于底物的偏好性不同，因此碳源、氮源底物利用实验也是鉴定微生物类群的一个重要指标。

1. 碳源利用

其基础培养基是普戈二氏（Pridham-Gottlieb）推荐的无碳源基础培养基，也可使用去掉碳源的最适合菌株生长的培养基。配制好基础培养基后，不同碳源按不同的浓度（糖醇类为 0.5% ~ 1%，其他为 0.1% ~ 0.2%）加入基础培养基中，灭菌后接种，观察菌株的生长情况。常用的碳源有 D- 葡萄糖（D-Glucose）、D- 果糖（D-Fructose）、D- 半乳糖（D-Galactose）、D- 甘露糖（D-Mannose）、D- 山梨糖（D-Sorbinose）、L- 阿拉伯糖（L-Arabinose）、D- 核糖（D-Ribose）、D- 蔗糖（D-Sucrose）、D- 麦芽糖（D-Maltose）、D- 乳糖（D-Lactose）、D- 海藻糖（D-Trehalose）、D- 纤维二糖（D-Cellobiose）、甘油（Glycerol）、D- 甘露醇（D-Mannitol）、D- 山梨醇（D-Glucitol）、淀粉（Starch）、D- 木聚糖（D-Xylitol）、乙酸钠（Sodium acetate）、丙酮酸钠（Sodium pyruvate）、柠檬酸钠（Sodium citrate）、琥珀酸钠（Sodium succinate）、延胡索酸钠（Sodium fumarate）和苹果酸钠（Sodium malate）等。碳源利用基础培养基配方如下：

$(NH_4)_2SO_4$ 2.64 g；KH_2PO_4 2.38 g；K_2HPO_4 5.65 g；$MgSO_4 \cdot 7H_2O$ 1.0 g；$CuSO_4 \cdot 5H_2O$ 0.006 4 g；$FeSO_4 \cdot 7H_2O$ 0.001 1 g；$MnCl_2 \cdot 4H_2O$ 0.007 9 g；$ZnSO_4 \cdot 7H_2O$ 0.001 5 g；ddH_2O 1 000 mL；pH 7.2 ~ 7.4（根据菌株的最适 pH 判定）。

2. 氮源利用

可使用推荐的无氮源基础培养基，也可使用去掉氮源的最适合菌株生长的培养基。配制好基础培养基，不同氮源按 0.1% ~ 0.2% 的浓度加入基础培养基，灭菌后接种，观察菌株的生长情况。氮源利用基础培养基配方如下：

葡萄糖 1 g；$MgSO_4 \cdot 7H_2O$ 0.05 g；NaCl 0.05 g；$FeSO_4 \cdot 7H_2O$ 0.001 g；K_2HPO_4 0.01 g；ddH_2O 1 000 mL；pH 7.2 ~ 7.4（根据菌株的最适 pH 判定）。

需要注意的是，碳、氮源实验需要用液体培养基培养，以避免由于琼脂的存在而产生假阳性结果；同时，每种碳氮源要做不加菌的空白对照，以便后续对结果的观察与判定。

六、氧化酶检测

氧化酶全称为细胞色素氧化酶，它是细胞色素酶系统的末端呼吸酶。氧化酶在有分子氧或细胞色素 C 存在时，可氧化二盐酸四甲基对苯二胺出现紫色。氧化酶并不直接与试剂起反应，而是首先使细胞色素 C 氧化，然后氧化型的细胞色素 C 和二盐酸四甲基对苯二胺作用，从而产生颜色反应。因此本实验的结果又与细胞色素 C 的存在有关。其检测方法主要有以下几种：

1. Nicholas Kovacs 最初描述的测定方法：在培养皿内放一张滤纸，滤纸上加 3 ~ 4 滴新鲜的二盐酸四甲基对苯二胺试剂使其湿润，用玻棒、牙签或竹签（不可用铬丝或铁丝）挑取对数生长期的菌落涂在滤纸上，若菌落在 10 s 内变成紫色，则有氧化酶存在。有些菌氧化酶活性较弱，变色时间会比以上所述时间稍长，一般在 60 s 以后变色或一直不变色的为阴性反应。

2. 滤纸条法：取白色洁净滤纸条涂少许菌体，滴加试剂，阳性者立即呈紫色。

3. 菌落法：将试剂直接滴在菌落上，阳性的菌落立即呈紫色。

需注意的是，检测试剂在有氧气存在的环境中容易被氧化，时间过长，试剂颜色也会发生变化，在进行本实验时应该注意记时，避免出现假阳性的结果；其次，所用试剂具有毒性，应避免皮肤接触。

七、过氧化氢酶检测

具有过氧化氢酶的微生物，能催化过氧化氢分解为水和初生态氧，继而形成分子氧，以气泡形式溢出。

实验时，从固体培养基上挑取新鲜的菌体置于干净玻片上，滴加 2 ~ 3 滴 3% 的过氧化氢，半分钟内有大量气泡产生的为阳性，不产气泡者为阴性。也可直接将试剂加于固体培养基上的菌落，观察结果。

八、纤维素酶检测

视频 5-1
纤维素酶检测

该实验用于测定菌株产生纤维素酶的能力。纤维素酶是一种胞外复合酶，一些菌株能够通过分泌纤维素酶将纤维素水解为纤维二糖或者葡萄糖。采用滤纸条法可直接观测到菌株是否具有纤维素降解功能；刚果红染色法是利用纤维素与刚果红产生红色复合物的特性进行检测，若被测菌株具有产纤维素酶的功能，会在培养期间将培养基中的纤维素分解，之后采用刚果红染色时菌落周围便不会形成红色复合物，而产生透明圈。具体操作方法如下：

1. 滤纸条法

将滤纸条一端浸没在液体培养基中，灭菌后，将待测菌株接种在液面以上的滤纸条上，培养一段时间后观察滤纸条是否被分解。纤维素水解培养基配方为：$MgSO_4$ 0.5 g，NaCl 0.5 g，K_2HPO_4 0.5 g，KNO_3 1 g，ddH_2O 1 000 mL，pH 7.2，滤纸条（长 5 cm，宽 0.8 cm）。

2. 刚果红染色法

采用点接法将待测菌株接种于含有羧甲基纤维素钠的培养基上，在菌株适宜生长的温度条件下培养 7 天左右，将平板上的菌体冲洗掉，加入 5 ~ 10 mL 0.1% 的刚果红水溶液浸没培养基，室温静置 10 ~ 15 min 后倒去表面剩余的刚果红溶液，少量多次用无菌蒸馏水洗去培养基表面刚果红溶液，再加入 5 ~ 10 mL 1 mol/L 的 NaCl 溶液，室温静置 10 ~ 15 min 后倒去表面剩余的溶液，并用水冲洗数次，观察有无透明圈，若出现明显的透明圈，则菌株具有纤维素降解能力。羧甲基纤维素钠培养基配方为：CMC-Na（羧甲基纤维素钠）20 g，蛋白胨 2.5 g，Na_2HPO_4 2.5 g，KH_2PO_4 1.5 g，琼脂 15 g，ddH_2O 1 000 mL，pH 7.0 ~ 7.5，121℃下高压灭菌 15 min。

本实验中，除使用上述两种培养基外，也可使用去除碳源的菌株最适生长培养基作为基础培养基。

视频 5-2
淀粉酶检测

九、淀粉酶检测

若菌株具有产淀粉酶的能力，其能够将培养基成分中的淀粉降解，这样培养基在遇到碘液时不变为蓝色，形成透明圈，透明圈直径与菌落直径比的大小表示淀粉酶活性强弱；如不产生淀粉酶，则培养基遇到碘液时菌落周围无透明圈（呈蓝色）。淀粉水解测试培养基配方为：可溶性淀粉 10 g，K_2HPO_4 0.3 g，$MgCO_3$ 1 g，NaCl 0.5 g，KNO_3 1 g，琼脂 20 g，ddH_2O 1 000 mL，pH 7.2 ~ 7.4。也可使用去除了其他碳源，只添加了可溶性淀粉的菌株最适生长培养基作为基础培养基。该实验的具体操作方式如下：

采用点接法（接种直径不超过 5 mm）将菌株接种于含淀粉的琼脂平板上，待菌株生长良好时，在菌落周围滴加碘液（碘片 1 g，碘化钾 2 g，蒸馏水 300 mL）。数分钟后，用清水冲去多余的碘液，若菌落周围出现透明圈，则菌株淀粉酶活性为阳性；若不出现透明圈，则菌株淀粉酶活性为阴性。

十、脲酶检测

脲酶可将尿素水解为氨和二氧化碳，培养基 pH 升高，使培养基变成桃红色，因此通过观察培养基颜色的变化即可判断菌株是否具有产脲酶的能力。具体实验方法如下：

视频 5-3
脲酶检测

按配方（蛋白胨 1 g，NaCl 5 g，葡萄糖 1 g，KH_2PO_4 2 g，酚红 0.012 g，琼脂 15 g，ddH_2O 1 000 mL，pH 6.8 ~ 6.9）配制好培养基。将尿素使用乙醚消毒，培养基灭菌后待冷却至 55℃时将无菌尿素加入，使尿素终浓度为 2%。培养基凝固后，接种待测菌株，培养一定时间后，观察培养基的颜色，菌落周围培养基呈现桃红色则为阳性，不变色则为阴性。

十一、脂酶检测

Tween 20、Tween 40、Tween 60 和 Tween 80 在培养基中为均一状态，若微生物细胞能分泌脂酶，则脂酶可以将上述底物降解，从而使培养基上菌落周围出现晕圈，因此，可基于晕圈的有无判断脂酶活性的有无。具体操作方法如下：

视频 5-4
脂酶检测

将基础培养基（蛋白胨 1 g，NaCl 5 g，$CaCl_2 \cdot 7H_2O$ 0.1 g，琼脂 15 g，ddH_2O 1 000 mL，pH 7.4）与不同种类的吐温分开灭菌，冷却基础培养基至 45 ~ 50℃，分别加入无菌的 Tween 20、Tween 40、Tween 60 和 Tween 80 至终浓度为 1%，倒入培养皿中。培养基凝固后，采用点接法接种待测试菌株于平板表面，培养一至两周，观察实验结果。在菌落周围有晕圈则为阳性，没有晕圈则为阴性。

十二、明胶液化检测

明胶液化实验的作用是检测待试菌株是否产生明胶酶，该酶是一种胞外酶，能使明胶分解为氨基酸，从而失去凝固力，导致半固体的明胶培养基成为流动的液体。

按照配方（蛋白胨 5 g，葡萄糖 20 g，明胶 200 g，ddH_2O 1 000 mL，pH 7.2 ~ 7.4）配制好培养基，分装于玻璃试管中，灭菌后将装有培养基的试管在待测菌株的最适培养温度下放置 20 ~ 30 min，观察培养基是否凝固，凝固后，将菌株接种于培养基表面（不用穿刺法），在菌株最适温度下培养，分别在培养后的 5、10、20、30 天观察其液化程度，如凝固的培养基变成液体，则待测菌株的明胶酶活性为阳性；如不变成液体，则待测菌株的明胶酶活性为阴性。需注意的是，观察前需将试管在 4℃下冷却 20 ~ 30 min，再观察其液化程度，否则易出现假阳性。

十三、牛奶凝固与胨化检测

视频 5-5
牛奶凝固与胨化检测

在凝乳酶的作用下，牛奶中的蛋白质被菌株初步降解成大片断，牛奶就会凝固；在蛋白酶的作用下，大片段进一步被降解后，就会胨化。具体操作步骤如下：

将待测菌株接种在灭菌后的培养基（脱脂奶粉 200 g，$CaCO_3$ 0.2 g，ddH_2O 1 000 mL）中，于菌株最适生长温度下培养，分别在 5、10、20、30 天各观察一次。如牛奶出现凝块，则为凝固，说明待测菌株的凝乳酶活性呈阳性；凝固后逐渐有半透明液体生成，就是胨化现象，表明待测菌株的蛋白酶活性呈阳性，胨化的渗出液半透明，一般是先凝固后胨化。需要注意的是，脱脂奶粉溶解时可水浴加热，避免煳底；牛奶在高温高盐的条件下容易变性，一般超过 15% NaCl 的盐浓度，牛奶就会变性，因此嗜盐菌在进行该实验时，可以适当降低盐浓度或者将牛奶与盐分开灭菌再混合。

十四、硝酸盐还原检测

某些微生物能把培养基中的硝酸盐还原为亚硝酸盐、一氧化氮、一氧化二氮或氮气等，亚硝酸盐与格里斯试剂 A 液发生重氮化反应，再加入 B 液时可以生成紫红色的偶氮染料，因培养体系中亚硝酸盐的含量不同，反应生成的颜色深浅也会有变化。在培养体系中添加格里斯试剂，如果有红色沉淀产生，证明在该体系中硝酸盐被还原为亚硝酸盐，发生了硝酸盐的还原反应。因硝酸盐的还原产物可能为亚硝酸盐、一氧化氮、一氧化二氮或者氮气，生成的气体可能从体系中溢出，所以在添加格里斯试剂 A 液和 B 液后，没有颜色变化时，在体系中需要添加二苯胺试剂，如果体系出现蓝色沉淀，表明该体系中硝酸盐没有发生还原反应，如果该体系没有蓝色沉淀产生，证明该体系中硝酸盐已经被完全还原，并可能生成气体从体系中溢出。具体检测方法如下：

将待测菌株接种于硝酸盐液体培养基（$MgSO_4$ 0.5 g，K_2HPO_4 0.5 g，KNO_3 1 g，蔗糖 20 g，NaCl 0.5 g，ddH_2O 1 000 mL，pH7.2 ~ 7.4）中，放置于待测菌株最适生长的温度条件下培养。一定时间后，取两支干净的空试管或在白色瓷盘中加入少许培养液，滴加格里斯试剂的 A 液和 B 液各一滴，滴入 A、B 液后，溶液若变为粉红色、玫瑰红色、橙色、棕色等，表示有亚硝酸盐存在，发生了硝酸盐还原反应。无颜色出现，滴加 1–2 滴二苯胺试剂，若呈蓝色，表明菌株没有将硝酸盐还原成亚硝酸盐；若不呈蓝色，则表示硝酸盐和新形成的亚硝酸盐都已还原成其他物质，按阳性对待。检测试剂的配方如下：

1. 格里斯试剂 A 液：对氨基苯磺酸 0.5 g，稀醋酸（10% 左右）150 mL。
2. 格里斯试剂 B 液：α– 苯胺 0.1 g，ddH_2O 20 mL，稀醋酸（10% 左右）150 mL。
3. 二苯胺试剂：二苯胺 0.5 g 溶于 100 mL 浓硫酸中，再加 20 mL 蒸馏水稀释。

需要注意的是，该反应是在厌氧条件下进行的，所以分装培养时液面宜高些。

由于亚硝酸盐可以是硝酸盐还原的最终产物，也可以是整个还原过程的中间产物，而且各种菌株还原速度可能相差较大，所以在培养期间需多次取样检测。

视频 5-6
产硫化氢检测

十五、产硫化氢检测

部分菌株可以分解含硫的有机化合物产生硫化氢，硫化氢和铁结合生成三硫化二铁黑色沉淀，因此根据有无黑色物质的产生，可以判断菌株是否产生硫化氢。具体操作方法如下：

配置柴斯纳液体培养基（蛋白胨 10 g，柠檬酸铁 0.5 g，ddH_2O 1 000 mL），将待测菌株的菌体接种于上述培养基中，在待测菌株的最适培养条件下进行培养，一段时间后对培养基进行观察，若培养基中产生黑色沉淀，则表明待测菌株可以产生硫化氢；若培养基中不产生黑色沉淀，则待测菌株不产生硫化氢。

十六、抗生素敏感性检测

近年来，“超级细菌”的不断出现往往与抗生素滥用密切相关，通过抗生素敏感性检测实验，有助于人们增加对待测菌株的认识，也有利于找出更有效的抗生素。纸片扩散法是抗生素敏感性检测较为通用的方法，将浸有抗菌药的纸片贴在涂有菌液的琼脂平板上，纸片中所含的药物吸取琼脂中的水分后会不断地由纸片中心向四周扩散，形成递减的浓度梯度，在纸片周围抑菌浓度范围内待检菌的生长被抑制，从而产生透明的抑菌圈，抑菌圈直径的大小反映待测菌对抗菌药物的敏感程度。

该方法是用涂布器将待测菌株的菌液均匀涂布于培养基平板上，同时用无菌镊子取含抗生素的纸片（可自制也可购买商品）贴于平板表面，置于待测菌株最适生长的温度下培养，培养一周后，取出观察，纸片周围出现抑菌圈者说明菌株对该抗生素敏感。常用的抗生素有阿米卡星（amikacin）、金霉素（aureomycin）、环丙沙星（ciprofloxacin）、氯霉素（chloramphenicol）、红霉素（erythromycin）、硫酸盐庆大霉素（gentamicin sulfate）、卡那霉素（kanamycin）、奈替米星（netilmicin）、新生霉素（novobiocin）、竹桃霉素（oleandomycin）、青霉素 G（penicillin G）、多黏菌素 B（polymyxin B）、硫酸盐链霉素（streptomycin sulfate）、土霉素（terramycin）、四环素（tetracycline）、托普霉素（tobramycin）及万古霉素（vancomycin）等。需注意的是，药敏片上的抗生素在高温条件下容易失去抑制作用，高温菌株可酌情考虑该实验。

十七、抗菌活性检测

若测试菌株能产生抗生素，则抗生素会在琼脂中扩散，使涂布于培养基上的指示菌株的生长受到抑制而形成抑菌圈，抑菌圈的大小可反映出待测菌株的抗菌活性。具体检测方法如下：

将指示菌株的菌悬液分别与其最适生长的培养基混合，倒平板，待平板凝固干燥后，采用点接法接种待测菌株，培养一周左右，取出观察，记录抑菌圈大小（直径）。也可以用待测菌株的发酵液，注于钢圈，放置于培养基中，或在平板打孔，注入发酵液，或在培养基表面放置吸饱发酵液的滤纸片，培养适当（1～3 天）时间，观察抑菌圈大小。无抑菌圈，表示无抗菌活性；抑菌圈直径小于 15 mm，表示抑菌活性较弱；抑菌圈直径大于 15 mm，表示抑菌活性较强。常用的指示菌有枯草芽孢杆菌（*Bacillus subtilis*）、金黄色葡萄球菌（*Staphylococcus aureus*）、大肠埃希氏菌（*Escherichia coli*）、黑曲霉（*Aspergillus niger*）及白色念珠菌（*Candida albicans*）等。也可以根据实验目的增加动植物致病菌，但必须在国家规定的实验室进行相关实验。

十八、厌氧菌电子受体检测

用于产生 ATP 的化合物的反应可分为 3 种主要类型，即有氧呼吸、无氧呼吸和发酵。有氧呼吸利用氧作为电子受体；在厌氧发酵中，ATP 通过底物水平磷酸化产生，电子被转移到中间代谢物，而不是通过电子呼吸链产生能量；无氧呼吸电子呼吸链不使用氧作为电子受体，但可以使用各种无机和有机化合物为电子受体，如常见的硫代硫酸钠、硝酸盐、亚硝酸盐、硫酸盐和富马酸盐等。硝酸盐或亚硝酸在氮循环过程中处于高化合价态，极易获得电子发生还原反应，因此对于微生物来说，可以利用硝酸或亚硝酸作为呼吸链末端电子受体，释放氧化磷酸化过程中的还原力、提供质子动力从而支持细胞的生长。电子受体的具体检测方法如下：

以不含任何电子受体的待测菌株的最适培养基为基础培养基，在基础培养基中分别加入过滤除菌的硫代硫酸钠（20 mmol/L）、硝酸钠（10 mmol/L）、亚硝酸钠（5 mmol/L）和硫酸钠（20 mmol/L），在厌氧条件下分装到无菌厌氧管中，加入待测菌株的新鲜菌悬液，并于最适生长温度下进行培养，结合对照组的结果，观察记录待测菌株在各个电子受体存在下的生长情况，即可检测出待测菌株可以利用的电子受体。

十九、厌氧菌产有机酸及醇类检测

能进行发酵的厌氧菌株，通常会将有机底物分解成小分子有机酸及醇类物质，这些小分子物质可以通过高效液相法进行区分检测，并根据标样的出峰时间及标样的标准曲线确定这些小分子物质的种类及含量。具体的检测方法如下：

选择一种待测菌株可以利用的碳源进行发酵培养基的配制，将活化后的待测菌株接种于培养基中进行发酵，取不同时期的发酵液 13 000 g 离心，离心后去菌体，取 200 μL 上清液，用 0.22 μm 的水系膜进行过滤，过滤后放入进样瓶中，用高效液相色谱仪进行有机酸和醇的检测。检测时以 Aminex HPX-87H 为色谱柱，柱温为 55℃，检测器为示差检测器；流动相为 5 mmol/L H_2SO_4，流速为 0.6 mL/min；进样量为 20 μL，采集时间为 30 min。同时用流动相配制不同浓度（1.0、0.8、0.4、0.2 和 0.1 g/L）的葡萄糖、木糖、纤维二糖、甲酸、丁酸、丙酸、乙酸、丁醇和乙醇的标样，0.22 μm 水系膜过滤上样进行液相检测，根据不同浓度下所得峰面积，绘制标样的标准曲线，利用标准曲线根据发酵液中各物质所对应的峰面积确定发酵液中有机酸和醇类物质的含量。

第二节 Biolog 鉴定系统

1984 年，Barry Bochner 博士和 Donald Barnby 创立了 Biolog 股份有限公司，致力于微生物鉴定领域新技术新产品的开发。现可鉴定包括细菌、酵母和丝状真菌在内的近 2650 种微生物，其中包括革兰氏阳性菌 759 种，革兰氏阴性菌 568 种，厌氧菌 361 种，酵母菌 267 种，丝状真菌 708 种。针对不同的微生物，需使用不同的微孔板，在原核生物分类鉴定过程中，常用的鉴定板有 Biolog Gen Ⅲ微孔板、Biolog AN 微孔板和 Biolog ECO 板。

新陈代谢是生物体表现其生命活动的重要特征之一。代谢涵盖了数以千计的不同酶催化的反应，氧化还原反应是生物代谢过程中的重要类型之一，涉及电子的得失，即电子从供体传递至受体。在底物氧化过程中，通常同时释放两个电子和两个质子（H^+）。底物的氧化也属于脱氢反应，其本质上等同于释放两个氢质子的过程。四唑染色测定法是一种直接检测生化代谢活性的方法，该方法基于四唑盐类从原初氧化态转变为还原态时呈现的明显颜色变化，如粉红色、紫色、红色、蓝紫色和蓝色。2,5– 二苯基 –3–（1– 萘基）–2H– 四唑鎓氯化物（四唑紫）是一种常用的四唑盐，能够在氧化还原反应中显示紫色，其颜色深浅与得到的电子数量成正比。微生物的能量主要通过生物氧化作用获得，这是生物体内生物学底物氧化分解的过程，主要通过脱氢和失电子方式进行。因此，四唑盐显色法可用于评估微生物的代谢活力，紫色的深浅与微生物利用碳源的能力成正比。

一、常用 Biolog 微孔板介绍

1. Biolog Gen Ⅲ微孔板

Biolog Gen Ⅲ微孔板可以对微生物进行 94 种表型的测试，其中包括：71 种碳源利用测试以及 23 种化学敏感性测试。所有必要的营养物质以及生化试剂都被预先填充、干化在 94 个孔中。四唑类氧化还原染料通过色度的变化，来指示微生物对碳源的利用程度以及对化学物质的敏感程度。

2. Biolog AN 微孔板

AN 微孔板使用固定在微孔板上的 95 个不同的生化试剂来对广泛的厌氧和微好氧微生物提供表型概况并进行鉴定。Biolog 鉴定系统中的软件（MicrologTM 1，MicrologTM 2，MicrologTM 3）通过读取 AN 微孔板上所表现出的表型图谱来对微生物进行鉴定。

3. Biolog ECO 板

每块 ECO 微孔板上有 96 个孔，共有 31 种碳源，每种碳源有三个重复，每 31 种碳源分为一组，每组设 1 个不加底物的空白对照。Biolog ECO 板的 31 个碳源按照不同类型，可分为单糖 / 糖苷 / 聚合糖类、氨基酸类、酯类、醇类、胺类和

酸类六大类。

上述三种微孔板中，Biolog Gen III 和 Biolog AN 微孔板常用于微生物分离鉴定工作中。Biolog ECO 板用于分析环境样品，属于免培养技术的范畴，在该板上加入环境样品悬浮液之后，样品中的微生物就可利用其中的单一底物而发生氧化还原反应，呈现出紫色，通过分析其在一定波长下的吸光度的大小来反映微生物对不同底物利用的强弱。使用 Biolog 读数仪在三个不同波长下对其进行读数（其中 590 nm 为颜色吸收峰，750 nm 为底物杂质吸收峰，590 ~ 750 nm 为净吸光度），通过计算平均颜色吸光度变化（Average Well Color Development，AWCD）来反映微生物对底物的利用情况，可以实时描述微生物群落对不同碳源的利用特征。通过计算微生物群落的 McIntosh 和 Shannon 等多样性指数对环境样点中的微生物群落资源多样性做相关评价。同时通过主成分分析（Principal Component Analysis，PCA）能够找出影响微生物群落代谢的主要特征性碳源，对纯培养分离培养基的设计和培养方法的选择具有借鉴意义。通过分析微生物群落对 Biolog 板上不同碳源的利用特征，判断该微生物群落的代谢信息以及代谢功能的多样性。

二、检测方法

此部分主要讲述在微生物分离鉴定工作中常用的 Biolog Gen Ⅲ 和 Biolog AN 微孔板的检测方法。

视频 5-7
Biolog 的使用

1. 菌株培养

将纯化好的微生物接种到 Biolog 推荐的生化培养板上（进行新分类单元鉴定时通常也可接种到该菌株的最适生长培养基上），待微生物生长出的菌落足够配制菌悬液时，即可停止培养。

2. 菌悬液的配制

根据微生物的种类，使用相应的接种液制成特定浓度的菌悬液。因细胞浓度决定氧气的浓度，而氧气浓度是必须加以控制的参数，因此菌悬液的浓度需严格控制，接种液的种类及菌悬液的浓度信息见表 5-2。菌悬液的浓度可用 Biolog 自带的浊度仪进行检测，检测前需将空白接种液的浊度调至 100%。

表 5-2 接种液及细胞浓度参考表

种类	接种液	细胞浓度	接种板	适用菌株
1	AN-IF	65%	Biolog AN 板	厌氧菌
2	IF-A	90% ~ 98%	Biolog Gen Ⅲ 板	大部分好氧和微好氧菌株
3	IF-B	90% ~ 98%		强还原性和产芽孢的菌株
4	IF-C	90% ~ 98%		微好氧、嗜二氧化碳的菌株
	IF-C	62% ~ 68%		苛刻生长的、嗜 CO_2 的和对氧气很敏感的菌株

3. 接种到鉴定板并培养

将上述制作好的菌悬液用移液枪取 100 μL 接种到相应的鉴定板孔内，然后放在适宜的条件下培养 20 ~ 36 h。

4. 结果读取

培养后，将鉴定板放入读数仪，使用 Microlog 软件进行读数，获得结果。操作步骤如下：

（1）双击桌面图标，用户登录，打开 Microlog 软件界面。

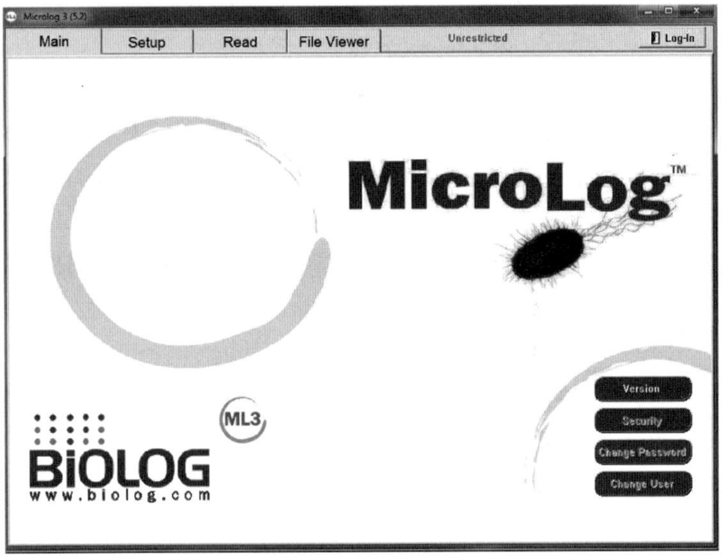

（2）进入 Setup 页面，选择 MicroStation2，点击 Initialize Reader，进行仪器初始化。

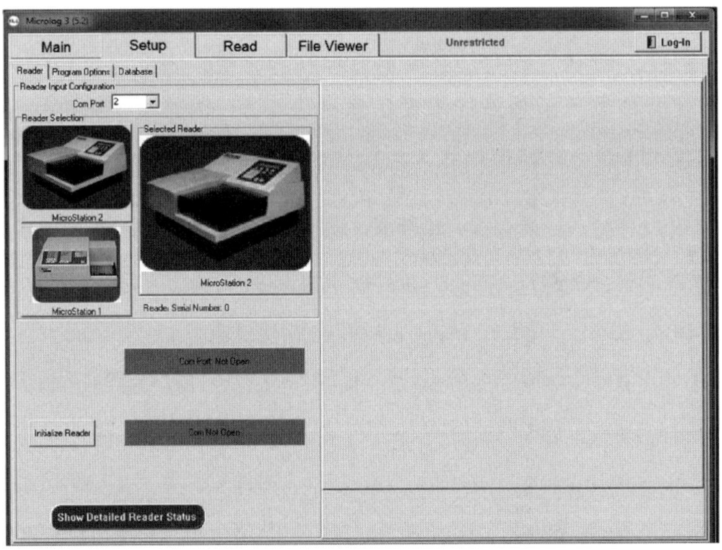

（3）进入 Read 界面，填写好相关参数，其中 Project 处可填写待测菌株的编号，Plate Number 处填写鉴定板的编号，Plate Type 处填写板的类型，Protocol 处

可填写接种液的种类，Incobation Hours 处填写培养时间。参数填写完整后，点击 Read 进行读数。

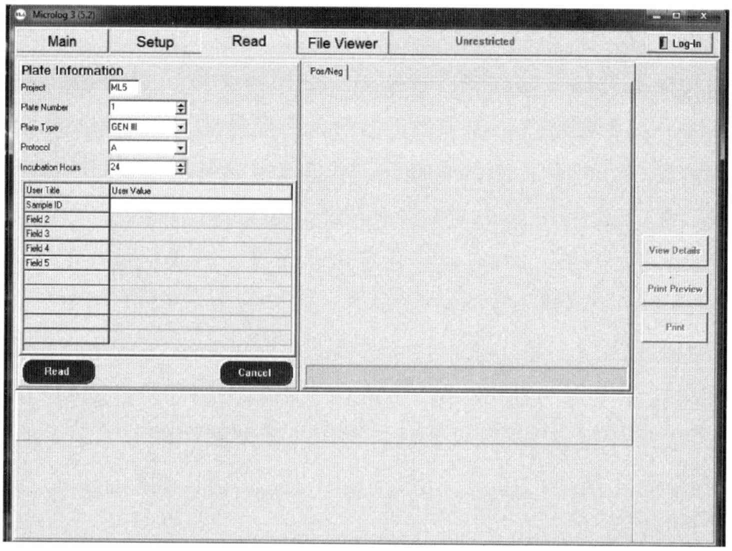

（4）读板结束后，出现结果页面，紫色孔为阳性结果，无色孔为阴性结果，半圆浅蓝色孔为临界状态，“+”或者“-”表示该孔与数据库不匹配。最后点击相关按钮，将结果保存。

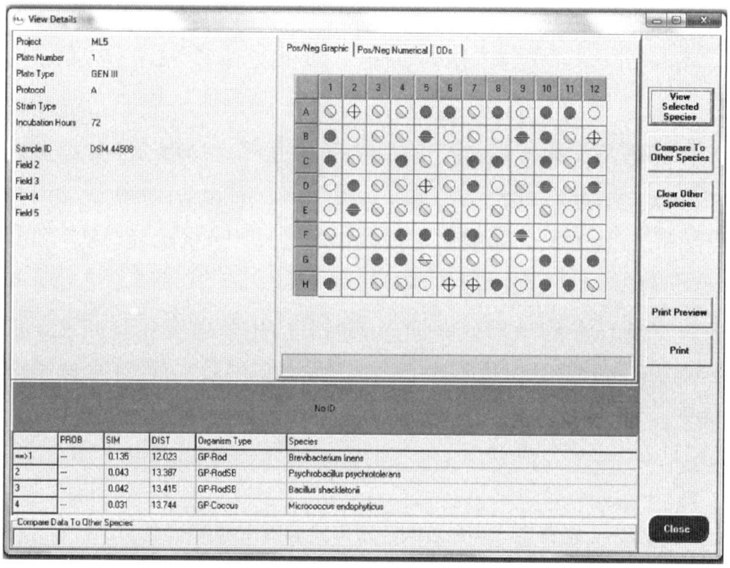

在上述操作过程中，需要注意的是，厌氧的培养需要在没有氢气的条件下进行；结果的最下方会根据 SIM 值给出 4 个可能的结果，但在新分类单元的鉴定过程中，可以不看此结果，直接比较待测菌株及参比菌株之间的差异即可。

第三节 API 鉴定系统

微生物检测涉及培养基制备、划平板、微生物培养、计数、检测等步骤，具有复杂、耗时、耗力等特点。为了将更多的人力从复杂的微生物检测中解脱出来，生物梅里埃专注于微生物检测的自动化、快速化，并率先提出了“微生物实验室全面自动化”的理念，开发了 API 鉴定系统。该系统品种齐全，包括的范围广，鉴定的能力强，目前约有 1 000 种生化反应，允许所有生化结果同一时间一并阅读。常用的试纸条有 API 20E、API 20NE、API 50CHB、API ZYM、API 50CHL、API 20A 和 API 32A 等。鉴定条由特别选择的生化反应小管组成，不同的鉴定条，适用于不同类群微生物的鉴定。API 20E 用于革兰氏阴性肠杆菌科和部分弧菌的鉴定，API 20NE 用于革兰氏阴性非肠杆菌（非发酵菌和部分弧菌）的鉴定，API 50CHB 用于芽孢杆菌属的鉴定，API 50CHL 用于乳杆菌属的鉴定，API 20A 和 API 32A 用于厌氧菌的鉴定。

一、常见的 API 试纸条介绍

1. API 20NE

API 20NE 是鉴定不属肠杆菌科的革兰阴性非苛养杆菌，如假单胞菌属（*Pseudomonas*）、不动杆菌属（*Acinetobacter*）、黄杆菌属（*Flavobacterium*）、莫拉菌属（*Moraxella*）、弧菌属（*Vibrio*）和气单胞菌属（*Aeromonas*）等的标准鉴定系统。对营养成分有特殊要求或需要特别处理步骤的苛养菌（如布鲁菌（*Brucella*）和弗朗西斯菌（*Francisealla*）并不包括于 API 20NE 的资料库内，使用时需采用有效方法排除他们的存在。API 20NE 试验条由 20 个含干燥底物或培养基的小管组成，包括 8 个标准化常规测试和 12 个同化试验。8 个常规测试只需将用生理盐水制成的细胞悬浮液接种到试纸条的小管中即可，培养过程中，代谢作用令反应管本身存在的试剂或在加入试剂后产生颜色变化；同化试验的小管中含有少量培养基，可利用相应底物的微生物才能生长，管中的悬浮液也会因此变浑浊。最后，根据说明表判读反应，参照分析图索引和鉴定软件可得到鉴定结果或者相应的生理生化结果。API 20NE 所用培养基和检测试剂见表 5–3 所示。

表 5–3 API 20NE 所用培养基和检测试剂

培养基和检测试剂	成分
0.85% NaCl 的培养基 2 mL	NaCl 8.5 g、ddH_2O 1 000 mL
AUX 培养基 7 mL	$(NH_4)_2SO_4$ 2 g、琼脂 1.5 g、无机盐基础 82.8 mg、氨基酸 250 mg、维生素和营养物底物 35.9 mg、磷酸缓冲液 0.04 mol/L，ddH_2O 1 000 mL，pH 为 7.0 ~ 7.2
JAMES 试剂 5 mL	J2183 化合物 0.5 g、1 mol/L 的 HCl 100 mL

续表

培养基和检测试剂	成分
NIT 1 试剂 5 mL	对氨基苯磺酸 0.4 g、乙酸 30 g、ddH$_2$O 70 mL
NIT 2 试剂 5 mL	N,N- 二甲基 - 奈酶胺 0.6 g、乙酸 30 g、ddH$_2$O 70 mL
Zn 试剂 10 g	锌粉 10 g

2. API 20E

API 20E 是肠杆菌科和其他非苛养革兰氏阴性杆菌的标准鉴定系统，不能直接用于临床标本（如血样、尿样、粪样或者直肠拭子等）。API 20E 试验条是由 20 个含干燥底物的小管组成，将细胞悬浮液接种至这些小管中，培养一定时间后，细胞的代谢产物通过自发反应或加入附加试剂后，管内培养物会产生颜色的变化，然后根据说明表（反应结果）判读反应。API 20E 所用培养基和检测试剂见表 5-4 所示。

表 5-4　API 20E 所用培养基和检测试剂

培养基和检测试剂	成分
0.85%NaCl 的培养基 1.25 mL	NaCl 8.5 g、ddH$_2$O 1 000 mL
VP1 试剂 5 mL	KOH 40 g、ddH$_2$O 100 mL
VP 2 试剂 5 mL	α 奈酚 6 g、乙醇 100 mL
JAMES 试剂 5 mL	J2183 化合物 0.5 g、1 mol/L 的 HCl 100 mL
NIT 1 试剂 5 mL	对氨基苯磺酸 0.4 g、乙酸 30 g、ddH$_2$O 70 mL
NIT 2 试剂 5 mL	N,N- 二甲基 - 奈酶胺 0.6 g、乙酸 30 g、ddH$_2$O 70 mL

3. API ZYM

API ZYM 是一个半定量的微量方法系统，专为研究酶活所设计的。该技术对各种标本（组织、细胞、生物体液、洗涤水、土、油等）都适用。它可系统并快速地研究 19 种酶的活性，用样量极少。API ZYM 在设计上不是以光谱法或电泳法所得的精确度范围为目标，而主要是以从没有纯化的混合样品中测定酶活性为目标，它可用于筛选样品，由此提供酶谱测定，然后进一步用光谱或电泳法测定。API ZYM 试验条是由 20 个小管组成的，它的底部是一个专门设计含有酶底物和缓冲液的支持物，无论底物是否可溶，这个支持物可以容许酶反应发生。当一定浓度的细胞悬浮液接种于 API ZYM 试验条中，培养一段时间后，若具有某种酶活性，则相应小管中的底物会被利用，加入 ZYM A 和 ZYM B 试剂后会产生相应的颜色，最后可根据说明表判读反应。API ZYM 所用培养基及检测试剂见表 5-5。

4. API 20A

API 20A 是针对厌氧菌的鉴定试纸条，API 20A 鉴定系列有 21 个测定，它能快速简便地对厌氧菌进行生化鉴定。API 20A 试验条由 20 个含干燥底物的小管组

表 5–5 API ZYM 所用培养基和检测试剂

培养基和检测试剂	成分
0.85% 的 NaCl 培养基 2 mL	NaCl 8.5 g、ddH$_2$O 1 000 mL
ZYM A 试剂 8 mL	三羟甲基－氨基甲烷 20 g、HCl（37%）11 mL、月桂硫酸钠 10 g、ddH$_2$O 100 mL。
ZYM B 试剂 8 mL	坚牢兰 BB 0.35 g、2– 甲氧基乙醇 100 mL

成，将菌悬液分装到管内孵育一段时间，孵育结束后所产的代谢产物由酸度指示剂或加入试剂而呈现出来，最后根据读表判读反应结果。在临床微生物学领域，它可以用于鉴定尿路感染、呼吸道感染、消化道感染等各种感染病原菌。通过快速准确地鉴定微生物的种类，可以帮助医生选择合适的抗生素治疗方案，提高治疗效果。API 20A 所用培养基和检测试剂见表 5–6 所示。

表 5–6 API 20A 所用培养基和检测试剂

培养基和检测试剂	成分
培养基 4 mL	胰酶解蛋白 5 g，酵母膏 5 g，L– 色氨酸 0.2 g，L– 半胱氨酸 0.4 g，血红素 0.005 g，维生素 K$_1$ 0.01 g，Na$_2$SO$_4$ 0.1 g，NaCl 2.5 g、ddH$_2$O 1 000 mL
EHR 试剂 5 mL	对二甲氨基苯甲醛 0.9 g、HCl 6.67 g、乙醇 82 mL、ddH$_2$O 11.3 mL
BCP 试剂 5 mL	溴甲酚紫 0.02 g、ddH$_2$O 100 mL
XYL 试剂 5 mL	二甲苯 5 mL

二、操作步骤

1. 挑取适量微生物菌体，使用 0.85% 无菌生理盐水配制菌悬液。有些试纸条的小管需要加入培养基，则可将上述配制好的菌悬液加入相应的培养基中待后续使用。

2. 将无菌蒸馏水加入试纸条所对应的底盘中的蜂窝状凹室内，创造一个湿润的环境，以避免试纸条变干，并将菌株名称写于盘的沿边，最后从包装中取出试纸条放到上述水盘中。

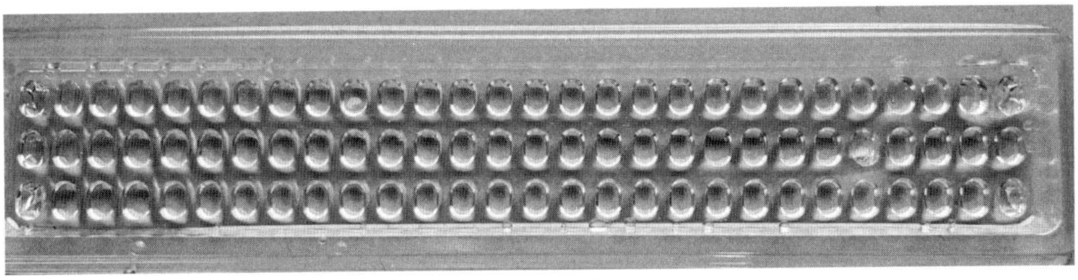

3. 将上述准备好的菌悬液或者培养液加入试纸条上的小管内。加样时，请仔

细阅读说明书，有些孔只需加满管状部分，有的还需要加满杯状部分，有些孔需要加石蜡油。此外，加样时可将试纸条倾斜一定角度，以避免产生气泡。

4. 盖上盖子，于菌株最适生长温度下进行培养。

5. 培养结束后，在相应的孔内滴加相应的检测试剂，需要注意试纸条中配套的很多试剂都有毒性，因此使用时务必佩戴手套和穿戴实验服，做好防护措施；最后，根据说明书上的结果说明读取结果。

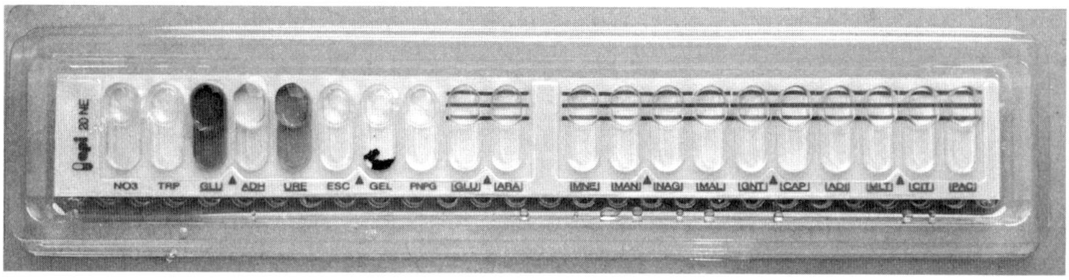

本章小结

本章对微生物系统分类中常见的生理生化指标，如微生物的生长特性（pH耐受、温度耐受、盐浓度耐受、碳氮源利用、细胞游动性）、酶活性（氧化酶、接触酶、纤维素酶、淀粉酶、脲酶、脂酶、明胶酶、凝乳酶、蛋白酶）、生理生态功能（硝酸盐还原、产硫化氢、抗生素敏感、抗菌活性、厌氧菌电子受体、厌氧菌产小分子有机酸及醇类）等方面的实验原理、实验方法，以及注意事项等进行了详细介绍。这些指标是微生物系统分类的重要依据，通过对不同微生物类群进行科学归类，从而帮助我们系统地了解各个类群的特征、数量和分布情况，最终为微生物的理论研究、科学实践，以及生产应用等提供重要科学支撑。

随着科学技术的不断发展，微生物分类的方法也在不断更新和完善，为深入理解微生物世界提供了更多可能性。除了生理生化指标外，现代微生物分类学还在很大程度上依赖于各种数据库和信息资源，如NCBI、EMBL、DDBJ等基因序列数据库，以及微生物分类学的专业数据库LPSN（List of Prokaryotic names with Standing in Nomenclature）和EzBioCloud，这些数据库为微生物分类学研究提供了丰富的数据资源和工具支持。

推荐阅读

Shirling E B，Gottlieb D. Methods for characterization of *Streptomyces* species. Int J Syst Bacteriol，1966，16：313–340（推荐理由：本文全面介绍了国际链霉菌计划的研究伙伴对链霉菌属相关类群菌株的描述方法。其中包含了很多针对链霉菌培养的经典培养基，如ISP 2、ISP 3、ISP 4和ISP 5等至今仍在沿用；其次，一些经典的放线菌培养实验在本文中也有所介绍）。

思考题

1. pH是如何影响微生物的生长和代谢的？请说明在不同pH条件下，微生物的生长速率和代谢产物可能会发生的变化。

2. 高温条件下生长的菌株适合做牛奶胨化实验吗？为什么？

3. 为什么评估微生物对碳氮源的利用情况对于微生物分类和鉴定具有重要意义？这些信息如何帮助我们了解微生物在不同环境中的适应能力和生态角色？

4. 碳氮源利用实验存在哪些潜在的局限性？在进行实验设计和结果解读时，有哪些因素需要考虑以确保准确性和可靠性？

5. 什么是氧化酶？简要描述氧化酶的作用机制以及在微生物代谢中的作用。

6. 淀粉酶的产生受到哪些因素的影响？微生物如何通过调节淀粉酶的产生来适应不同的环境条件？

7. 硝酸盐还原的实验中已经检测了亚硝酸盐，为什么还要检测硝酸盐？

8. 简要描述抗生素敏感性检测的基本原理和常用方法，除了本书中提到的扩散法之外，你还知道哪些检测方法？

9. Biolog微生物鉴定系统相对于传统的微生物鉴定方法有哪些优势？举例说明一种常用的Biolog微生物鉴定系统实验方法。

10. 高温菌株适合做Biolog实验吗？需要注意什么问题？

11. 简要描述微生物API鉴定系统的原理和工作流程。解释该系统如何利用微生物对不同生理生化指标的反应结果，与数据库进行匹配来进行微生物分类和鉴定。

（刘永红、刘冰冰、李蒙蒙、刘兰、李文均）

第六章

细胞化学特征

由于分析方法的发展以及有关仪器的改进，化学分类方法相继产生。化学分类是基于细胞化学特征的分类方法，细胞化学特征实验是利用各种化学分析手段分析微生物细胞的化学成分，是对微生物进行分类的重要内容。目前，使用较为普遍的细胞化学特性包括肽聚糖、极性脂、脂肪酸、呼吸醌、枝菌酸、多胺及全细胞水解糖等，分析的对象主要包括细胞壁（肽聚糖和枝菌酸）、质膜（极性脂、脂肪酸及呼吸醌）及整个细胞（全细胞水解糖及多胺）。

第一节 极性脂分析

在微生物中，生物膜的骨架是一样的，主要是由磷酸类脂、糖脂及固醇构成的脂双层，他们都属于极性脂。磷酸类脂是细胞膜的主要组成成分，包括甘油磷脂和鞘磷脂两类，甘油磷脂是第一大类膜脂，而鞘磷脂和鞘糖脂是第二大类膜脂。不同菌属微生物的磷酸类脂组分是不同的，它是鉴别不同微生物的重要特征之一，是化学分类项目中不可缺少的分类学指征。磷酸类脂的种类繁多，但能用于分类的并不多。Mary P. Lechevalier 分析了来自 20 个属的 97 株放线菌的磷酸类脂后，发现可用于分类学指征的磷酸类脂只有 5 种，分别为磷脂酰胆碱（PC，phosphatidylcholine）、磷脂酰乙醇胺（PE，phosphatidylethanolamine）、磷脂酰甲基乙醇胺（PME，phosphatidylmethylethanolamine）、磷脂酰甘油（PG，phosphatidylglycerol）及含葡萄糖胺未知结构的磷酸类脂（GluNus，phospholipids of unknown structure containing glucosamine）。除了上述 5 种磷酸类脂外，磷脂酰肌醇（PI，phosphatidylinositol）、磷脂酰甲基肌醇（PIM，phosphatidylinositol mannoside）、磷脂酰丝氨酸（PS，phosphatidylserine）和二磷脂酰甘油（DPG，diphosphatidylglycerol）等也被用于极性脂的分析检测中。古菌的极性脂类型与细菌有一定差异，古菌极性脂的亲水头含有磷脂酰甘油（PG）、磷脂酰甘油磷酸甲基酯（PGP-Me）两种，疏水尾端包含二植烷（C20）甘油醚核心膜脂。中性嗜盐古菌细胞中还包含一种或多种糖脂，主要有二糖基二醚（DGD）及其衍生物硫酸二糖基二醚（S-DGD）、三糖基二醚（TGD）及其衍生物硫酸三糖基二醚（S-TGD）、硫酸四糖基二醚（S-TeGD）和二硫酸四糖基二醚（S_2-DGD）。

早期，主要采用 2∶1 的氯仿甲醇混合液进行极性脂的提取，但用此方法获得的提取液中含有很多杂质，为极性脂的分析带来很大困扰。1959 年，有学者开发了新的提取方法，该方法需使用大量的微生物菌体，增加了研究者的工作量。1973 年，George L. Card 对上述的提取方法进行了改进，简化了提取步骤。1988 年，Kazuo Komagata 等对 George L. Card 的方法进行了改进，大大减少了微生物菌体需要量。现如今对极性脂的分析主要参照 Kazuo Komagata 等的方法进行修订，使用 1 ~ 4 块 TLC 硅胶板来完成，具体的提取和分析方法如下。

视频 6-1
极性脂分析

一、细菌极性脂的分析

1. 极性脂的提取

（1）称取 1 g 湿菌体［或 200 mg 干菌体 + 4 mL 1% NaCl（*m*/*V*）］于带内盖的离心管中。

（2）加入 15 mL 甲醇（拧紧盖子），沸水浴 10 min，自然冷却。

（3）冷却后加入 10 mL 氯仿，再加入浓度为 2% 的 NaCl 溶液，直至体系分层为止。

（4）分层后用力摇匀 10 min，然后 8 000 *g* 离心 10 min。

（5）垂直静置离心管，待分层后取下层无杂质的液体于旋蒸瓶中，30 ~ 40℃浓缩抽干。

（6）用移液器吸取氯仿 / 甲醇（2∶1，*V/V*）于旋蒸瓶中，不断冲洗瓶壁，直至壁上的物质全部溶解。

（7）将上述溶液移入 EP 管内，以 8 000 *g* 的转速离心 10 min，离心后取上清液于新的 EP 管，放入通风橱风干。

（8）风干后用石油醚溶掉 EP 管中的物质，8 000 *g* 离心 10 min，取上清液进行点样。

2. 显色剂配制

（1）钼蓝试剂（Dittmer and lester 试剂，又称 P 试剂）

取 10 mL 溶液 A［40.11 g 三氧化钼溶于 1 L 25 mol/L 的 H_2SO_4（浓硫酸∶水 = 2∶1）中，煮沸 1 h 溶解］和 10 mL 溶液 B（1.78 g 钼粉溶于 500 mL 溶液 A 中，煮沸 15 min，冷却后弃掉残余物），再加入 40 mL 蒸馏水，摇匀即为 P 试剂（黄绿色，4℃可保存半年）。

（2）茴香醛试剂

按 95% 乙醇∶浓硫酸∶p– 茴香醛∶冰醋酸 = 270∶15∶15∶3（*V/V*）的比例，加入乙醇、浓硫酸、冰醋酸和茴香醛。该试剂易失效，需现配现用。此外，浓硫酸需最后加入。

（3）α– 萘酚试剂

将 15 g α– 萘酚溶于 100 mL 95% 乙醇，配成 15%（*m/V*）的 α– 萘酚乙醇溶液。使用时，将 10.5 mL α– 萘酚乙醇溶液加入含有 40.5 mL 无水乙醇和 4 mL 蒸馏水的混合液中，最后再加入 6.5 mL 浓 H_2SO_4，混合均匀备用。

（4）茚三酮试剂

取 0.4 g 茚三酮溶于 100 mL 水饱和正丁醇（水∶正丁醇 = 1∶10）中，或者将 0.1 g 茚三酮溶于 100 mL 丙酮中。

（5）D 试剂

将 3.5 mL 的 A 液（1.7 g 次硝酸铋溶于 100 mL 20% 的冰醋酸中），5 mL 的 B 液（40 g 碘化钾溶于 100 mL 蒸馏水中），20 mL 冰醋酸和 50 mL 的蒸馏水按顺序依次加入容器中混匀即可。

（6）磷钼酸盐试剂

取 10 g 磷钼酸盐（Phosphomolybdic acid hydrate）加入 100 mL 95% 的乙醇中，搅拌至黄绿色。

3. 极性脂浓度的判断

（1）使用默克（Merck）公司的 Silica gel 60 板，裁成 10 cm × 10 cm 大小。

（2）在距离底边 1.5 cm 点样（7 ~ 8 滴）。

（3）用展层液［氯仿∶冰醋酸∶甲醇∶蒸馏水 = 80∶18∶12∶5（*V/V*）］展层。

（4）自然风干后用钼蓝试剂喷雾显色，根据所显蓝色斑纹初步判断其是否含有磷脂及磷脂含量。

4. 双相点样展层

（1）使用默克（Merck）Silica gel 60 板，裁成 10 cm × 10 cm 大小。

（2）距离底边 1.5 cm × 1.5 cm 处点样（5 ~ 15 μL）。

（3）配制两相用展层液：

第一相　氯仿：甲醇：蒸馏水 = 65：25：4（*V/V*）

第二相　氯仿：冰醋酸：甲醇：蒸馏水 = 80：18：12：5（*V/V*）

（4）展层：展层顺序由第一相到第二相，展层方向如图 6-1 所示。第一相展层至距离顶边 0.5 cm 时取板，自然风干后用吹风机逐行吹 30 min，再进行第二相展层，距顶边 0.5 cm 时取板，自然风干后用吹风机吹 5 min，喷雾显色。

5. 显色及结果分析

极性脂通常需结合多种显色剂的显色结果来进行分析，只用一种显色剂来分析判断其组分是非常不准确的。通常一株菌会跑 4 块板，通过 4 种显色剂的显色结果来进行最终的判断。上述完成展层的板，用喷瓶在距板 10 ~ 15 cm 处喷显色剂，具体的显色方法如下：

（1）D 试剂显色：喷 D 试剂后，微显红色的点为 PC、PE 或 PME。

（2）茚三酮试剂：喷茚三酮后，100℃加热 6 ~ 10 min，照相或扫描；继续加热至 140℃保温 15 min，二次照相或者扫描；用钼蓝试剂显色，进行第三次照相或扫描。结合第一次显色结果与第三次显色结果分析，第一次显红色后不显蓝色的斑点为含氨基的极性脂（AL）；第一次不显红色，第二次显蓝色的斑点为未被鉴定的磷酸类脂（PL）；先变红后变蓝的斑点为 PE、PME 或含氨基的未被鉴定磷

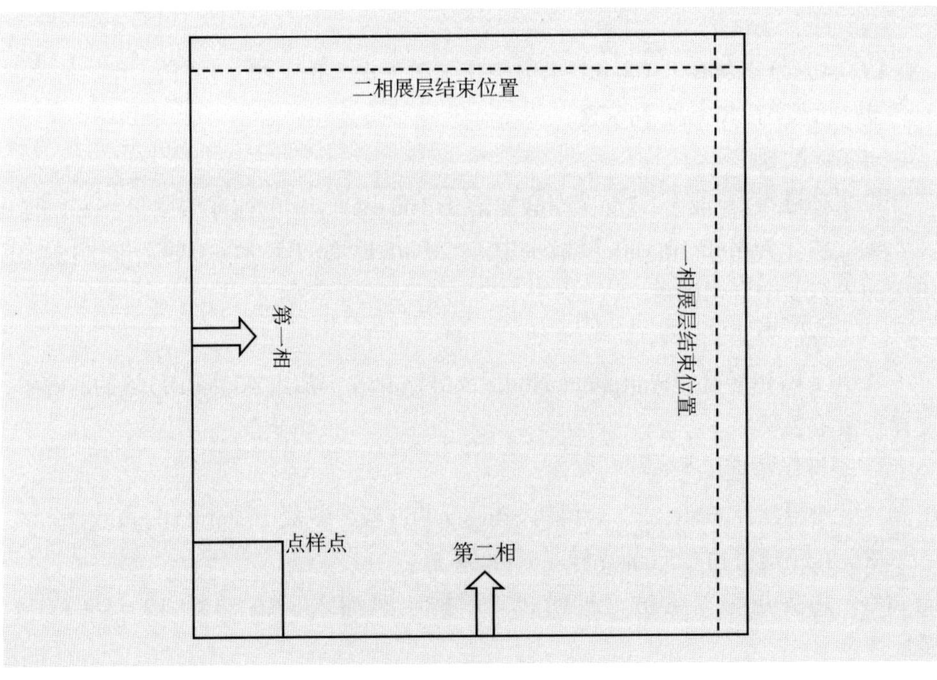

图 6-1　极性脂双相展层示意图

酸类脂（APL），因此，结合 D 试剂的显色结果，可以判断微生物有没有 PC、PE 或 PME 这些主要的极性脂组分。结合第二次和第三次的显色结果分析，先显黄色至浅红色，后又显蓝色的斑点为含糖的磷酸类脂如 PI、PIM 或者 GluNus。

（3）α- 萘酚试剂：喷 α- 萘酚后，100 ℃加热 3 ~ 5 min，红色斑点为糖脂（glycolipids）。

糖脂的检测也可以通过喷茴香醛试剂来完成。喷完茴香醛后，110 ℃加热 6 ~ 10 min，照相或扫描后用钼蓝试剂显色，再次照相或扫描。与第一次扫描结果相比，只显蓝色斑点就是磷脂（如 PI、PC、PE、PME、DPG 和未知结构的磷脂）；喷茴香醛后显黄绿色斑点且喷钼蓝后显蓝色的为含糖的磷脂（如 PGL 和 PIM，PGL 的 R_f 值高，PIM 的 R_f 值低；只显黄绿色未变蓝色斑点的可能是糖脂（GL）或色素。

（4）磷钼酸盐：喷磷钼酸盐后，150℃显色，墨蓝色的斑点为极性脂，与上述各块板的结果相比，只在磷钼酸盐试剂下显色的就是未知的极性脂（L）。

（5）以沉积物海洋弱孢菌（*Marinitenerispora sediminis*）TPS16^T 为例，从图 6-2 可以看出，菌株 TPS16^T 的主要极性脂成分为 DPG、PME、PG、PE 和 PC，除此之外，还有未被鉴定的磷脂（PL，unidentified phospholipid）和未被鉴定的糖脂（GL，unidentified glycolipid）。

二、古菌极性脂的分析

1. 极性脂的提取

（1）将 200 ~ 250 mL 培养后的菌液（OD_{600} 为 1.0 以上），离心（4℃，12 000 *g*，

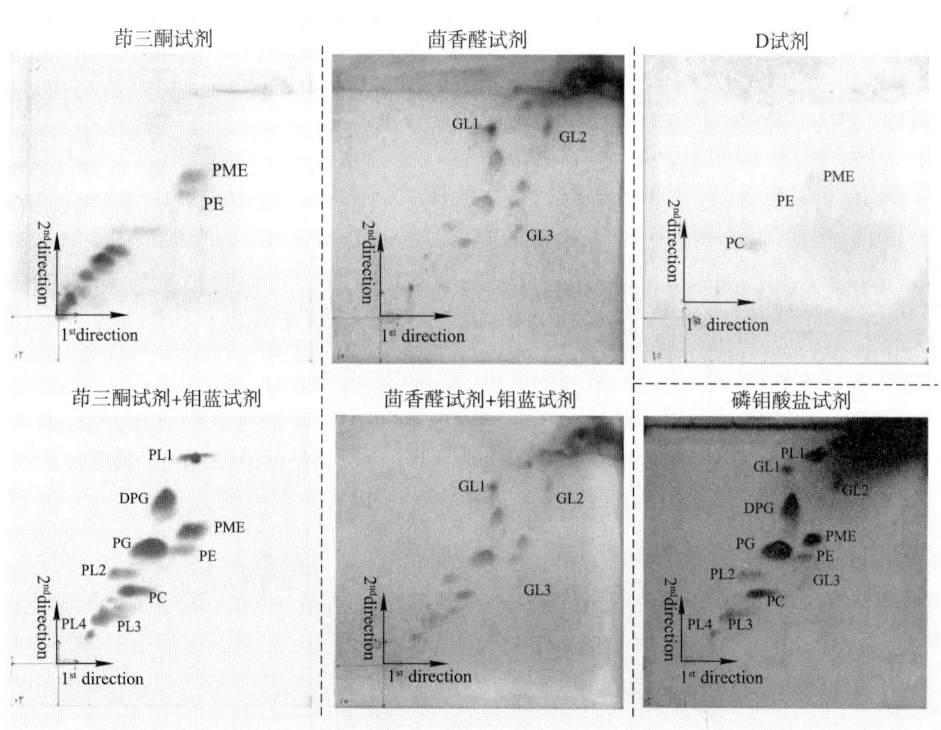

图 6-2 沉积物海洋弱孢菌（*Marinitenerispora sediminis*）TPS16^T 的极性脂结果

彩图

10 min)，弃去上清液。

（2）用灭菌的 20% NaCl 溶液将各管中的菌体洗到一个离心管内，离心，去上清液。向离心管内加入蒸馏水至 20 mL，漩涡振荡。

（3）以氯仿：甲醇 =1：2 的比例，将上述菌悬液加入氯仿与甲醇的混合液中，封口，常温下振荡（150～180 r/min）4～5 h。

（4）向上述混合物中加入无菌水至出现分层，静置过夜。

（5）用 5 mL 移液器取出下层液体，用旋转蒸发仪，抽干溶剂（水浴温度 30～32℃），室温下晾干 2～3 h。

（6）先用氯仿将上述粗脂样品溶解，并转移到 1.5 mL 离心管中，室温晾干。以氯仿：丙酮 =1：10 的比例分别加入氯仿和丙酮，漩涡振荡至出现絮状沉淀，离心弃去上清液，沉淀物自然晾干。最后用 50～100 μL 氯仿溶解，于 4℃冰箱保存备用。

2. 显色剂配制

取 5 mL 浓硫酸加入 10 mL 无水乙醇中，混匀冷却备用。

3. 点样展层

（1）双向 TLC 展层：与细菌极性脂分析中双向展层方法一致。

（2）单向 TLC 展层：取 4～6 μL 待测菌株的极性脂样品，在 10 cm×20 cm 的默克（Merck）公司 Silica gel 60 板上点样，点样结束后，将 Silica gel 60 板置于层析缸内展层，展层液为氯仿：甲醇：冰醋酸：蒸馏水 = 80：12：15：4（*V*/*V*）。

4. 显色及结果分析

均匀喷洒显色剂于 Silica gel 60 板上，晾干后，150℃烘烤至显色。磷脂为黄色，糖脂为蓝紫色，用扫描仪扫描记录结果。以土壤盐需盐球菌（*Halegenticoccus soli*）菌株 SYSU A9-0^T 和 SYSU A9-1 为例（图 6-3），从结果可以看出，菌株 SYSU A9-0^T 和 SYSU A9-1 的极性脂成分有磷脂酸（PA，phosphatidic acid），磷脂酰甘油（PG，phosphatidylglycerol），磷脂酰甘油磷酸甲基酯（PGP-Me，phosphatidylglycerol phosphate methyl ester），磷脂酰甘油硫酸酯（PGS，phosphatidylglycerol sulfate）；甘露糖葡萄糖二醚（DGD-1，mannosyl glucosyldiether），硫酸甘露糖葡萄糖二醚（S-DGD-1，sulfated mannosyl glucosyl diether），硫酸半乳糖甘露糖葡萄糖二醚（S-TGD-1，sulfated galactosyl mannosy glucosyldiether）和未被鉴定的糖脂（UGL，unidentified glycolipid）。

在上述过程中需注意的是：①点样前层析板要放在 60℃活化半个小时；②点样时，同一点样点规则点样，点样晕圈越小越好；③配展层剂时，所用到的容器和量筒要吹干，各试剂的比例要准确，同时，展层液需现配现用；④跑板前，展层剂需倒进展层缸内进行密闭饱和 10～30 min（根据环境气温）；⑤跑板时，点样的一面不要靠着层析缸的壁，板的两端也不能靠着层析缸；⑥跑板时要注意先跑一相再跑二相，顺序不能反。

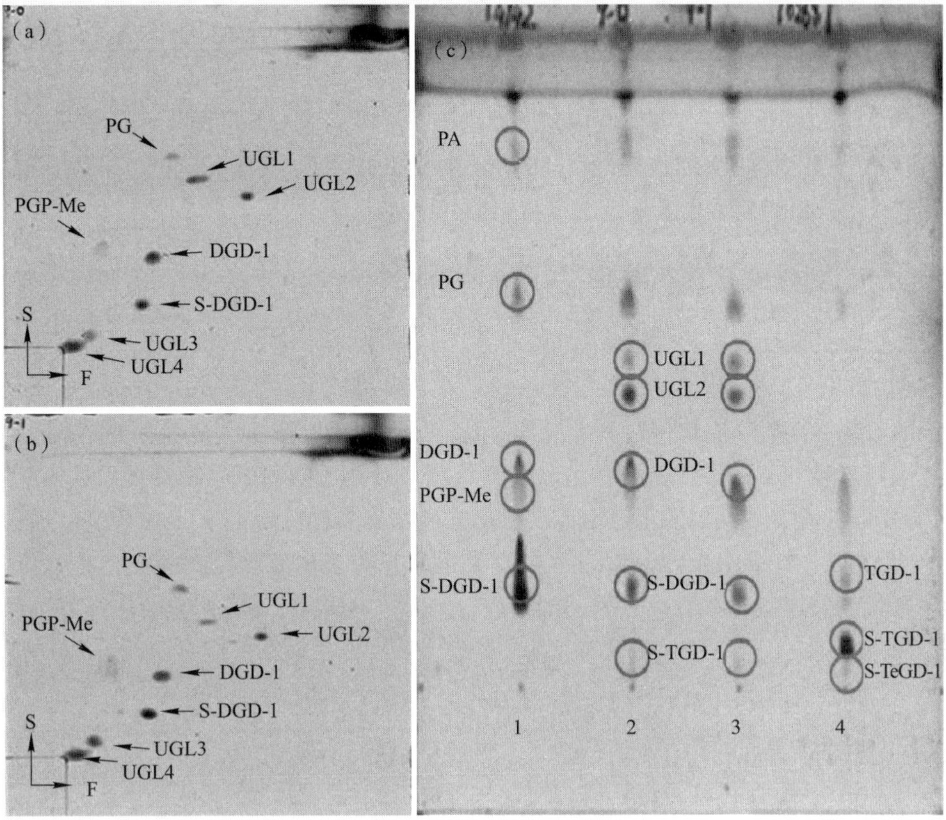

图 6–3 土壤盐需盐球菌（*Halegenticoccus soli*）菌株 SYSU A9–0^T 和 SYSU A9–1 的极性脂结果

彩图

第二节 脂肪酸分析

脂肪酸是由一条长的烃链和一个末端羧基组成的羧酸，于 20 世纪 50 年代被用作多相分类的指标。在细胞内大约有 20% 的脂肪酸以游离的形式存在，这些游离的脂肪酸主要是软脂酸、硬脂酸和油酸，但大部分脂肪酸都以结合的形式（甘油三酯、磷脂、糖脂、脂蛋白等）存在。脂肪酸的提取是脂肪酸鉴定工作中的首要步骤，早期，Klaus Hofmann 用硫酸溶解微生物干菌体，然后采用高温高压水解菌体 90 min，水解后过滤掉细胞碎片用乙醚萃取，然后采用氢氧化钾和乙醇皂化，脂肪酸的盐溶液在水相中加酸酸化转化成游离的脂肪酸，再用乙醚萃取，最后旋蒸去除乙醚进行分析。后续研究者证实直接用氢氧化钾和乙醇也能将细胞水解，水解和皂化可以一步完成，同时，由于避免了硫酸的使用，该方法还会减少对脂肪酸的改变。随着技术的发展，脂肪酸的检测技术也在不断更新，精馏法、结晶法和逆流分布法都曾被用于脂肪酸的检测中。1963 年，美国科学家首次将气相色谱技术用于脂肪酸的分析检测中。时至今日，安装有 MIDI（Microbial Identification System）公司开发的 Sherlock 微生物鉴定系统 MIS 软件的气相色谱（GC）是脂肪酸分析的主要工具。

在原核生物中不同种属细胞的脂肪酸组分有很大的区别，而同种不同菌株的脂肪酸组分的含量也不尽相同，因此，脂肪酸组分的分析已成为原核生物分类学不可缺少的内容。值得一提的是，不同的生长条件或不同的生长时期微生物细胞中的脂肪酸组分有所差异。所以，要在同等条件下同时对标准菌株和待鉴定菌株进行培养，这样收集细胞后得到的分析数据才能用于不同种属菌株脂肪酸组分的比较，更不宜直接从他人文献中参考结果进行比较。

一、菌株的培养与收集

脂肪酸成分大多是在微生物培养的对数后期稳定下来的，因此在对微生物进行脂肪酸鉴定时，建议使用四分划线法。在这种模式下，第三区的菌落是处于生长的对数后期的，而第四区有单克隆生长，可用来确定微生物是否有被污染。也可采用液体培养的方法，根据生长曲线，收集对数后期的微生物进行后续实验。针对不同的微生物，MIDI 公司提供了标准的培养条件（表 6-1），如好氧菌通常选用 TSBA（Trypticase Soy Broth Agar）培养基并在 28℃下培养；临床用好氧菌选用 BA（Blood Agar）培养基在 35℃下进行培养。不能在上述培养条件下生长的微

表 6-1 菌株培养条件

微生物	参考数据库	分析方法	培养条件			
			目标菌株	温度 /℃	时间 /h	培养基
好氧菌	TSBA6 RTSBA6	TSBA6 RTSBA6	常规好氧菌	28	24	TSBA 培养基（Trypticase Soy Broth Agar）
	ITSA1	ITSA1		30	24	TSA 培养基（Trypticase Soy Agar）
	CLIN6 RCLIN6 IBA1	CLIN6 RCLIN6 IBA1	临床用好氧菌	35	24	BA 培养基（Blood Agar），巧克力培养基（Chocolate）等
	BTR3 RBTR3	BTR3 RBTR3		35	24	BA 培养基（Blood Agar），巧克力培养基（Chocolate）等
	M17H10 IMYC1	MYCO6 SMYCO6 IMYC1	分枝杆菌	35	24	Middlebrook 7H10 培养基加 OADC 生长添加剂加 5%～10% CO_2
	IR2A1	IR2A1	水环境微生物	35	24	R2A
	ACTIN1	ACTIN6 SACTIN6	放线菌	28	72～240	TSB 培养基（Trypticase Soy Broth）
厌氧菌	BHIBLA	ANAER6 SAENER6	厌氧菌	35	48	BHIBLA 培养板
	MOORE6	MOORE6 SMOORE6		35	48	PYG 液体培养基

续表

微生物	参考数据库	分析方法	培养条件			
			目标菌株	温度 /℃	时间 /h	培养基
酵母菌	YST28	YEAST6 SYEAST6	酵母菌	28	24	SAB Dextrose 琼脂糖培养基
	YSTCLN	YSTCLN6 SYSTCLN6		28	24	SAB Dextrose 琼脂糖培养基
	ITY1	ITY1		30	24	TSA
	FUNGI	FUNGI6 SFUNGI6	真菌	28	48 ~ 100	SAB Dextrose 液体培养基

生物，则需选用该微生物最适的培养基和培养温度来进行培养。值得注意的是，做脂肪酸鉴定时，参比菌株及待鉴定菌株的培养条件需一致，以保证数据的可比性。按上述方法将微生物培养好后，收集约 40 mg 的微生物菌体置于螺口玻璃管中备用。

二、提取技术

视频 6-2
脂肪酸分析

1. 所用试剂

试剂 1：将 150 mL 去离子蒸馏水与 150 mL 甲醇（HPLC 级）混合，搅拌过程中加入 45 g 氢氧化钠（分析纯），直至氢氧化钠颗粒完全溶解。微生物细胞在试剂 1 的作用下将裂解，脂肪酸会从细胞中释放出来。

试剂 2：在搅拌过程中将 325 mL 6.0 mol/L 盐酸加入 275 mL 甲醇（HPLC 级）中。试剂 2 可使溶液的 pH 急剧下降，从而使脂肪酸甲基化，形成难溶于水的脂肪酸甲酯，以增加其在色谱柱中的挥发性。

试剂 3：将 200 mL 甲基正丁醚（Methyl-tert Butyl Ether，HPLC 级）加入 200 mL 正己烷（Hexane，HPLC 级）中搅拌混匀。试剂 3 可将脂肪酸甲酯抽提到有机相中以备气相色谱使用。

试剂 4：将 10.8 g 氢氧化钠（分析纯）加入 900 mL 去离子蒸馏水中，边加边搅拌，直至完全溶解。试剂 4 可除去有机萃取相中的游离的脂肪酸和残余的试剂，除去体系中的杂质，减少上机样品对进样口、柱子及检测器的污染。

试剂 5：将 40 g 氯化钠（分析纯）加入 100 mL 去离子蒸馏水，配制成饱和氯化钠溶液。饱和氯化钠可以提高水相离子浓度，使脂肪酸甲酯在水中的溶解度降低，从而有利于水相和有机相的分层。

2. 脂肪酸的提取步骤

（1）皂化：加 1 mL 试剂 1 到上述装有菌体的螺口管中，拧紧管盖，振荡均匀，放入沸水中，沸水浴 20 ~ 30 min 后取出室温冷却。水浴过程中，每隔 5 min 取出振荡 10 s，以保证皂化的彻底性（图 6-4）。

（2）甲基化：待样品管冷却后，加入 2 mL 试剂 2，拧紧管盖，振荡 5 ~ 10 s，

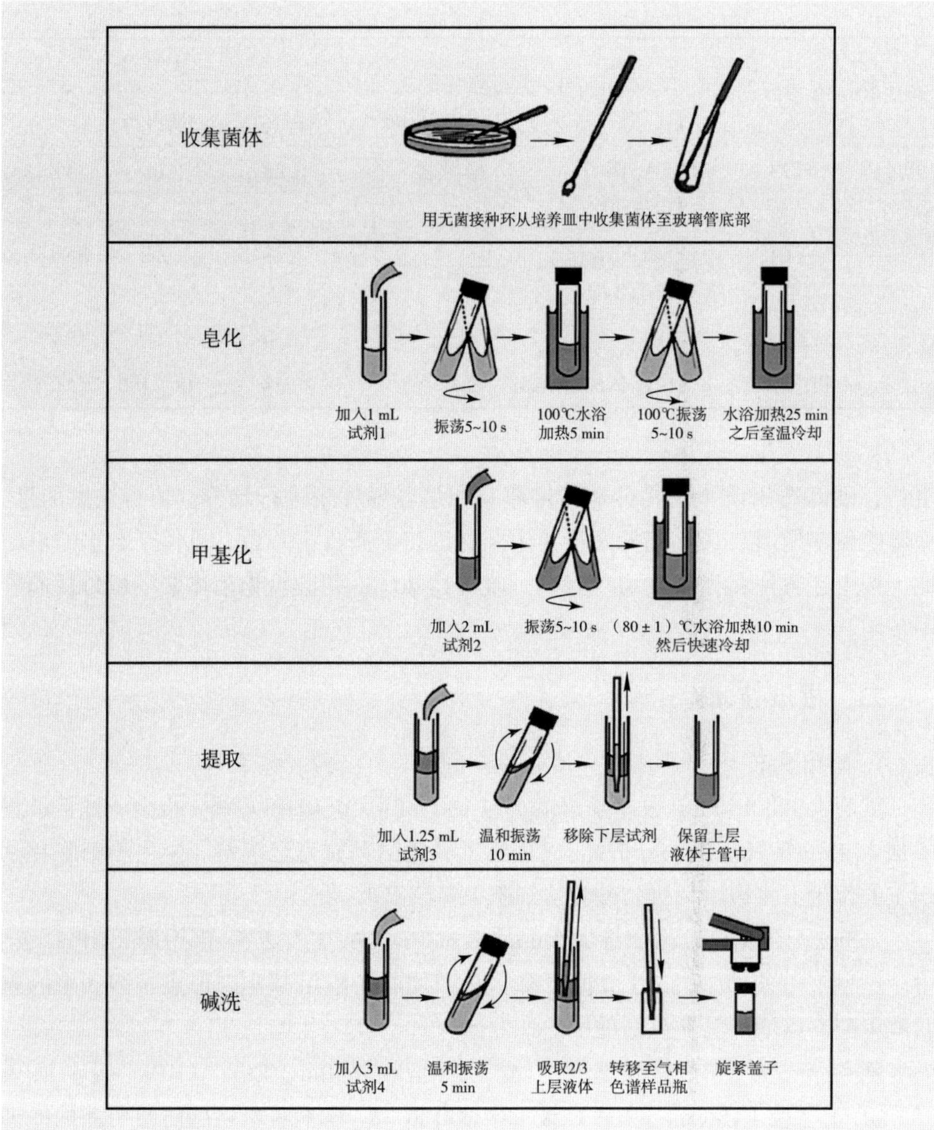

图 6-4 脂肪酸提取过程的 5 个步骤

随后将水温精确控制为 80 ± 1℃水浴 10 min，然后快速冰浴冷却。此步骤需严格控制温度和时间，以免羟基酸和环式脂肪酸受到破坏。

（3）萃取：在冷却的样品管中加入 1.25 mL 试剂 3，放入旋转器慢慢振荡 10 min 左右，振荡后体系分层，打开管盖，利用干净的玻璃吸管去除样品下层水相。对分层不明显的试管加 2 ~ 3 滴饱和氯化钠溶液。

（4）在上述剩余有机相中加入 3 mL 试剂 4，放入振荡器中慢慢振荡 5 min 左右，加几滴饱和氯化钠溶液，取三分之二的上层有机相置气相色谱样品瓶中备用。

三、检测条件

使用气相色谱仪，配备分流 / 不分流进样口及氢火焰离子化检测器（FID）。色谱柱为 Ultra-2 柱，长 25 m，内径 0.2 mm，液膜厚度 0.33 μm；炉温为二阶程序升温：起始温度 170℃，以 28℃/min 的速度升至 288℃，随后以 60℃/min 的速度升至 310℃，维持 1.5 min；进样口温度 250℃，载气为氢气，流速为 53.375 mL/min，分流进样模式，分流比为 40∶1，进样量 2 μL；检测器温度为 300℃，氢气流速为 30 mL/min，空气流速为 350 mL/min，补充气（氮气）流速为 30 mL/min。校准标样（Calibration standard）为 MIDI 公司提供的 MIDI Calibration Mix 1。分析系统设定为打印 Chromatographilic Report 和 Sherlock Composition。

四、报告分析

系统检测完成后会自动给出一个文档报告，报告包括样品信息区、数据信息区、匹配结果区及峰图图谱区（图 6–5）。样品信息区显示了样品名称、检测时间及所使用的检测程序等信息；数据信息区有脂肪酸的保留时间（RT）、响应值（Response）、峰面积与峰高的比值（Ar/Ht）、响应因子（RFact）、等效链长（ECL）、出峰点所对应的脂肪酸（Peak Name）、所占百分比（Percent）、注释信息 1（Comment 1）和注释信息 2（Comment 2），这些数据以表格的形式展示，表格下方有对结果的分析情况，分别是所有峰面积的总响应值（Total Response），根据数据库能鉴别的所有峰面积的响应值（Total Named），根据数据库能鉴别出来的脂肪酸成分所对应的峰面积总和与所有峰面积总和的比值（Percent Named），经响应因子校准后所有峰面积的总和（Total Amount）及对整个数据结果的分析（Profile Comment）。在匹配结果区，系统会根据样品的数据，结合数据库中已有微生物物种的数据给出相应结果。峰图图谱区则可以看到每个峰的位置及出峰时间。报告中，我们首先需检查 Total Response 和 Percent Named 值，若 Total Response 的值大于 50 000，且 Percent Named 大于 85% 时，说明该数据可用，可根据 Peak name 和 percent 数据将其整理到文章中。若 Total Response 小于 50 000 时，说明体系的浓度太低，需要将样品浓缩或者加大样品量重新提取；Percent Named 小于 85% 时，说明体系有污染，需要根据对照组来排除污染源。在根据报告整理结果时，常会遇见一些专业表达，掌握这些特有的表达形式，将有助于数据的整理。报告中常见的表达如下：

1. 16∶0：表示碳原子数目为 16 的饱和脂肪酸

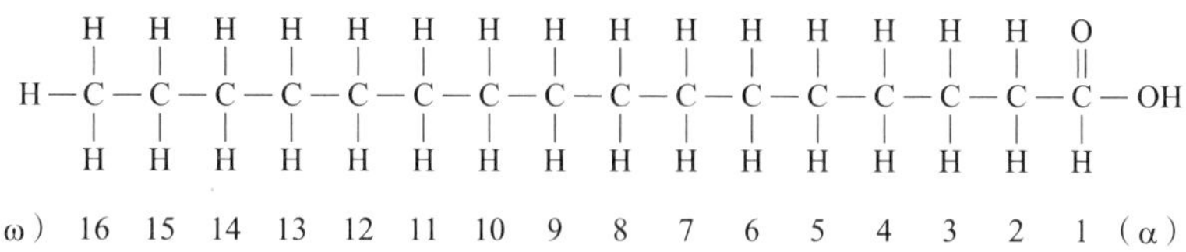

2. 16∶1 *ω*7*c*：16∶1，表示该脂肪酸的碳原子数目为 16，有一个不饱和键；*ω*7c 表示该脂肪酸的不饱和键位于 omega 端的第 7 位碳原子

图 6-5 脂肪酸报告展示

样品信息区

Volume: DATA　　File: E159065.04A　　Samp Ctr: 1　　ID Number: 1
Type: Calib　　Bottle: 1　　Method: RTSBA6
Created: 2015/9/6 12:07:06
Sample ID: biaoyang

数据信息区

RT	Response	Ar/Ht	RFact	ECL	Peak Name	Percent	Commentl	Comment2
0.7419	1.391E+9	0.023	----	6.6827	SOLVENT PEAK	----	<min rt	
1.0921	58335	0.015	1.221	9.0000	9:0	5.35		
1.2432	124768	0.013	1.145	10.0000	10:0	10.74	Peak match -0.0003	
1.4353	66776	0.014	1.084	11.0000	11:0	5.44	Peak match -0.0008	
1.4765	27725	0.012	1.075	11.1774	10:0 2OH	2.24	Peak match 0.0005	
1.5393	12026	0.012	1.062	11.4478	10:0 3OH	0.96	Peak match -0.0011	
1.6676	137670	0.012	1.037	12.0000	12:0	10.73	Peak match 0.0001	
1.9344	70948	0.012	1.002	13.0000	13:0	5.34	Peak match -0.0010	
2.2772	145622	0.012	0.977	14.0000	14:0	10.69	Peak match -0.0001	
2.5358	74253	0.012	----	15.0000	15:0	----	Peak match -0.0003	
2.6098	31367	0.012	0.956	15.2339	14:0 2OH	2.25	Peak match -0.0007	
2.6992	13720	0.012	0.953	15.5164	Sum In Feature 2	0.98	Peak match -0.0011	14:0 3OH/16:1 iso I
2.8522	150298	0.012	0.948	16.0000	16:0	10.71	Peak match -0.0009	
3.1694	76017	0.012	0.941	17.0000	17:0	5.38	Peak match -0.0000	
3.2532	32297	0.012	0.940	17.2667	16:0 2OH	2.28	Peak match -0.0013	
3.4834	153917	0.012	0.936	18.0000	18:0	10.83	Peak match 0.0005	
3.7904	76919	0.012	0.931	19.0000	19:0	5.38	Peak match -0.0001	
4.0902	153798	0.012	0.925	20.0000	20:0	10.69		
----	13720	---	----	----	Summed Feature 2	0.98	12:0 aldehyde ?	unknown 10.9525
----	-----	---	----	----		----	16:1 iso I/14:0 3OH	14:0 3OH/16:1 iso I

Total Response: 1332203　　Total Named: 1332203
Percent Named: 100.00%　　Total Amount: 1330656
Profile Comment: Good peak matching. Peak position matching error (RMS) is 0.0007.

匹配结果区

Matches:

Library	Sim Index	Entry Name
RTSBA6 6.21	0.998	MIDI Calibration Mix 1

峰图图谱区

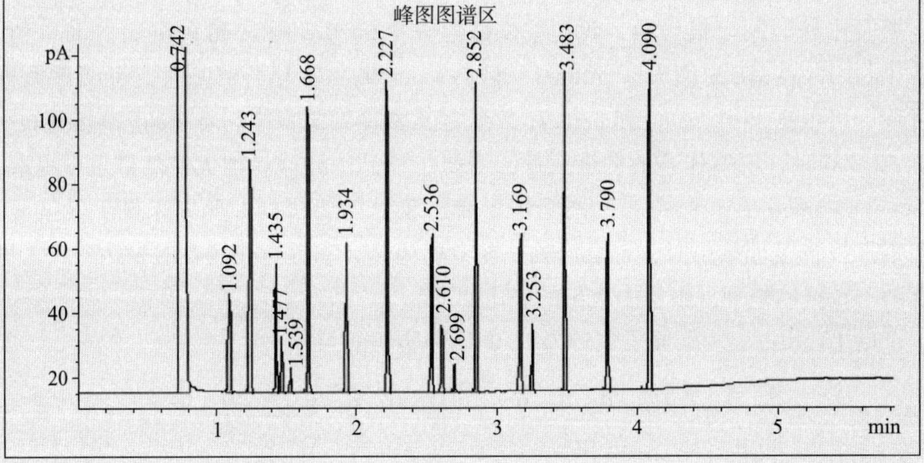

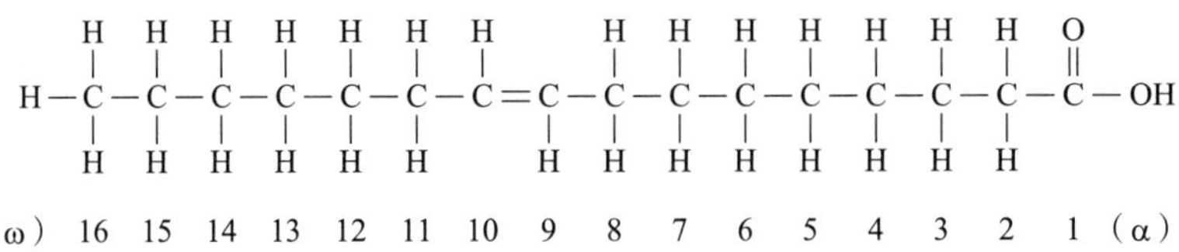

3. cis：表示该脂肪酸为顺式结构，如 16：1 $\omega 7c$

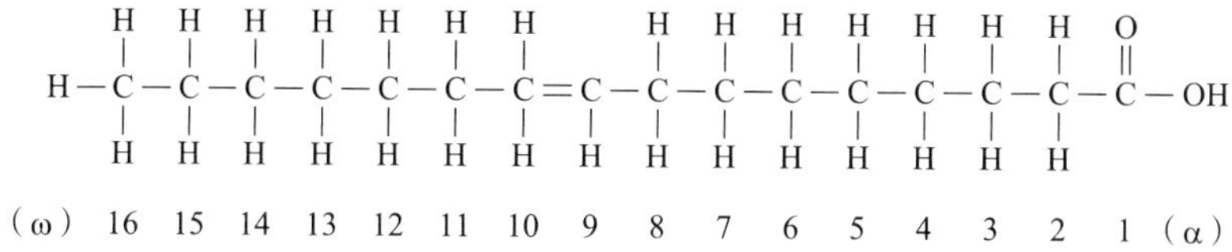

4. trans 表示该脂肪酸为反式结构，如 16：1 *ω*7*t*

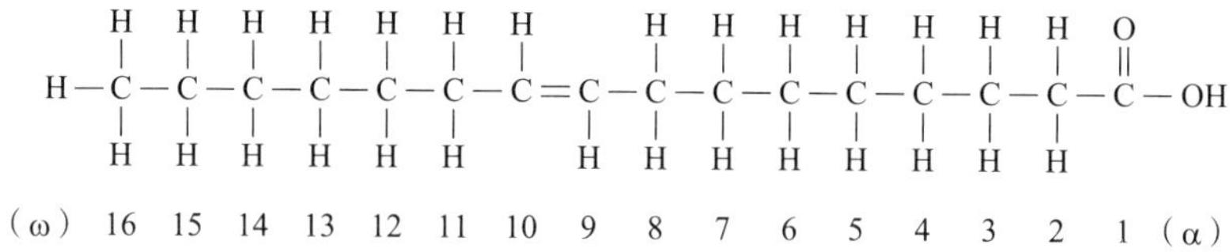

5. iso：表示在脂肪酸 omega 端的第二位碳原子上有甲基结构，如 17：0 iso

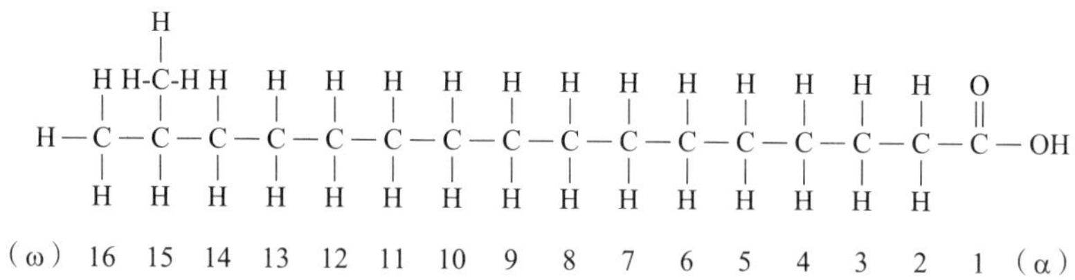

6. anteiso 表示在脂肪酸 omega 端的第三位碳原子上有甲基结构，如 17：0 anteiso

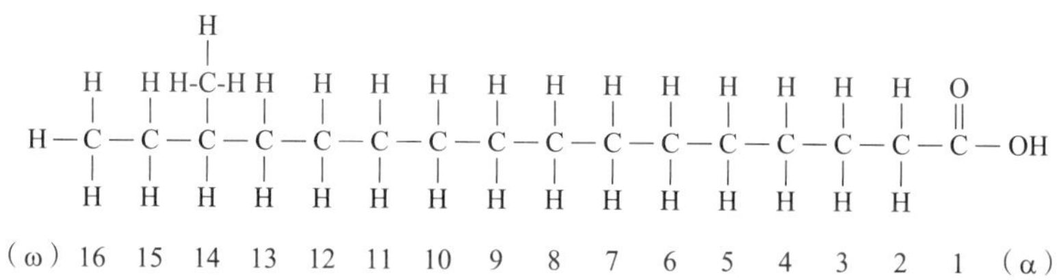

7. cyclo：表示该脂肪酸有环丙烷结构，如 17：0 cyclo *ω*7*c*

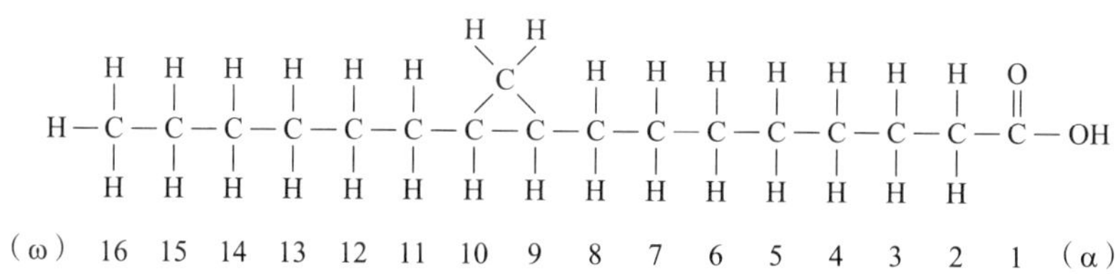

8. DMA：表示有二甲基结构，如 16：0 DMA

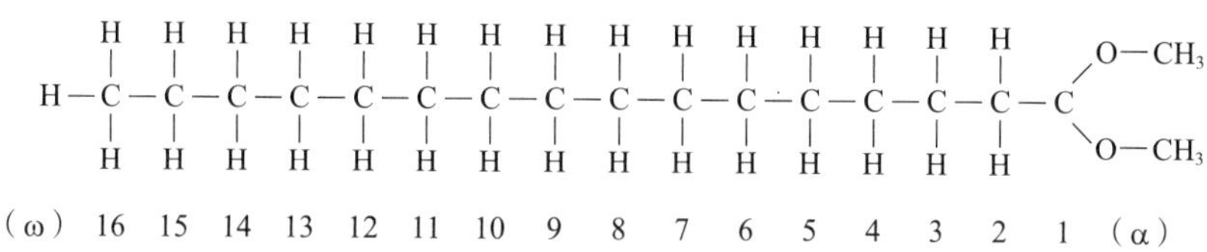

9. 2OH 表示在脂肪酸 alpha 端的第二位碳原子上有一个羟基，如 16：0 2OH

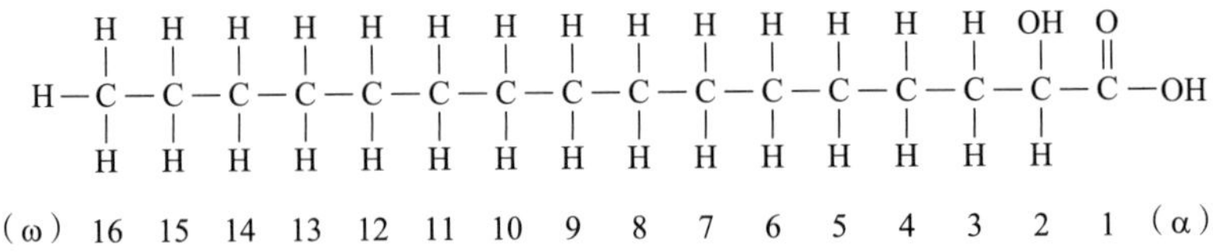

五、结果展示

以砖红薄层菌（*Hymenobacter latericoloratus*）YIM 77920^T，藤黄薄层菌（*Hymenobacter luteus*）YIM 77921^{T}及其参比菌株新疆薄层菌（*Hymenobacter xinjiangensis*）JCM 23206^{T}为例进行展示，文章投稿时，脂肪酸的结果可按照表 6-2 的格式进行整理。从结果可以看出，和参比菌株一样，砖红薄层菌（*Hymenobacter latericoloratus*）YIM 77920^T 和藤黄薄层菌（*Hymenobacter luteus*）YIM 77921^T 的主要脂肪酸成分是 $C_{16:1}$ *ω5c*、iso-$C_{15:0}$ 和 Summed Feature 4，与参比菌株新疆薄层菌（*Hymenobacter xinjiangensis*）JCM 23206^T 的主要脂肪酸成分一致。除此之外，砖红薄层菌（*Hymenobacter latericoloratus*）YIM 77920^T 和藤黄薄层菌（*Hymenobacter luteus*）YIM 77921^T 还含有一些带分支的脂肪酸成分。

表 6-2 砖红薄层菌（*Hymenobacter latericoloratus*）YIM 77920^T，藤黄薄层菌（*Hymenobacter luteus*）YIM 77921^T 及其参比菌株的脂肪酸成分

脂肪酸成分 /%	YIM 77920^T	YIM 77921^T	JCM 23206^T
Saturated			
$C_{12:0}$	Tr	ND	ND
$C_{14:0}$	0.52	0.60	Tr
$C_{15:0}$ 2-OH	ND	Tr	Tr
$C_{16:0}$	2.08	3.68	2.08
$C_{16:0}$ 3OH	0.58	Tr	Tr
$C_{17:0}$	Tr	Tr	ND
$C_{18:0}$ 10-methyl	ND	ND	Tr
Unsaturated			
$C_{13:1}$ at 12-13	ND	ND	Tr
$C_{16:1}$ *ω5c*	16.77	15.69	14.58
$C_{17:1}$ *ω6c*	Tr	ND	ND
Branched			
iso-$C_{13:0}$	Tr	ND	Tr
iso-$C_{15:0}$	32.94	32.15	41.44
iso-$C_{15:1}$ G	Tr	Tr	0.75
iso-$C_{15:0}$ 3 OH	2.37	2.10	2.31
anteiso-$C_{15:0}$	2.35	2.93	2.26

续表

脂肪酸成分 /%	YIM 77920^T	YIM 77921^T	JCM 23206^T
iso-$C_{16:0}$	0.58	0.51	0.6
iso-$C_{16:1}$ H	ND	ND	Tr
iso-$C_{17:0}$	6.67	6.9	6.13
iso-$C_{17:0}$ 3 OH	5.16	3.77	3.87
iso-$C_{18:0}$	ND	ND	Tr
Summed Feature 1	0.65	0.6	1.03
Summed Feature 2	0.52	0.55	Tr
Summed Feature 3	6.62	4.8	6.29
Summed Feature 4	20.51	23.71	16.54

注：ND 表示未检测到；Tr 代表含量小于 0.5%. Summed Feature 1 为 $C_{13:0}$ 3OH/$C_{15:1}$ i H；Summed Feature 2 为 $C_{16:1}$ iso I/$C_{14:0}$ 3OH；Summed Feature 3 为 $C_{16:1}\,\omega 6c$/$C_{16:1}\,\omega 7c$；Summed Feature 4 为 $C_{17:1}$ anteiso B/iso I。

在上述实验中需注意的是：①脂肪酸提取器皿必须使用专用玻璃器皿，如萃取离心管、胶头滴管等，尽量勿用塑料制品进行液体的吸取及转移，从而避免外源污染。②利用沸水浴或循环水浴，不要使用加热板或其他加热的方式，因为它们传热不充分；加热已拧紧的试管会产生压力可能使玻璃器皿破裂，建议加热时利用化学安全盖或利用塑料罩，全程穿戴安全护目镜；皂化完毕后不要立刻打开盖子，以防止试管内的液体喷溅出来；冷却时采用自然冷却或者放在流动水下冲洗，不建议冰浴。③甲基化时，水浴时间和温度最好精确控制，如果超过要求，可能会降解环丙烷复合物，从而改变脂肪酸图谱和峰的命名；在经过甲基化步骤后，不能停顿，要尽快进入下一步。④萃取时的萃取液是可燃的，使用时要熄灭所有可燃物和热源；在萃取完去除水相后，有机相可以在冷藏室中过夜。⑤脂肪酸萃取试剂尽量使用新鲜试剂或良好保存的试剂，避免试剂影响提取效果。⑥样品在稀碱中可能降解，所以在碱洗涤后要迅速移出上层液。

第三节 肽聚糖分析

肽聚糖由聚糖链、四肽尾及肽桥组成。在肽聚糖中，聚糖链的结构十分保守，都是由 N- 乙酰胞壁酸和 N- 乙酰葡糖胺交替连接组成，但聚糖链的长度、分布及双糖单位的化学修饰在不同微生物中会有所不同。早在 50 年代 Milton R. J. Salton 等就将胞壁肽聚糖用于细菌分类。革兰氏阴性菌肽聚糖的肽链部分氨基酸组成与顺序的变化不大，因此革兰氏阴性菌一般不做肽聚糖的分析。在革兰氏阳性菌中，肽聚糖的多样性主要体现在四肽尾和肽桥上。四肽尾的第一个氨基酸残基通常是

L-Ala，在极少数细菌种类中，这个氨基酸残基会被替换成 Gly 或者 L-Ser；四肽尾的第二个氨基酸残基基本是 D-Glu，有时会被 D-isoGln 所代替；四肽尾的第四个氨基酸残基基本是 D-Ala；发生变异最多的是四肽尾的第三个氨基酸残基。肽聚糖的四肽尾之间会出现交联，然后构成大分子的网状结构。四肽尾的交联分直接交联和间接交联，直接交联通常发现在多数革兰氏阴性菌种。大量研究表明，对革兰氏阳性菌株来说，第一种交联类型是 3–4 交联（A 组），这种交联类型发生在一条四肽尾第三位的氨基酸和相邻四肽尾第四位的氨基酸之间。这种交联类型是细菌细胞壁肽聚糖中最常见的交联类型，这种交联可以以直接交联的方式（A1 组），也可以以间接交联的方式存在（A2，A3 和 A4 组）。根据肽尾第三个氨基酸残基种类的不同，上述 4 种分组又可分为三种类型，α 型的第 3 位为 L- 赖氨酸（L-Lys），β 型的第 3 位为 L- 鸟氨酸（L-Orn），γ 型的第 3 位为二氨基庚二酸（L-DAP）。第二种交联类型是 2–4 交联（B 组），这种交联发生在一个肽尾上第 2 位氨基酸与另一个相邻肽尾上第 4 位氨基酸之间，这种交联方式比较少见，属于间接交联。B 组又可分为 2 个亚组（B1 和 B2），B1 亚组的肽桥含一个 L 型二氨基氨基酸，B2 亚组的肽桥含一个 D 型二氨基氨基酸。根据四肽尾的结构及交联方式可以将肽聚糖的类型总结如表 6–3 所示。

表 6–3 肽聚糖类型

类群	交联位置	交联方式	类型	3 位氨基酸	说明
A 群	3–4 交联	直接交联	A1a	L–Lys	无肽桥
			A1b	L–Orn	
			A1r	L–DAP	
		间接交联	A2	L–Lys	肽桥由数个氨基酸组成
			A3a	L–Lys	肽桥由 Gly 或者单羧基 L-氨基酸组成
			A3b	L–Orn	
			A3r	L–DAP	
			A4a	L–Lys	肽桥含一个二羧基氨基酸
			A4b	L–Orn	
			A4r	L–DAP	
B 群	2–4 交联	间接交联	B1a	L–Lys	肽桥含一个 L 型二氨基氨基酸
			B1b	L–Hsr	
			B1r	L–Glu	
			B1 δ	L–Ala	
			B2a	L–Orn	肽桥含一个 D 型二氨基氨基酸
			B2b	L–Hsr	
			B2r	L–Dab	

氨基酸组分可用薄板层析（TLC）和高效液相色谱（HPLC）方法进行分析。前者只能定性，后者能定性与定量。目前大部分研究机构可应用薄层层析（TLC）和高效液相色谱（HPLC）方法对肽聚糖中的氨基酸组分进行分析，而四肽尾之间的连接方式目前只有德国微生物菌种保藏中心（DSMZ）能检测。

一、全细胞壁氨基酸的分析

DAP 的检测需借助全细胞氨基酸的分析方法，主要参照 Staneck 和 Hasegawa 等提供的方法。

1. 菌体水解：取适量菌体装入硬质安瓿管中，加入 0.2 mL 6 mol/L 的 HCl，封口，120℃砂浴水解 12 h 左右，水解液以茶褐色为宜。

2. 标样的准备：用 0.1 mol/L 的盐酸将同时含有 LL–DAP、*meso*–DAP 和 DD–DAP 的 DAP 标准品（Sigma）配制成终浓度为 5 mmol/L 的溶液，用于后续的实验。

3. 点样：取 10 μL 水解液点样于 10 cm × 20 cm 的纤维素 TLC 层析板（Merck）上；同时取 5 μL 上述标准溶液点样于相同的层析板。

4. 展层：配制展层液［甲醇：吡啶：冰乙酸：水 ＝10：1：0.25：5（*V*/*V*）］，将点好样的层析板按照上行法展层 2 次，第一次展层结束后必须风干才能进行第二次展层，且第二次展层高度要大于第一次。

5. 显色：展层结束后，在层析板上喷 0.4% 茚三酮丙酮溶液，然后 100～110℃加热 2～3 min（蓝色）（注意避免时间过长），最后根据标样的位置来判断所检测样品中 DAP 的有无及类型。

6. 结果分析：以嗜盐张利平菌（*Lipingzhangella halophila*）EGI 80537[T] 及其标准菌株为例，根据标样的位置，可以看出，菌株 EGI 80537[T] 不含 DAP，而其标准菌株含有 *meso*–DAP（图 6–6）。

需要注意的是：①水解时，安瓿管要封好，避免盐酸挥发影响后续实验。②展层液有强烈的刺激性气味，需在通风橱进行操作。③展层时注意时间，以免样品跑出展层板导致实验失败。

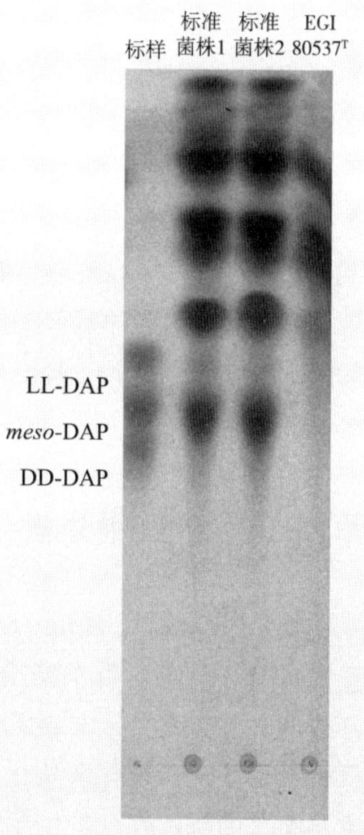

图 6–6 嗜盐张利平菌（*Lipingzhangella halophila*）EGI 80537[T] 及其标准菌株的 DAP 结果

二、纯细胞壁氨基酸的分析

对于不含 DAP 的微生物，则需按照纯细胞壁氨基酸的分析方法来进行其氨基酸组分的分析。其中纯细胞壁水解液的获取主要参照 Karl H. Schleifer 和 Otto Kandler 的方法进行了修订，具体如下：

1. 细胞壁水解液的获得

（1）取干菌体约 300 mg，加 1.5 mL 1% NaCl，浸泡 10 min，或湿菌体约 1 g 加 0.05 mol/L（pH7.2）PBS 7 mL，46W 超声波破壁 10 min。

（2）将上述溶液 12 000 *g* 离心 40 min 弃上清液，加 4% SDS 1 mL 溶解，室温过夜或 100℃水浴 40 min，溶液变清亮即可。

（3）再将溶液 12 000 *g* 25℃离心 4 次，每次 15 min，离心后弃上清液每管加 1.5 mL 无菌超纯水，最后一次留 1/3 的上清液。

（4）将剩余的上清液与沉淀混匀（用吸头吹打），移入安瓿管中，65℃烘干后每管加 200 μL 6 mol/L HCl，封口 100℃水解过夜。

5）13 000 *g* 离心 5 min，取上清液，用 0.2 μm 过滤器过滤上清液至 EP 管。

2. 衍生

（1）配制 0.1 mol/L 的硼酸溶液。

（2）取 10 μL 上述水解液及 10 μL 氨基酸标准品（Sigma），分别溶于 30 μL 上述硼酸溶液及 10 μL 的 OPA 衍生剂中，室温下反应 50 s，然后采用液相色谱进行检测。

3. 检测条件

（1）仪器：高效液相色谱；

（2）色谱柱：ZORBAX Eclipse-AAA（4.6 mm × 150 mm，3.5 μm）；

（3）检测器：2998 PDA 检测器；

（4）检测波长：338 nm；

（5）洗脱条件：1.0 mL/min，40℃；

（6）流动相：A-0.05 mol/L 的 CH_3COONa 和 0.3% 的四氢呋喃（tetrahydrofuran），B- 乙腈：甲醇 = 1：1（梯度洗脱 0-50%-50%，0-25 min-30 min）。

4. 结果分析

以耐盐鸟氨酸球菌（*Ornithinicoccus halotolerans*）菌株 EGI 80423^T（图 6-7）为例，根据标品的保留时间，菌株 EGI 80423^T 所含的氨基酸成分为谷氨酸（Glu）、丙氨酸（Ala）和鸟氨酸（Orn）。

操作中需注意的是：①水解时，安瓿管要封好，以免盐酸挥发影响后续实验。②标品和待测样品需一起衍生。

第四节 呼吸醌分析

类异戊二烯醌（Isoprenoid quinone）是存在于几乎所有已知生命体中的膜结合化合物，只有少数发酵型细菌和甲烷八叠球菌目（*Methanosarcinales*）的产烷古菌丧失了合成类异戊二烯醌的能力。类异戊二烯醌可分为呼吸型和光合型两类，其在电子传递、氧化磷酸化和主动运输等方面发挥着重要作用。此外，还原态的类异戊二烯醌还在保护细胞膜免受脂质过氧化反应和活性氧损伤方面扮演着重要

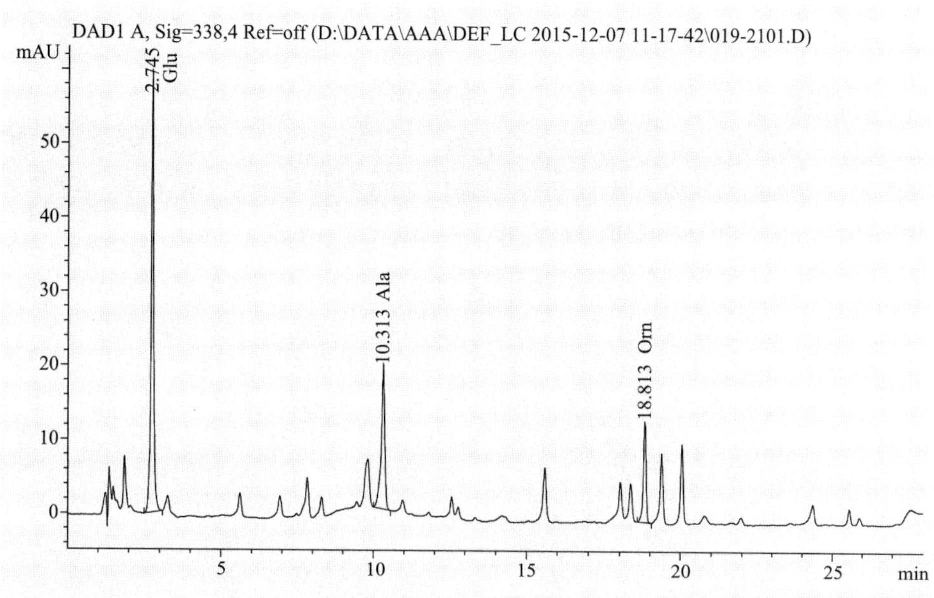

图 6–7　耐盐鸟氨酸球菌（*Ornithinicoccus halotolerans*）EGI 80423ᵀ 的氨基酸成分

角色。侧链的巨大变化（长度、饱和度和氢化程度的差异）造就了类异戊二烯醌丰富的化学结构多样性，这也使其可作为重要的原核生物化学分类特征。其中，甲基萘醌（menaquinone，MK）和泛醌（ubiquinone，Q）是原核生物中最主要的两种具有生物学功能的呼吸醌类。

甲基萘醌以苯酚为核心，泛醌以苯环为核心。尽管分子骨架不同，但二者均有相同的五碳聚异戊二烯侧链。根据异戊二烯单位的长度和侧链中的双键个数，甲基萘醌和泛醌分别被命名为 MK–*n*（H*x*）和 Q–*n*（H*x*）。此外，甲基萘醌存在于革兰氏阳性菌和个别革兰氏阴性菌中，而泛醌的存在局限于 α–、β– 和 γ– 变形菌纲中。值得注意的是，很多微生物除了含有一类主要醌型外，也含有少量其他醌类，但主要的醌型相对稳定，通常不会因生理条件的变化而改变。

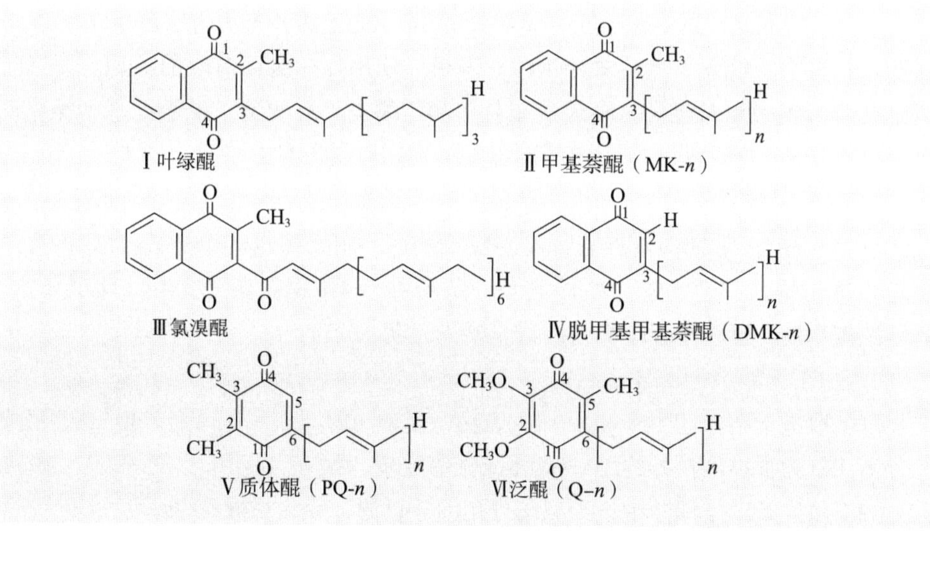

图 6–8　不同醌型的分子结构

一、主要仪器与试剂

1. 仪器耗材

摇床、三角瓶、离心机、磁力搅拌器、真空冻干机、滤纸、GF254 硅胶板（100 mm × 200 mm）、膜过滤器（0.22 μm）、高效液相色谱仪（图 6–9）、旋转蒸发仪（图 6–10）、微量移液器和吸头等。

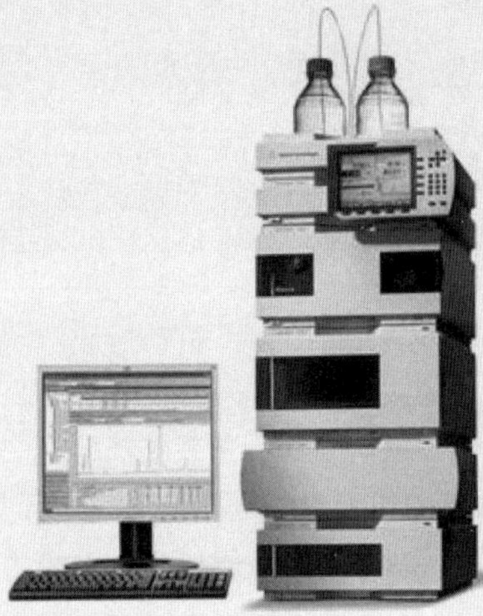

图 6–9 高效液相色谱仪

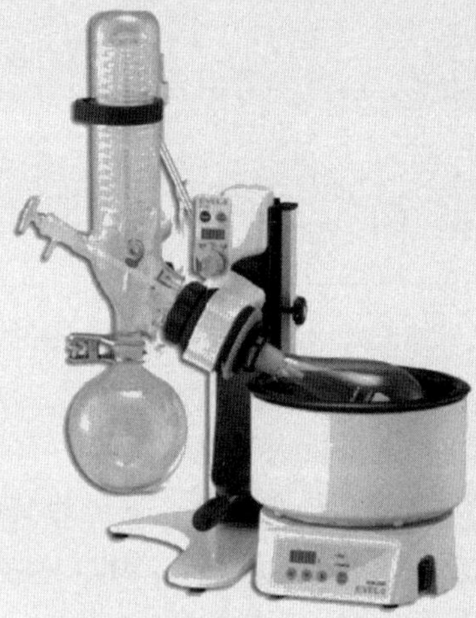

图 6–10 旋转蒸发仪

2. 试剂

呼吸醌提取试剂：氯仿、甲醇、丙酮、甲苯和异丙醇。试剂均为分析纯。

HPLC 检测试剂：甲醇（色谱纯）、异丙醇（色谱纯）和超纯水。

视频 6-3
呼吸醌分析

二、醌样品的制备

甲基萘醌和泛醌的定量分析主要参照 Collins 的方法，先用薄层层析法（TLC）对醌进行分离、纯化，然后采用 HPLC 分析，使用外标法比对醌的类型，并通过测定其峰面积来相对定量。高效液相色谱测定醌类具有快速、灵敏度高和操作简单等优点，是一种醌类组分测定的理想方法。样品制备方法如下。

1. 菌体收集

取 100 mL 稳定期的培养液，离心收集菌体，用无菌水洗涤 2 ~ 3 次，离心后真空冷冻干燥。如暂不进行醌的制备，菌粉可于 4℃密封避光保存（醌属于水、光敏感型物质，操作过程中需注意尽量避光、防水）。

2. 醌的提取与纯化

（1）取冻干菌体约 100 mg，加入氯仿 : 甲醇（2 : 1，*V*/*V*）溶液 40 mL，避光条件下用磁力搅拌器搅拌约 10 h 或摇床振荡过夜。

（2）将滤纸置于漏斗中，于黑暗处用漏斗过滤，收集滤液。

（3）用旋转蒸发仪 40℃减压蒸馏滤液至干燥。

（4）取 1 mL 丙酮重新溶解干燥物，即得呼吸醌样品。

（5）以长条状点样在经 65℃活化 30 ~ 60 min 的 GF254 硅胶板上。同时在一端点维生素 K 做对照。

（6）以甲苯作展层剂，展层约 20 min。

（7）取出风干后在紫外灯（波长 254 nm）下观察，使用铅笔勾画出醌所在位置的轮廓（图 6–11）。在绿色荧光背景下呈暗褐色且与维生素 K 位点齐平的带即为甲基萘醌的位置（相对迁移率 R_f = 0.7 ~ 0.8）。若在 R_f = 0.4 ~ 0.5 的位置有暗褐色的带则为泛醌组分。

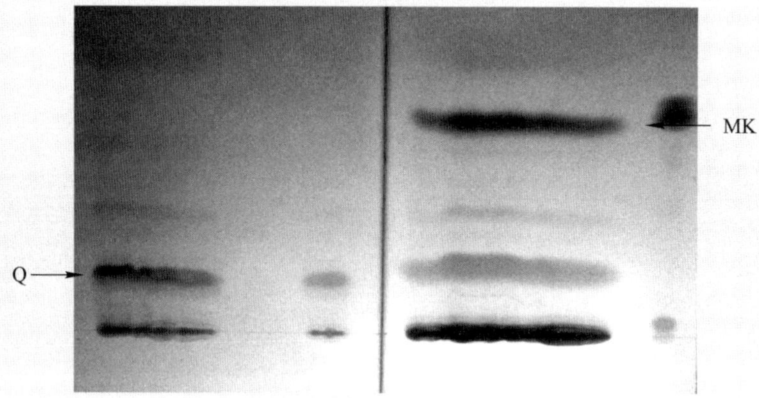

图 6–11 泛醌（左）与甲基萘醌（右）的薄层层析

（8）刮下显色的条带，加入 1 mL 丙酮溶解。然后用膜过滤器（0.22 μm）过滤去除硅胶，收集滤液（可适当浓缩至 200 ~ 300 μL），即得醌类组分的丙酮溶液。置于 4℃避光保存备用。

三、高效液相色谱（HPLC）检测

使用反相 HPLC 法进行呼吸醌组分的测定和分析。色谱条件如下：

1. 仪器：高效液相色谱；
2. 色谱柱：C18（4.6 mm × 250 mm，5 μm）；
3. 检测器：2998 PDA 检测器；
4. 检测波长：270 nm；
5. 洗脱条件：1.00 mL/min，40℃；
6. 流动相：甲醇 : 异丙醇（2 : 1，V/V）。

四、结果分析

在上述的色谱条件下对已制备好的醌 – 丙酮溶液进行检测，将待测醌样品与标准品图谱对照，同时与邻近参比菌株样品进行比较，从而确定待测菌株中各个醌类的组分。呼吸醌的含量按峰面积百分比（%）进行计算。以土居麻风树

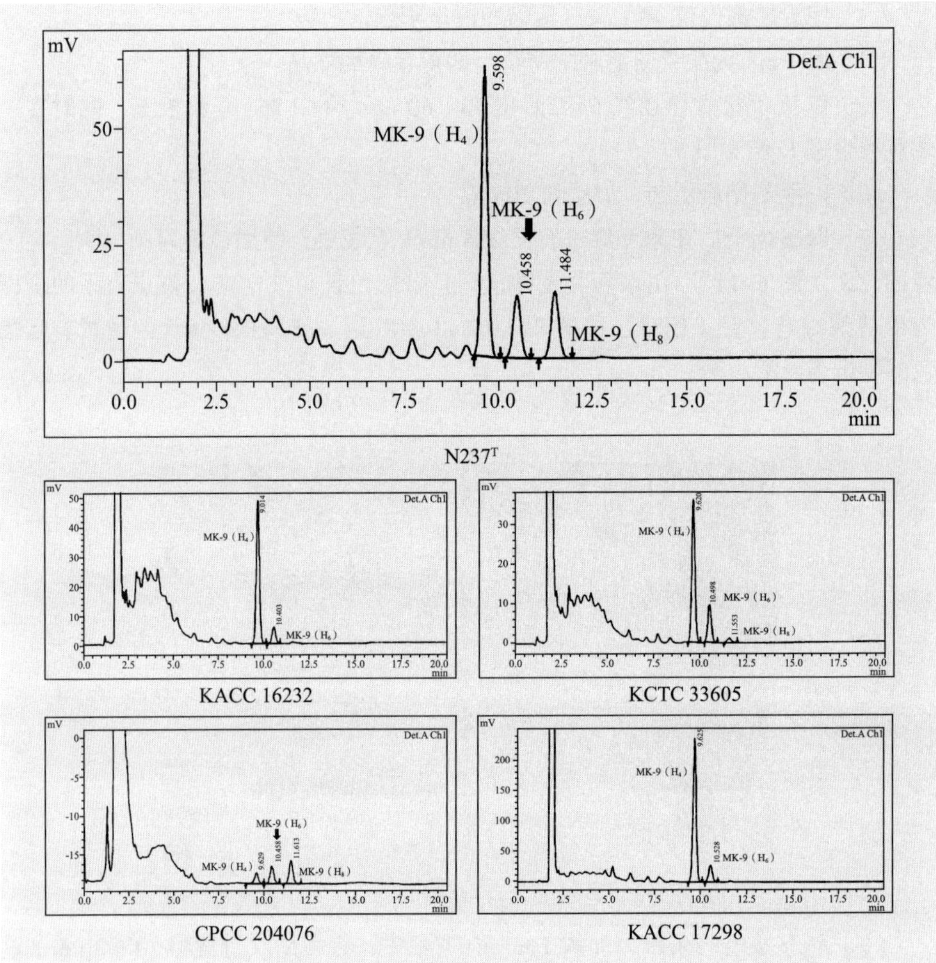

图 6–12 土居麻疯树菌（*Jatrophihabitans telluris*）N237^T 及其邻近参比菌株的醌组分高效液相色谱分析结果

菌（*Jatrophihabitans telluris*）N237^T 及其邻近参比菌株的醌型图谱分析为例（图 6–12）。经高效液相色谱分析，菌株 N237^T 细胞中提取的醌组分主要为 3 种甲基萘醌（MK）类型：① MK–9（H_4），保留时间为 9.598 min；② MK–9（H_6），保留时间为 10.458 min；③ MK–9（H_8），保留时间为 11.484 min。

需注意的事项是：①由于甲基萘醌和泛醌极易氧化，在提取和保存中应避免强光直射及强氧化环境，勿接触酸、碱和水，尽量缩短提取纯化时间，在提取完成后也应尽快完成检测，长时间保存必须保持干燥。②在 TLC 板上分离纯化的醌条带不能在紫外灯下长时间照射，以免降解。③ HPLC 实验均应选择高纯度（色谱级）溶剂，同时需使用超纯水配制流动相。所有溶剂均需用 0.45 μm 的滤膜过滤，流动相在进入 HPLC 系统前应脱气处理。

第五节 全细胞水解糖分析

全细胞水解糖分析是放线菌化学分类的重要指征，对其准确快速的测定对放线菌的分类鉴定有着重要意义。全细胞水解糖分析是通过破碎细胞释放其内的糖类物质，然后利用酶或化学方法将这些糖水解为更小的分子，接着通过提取和纯化步骤去除杂质，富集目标糖类。随着化学和物理检测技术的不断发展，全细胞水解糖的分析方法也在不断改进。最初，研究者主要采用纸色谱法对全细胞水解糖进行分析，但该方法耗时长，程序步骤复杂；随后，薄层层析法（Thin layer chromatography，TLC）应用于全细胞水解糖的定性分析中，但该方法分辨能力较低，分析时间较长，且在色谱展层或检测过程中，样品容易蒸发和氧化，因此不利于易挥发、易氧化样品的分析；随着学科的交叉，借助仪器进行分析推动了化学分类的发展和不断完善，目前，也多采用液相色谱法对全细胞水解糖进行定性和定量分析，从而得出全细胞水解糖的种类与含量信息。

Mary P. Lechevalier 最初通过研究认为阿拉伯糖、半乳糖、马杜拉糖以及木糖是特征性的全细胞水解糖，并将放线菌的全细胞水解糖分为 A、B、C、D 四种类型（表 6–4），也有学者建议将只含半乳糖的放线菌定为 E 型。随着分离方法的不断改进，研究者从环境中分离到了越来越多的放线菌，从这些放线菌全细胞水解糖的分析结果来看，无法找出特征性糖与非特征性糖的差异，也不能通过含量的多少来对放线菌的类型进行划分。因此，现在在全细胞水解糖的鉴定时，大多只说明水解糖的种类及含量，而不强调具体的类型。

表 6–4　放线菌全细胞水解糖的主要类型

糖类型	主要成分	代表属
A	Arabinose，Galactose	*Nocardia*
B	Madurose	*Actinomadura*
C	none	*Thermoactinomyces*（现已不属于放线菌）
D	Xylose，Arabinose	*Micromonospora*

一、薄层层析法

1. 菌体制备：从培养好的菌种斜面或平板刮取适量菌体，装入硬质安瓿管中，加入新鲜配制的 0.5 mol/L HCl，封口，120℃水解 1 ~ 2 h，用于糖分析的水解液以黄棕色为宜。

2. 点样：取 10 ~ 15 滴水解液点样于默克（Merck）纤维板上，标准品需点于同一块板上。标准品是同时含有 1% 鼠李糖、核糖、木糖、阿拉伯糖、甘露糖、葡萄糖和半乳糖的混合液，马杜拉糖单独配制成 1% 的浓度存放在 –20℃冰箱中。

3. 展层：用于全细胞水解糖组分分析的展层液为正丁醇：吡啶：甲苯：水 = 10：6：1：6（*V*/*V*）。展层液的高度不能超过点样点。采用上行法进行 2 次展层，第一次展层结束后，纤维素板中，配制成显色剂，必须风干后才能进行第二次展层，且第二次展层高度要大于第一次展层高度。

4. 显色：将 1.66 g 邻苯二甲酸和 0.93 g 苯胺溶解于 100 mL 水饱和的正丁醇。

将显色剂均匀喷洒于纤维素板上，120℃加热 3～4 min。标准层析图谱依 Rf 值由小到大依次为半乳糖、葡萄糖、甘露糖、阿拉伯糖、木糖、鼠李糖，其中木糖、阿拉伯糖与核糖呈粉红色，其余糖呈褐黄色。

5. 根据标品的位置及待测样品中全细胞水解糖的位置，确定待测样品中全细胞水解糖的组分。

二、液相色谱法

1. 提取方法

（1）从培养好的菌种中取适量菌体装入安瓿管中，然后加入 0.5 mol/L HCl（200 μL），120℃砂浴 3～4 h，用于糖分析的菌液以黄棕色为宜。

（2）取上述水解液于一干净的 EP 管中，用碱液（NaOH，0.5～2 mol/L）将样品的 pH 调至中性。

（3）取 160 μL 上述中性水解液至新的 EP 管中，加 160 μL 1–苯基–3–甲基–5–吡唑酮（1-phenyl-3-methyl-5-pyrazolone，PMP）和 160 μL 0.2 mol/L 的 NaOH，涡旋或手摇 30 s，70℃水浴 30 min；取出自然冷却至室温，加 160 μL 0.2 mol/L 的 HCl 至中性，涡旋 30 s。

（4）用 0.5 mL 乙酸异戊酯萃取 30 s，8 000 *g* 离心 5 min，弃上层，取下层于新的 EP 管中，重复该步骤一次。

（5）加 0.5 mL $CHCl_3$（三氯甲烷）涡旋 30 s，8 000 *g* 离心 5 min，取上清液，重复该步骤后，4℃保存。

（6）用有机系滤膜进行过滤，滤液供分析使用。

2. 分析条件

（1）仪器：高效液相色谱；

（2）色谱柱：ZORBAX Eclipse XDB-C18（4 mm × 250 mm，5 μm）；

（3）检测器：2998 PDA 检测器；

（4）检测波长：250 nm；

（5）洗脱条件：1.0 mL/min，40℃；

（6）流动相：A∶B = 17∶83（A：乙腈；B：pH6.9 的乙酸钠）。

3. 结果分析与展示

按上述条件对已制备好的细胞水解糖提取液进行检测，将待测样品与标准品图谱对照，从而确定微生物中各水解糖的组分。以解纤维马杜拉（*Actinomadura cellulosilytica*）菌株 YIM 77510^T 的全细胞水解糖图谱分析为例（图 6–13）。经由高效液相色谱分析，菌株 YIM 77510^T 的全细胞水解糖有甘露糖（Man）、鼠李糖（Rham）、葡萄糖（Glu）和马杜拉糖（Madura）。

需注意的是：①砂浴时，安瓿管的口要封严，否则砂浴过程中 HCl 会挥发掉，从而影响后续的实验；②衍生时，标品和待测菌株的提取液需要一起进行衍生。

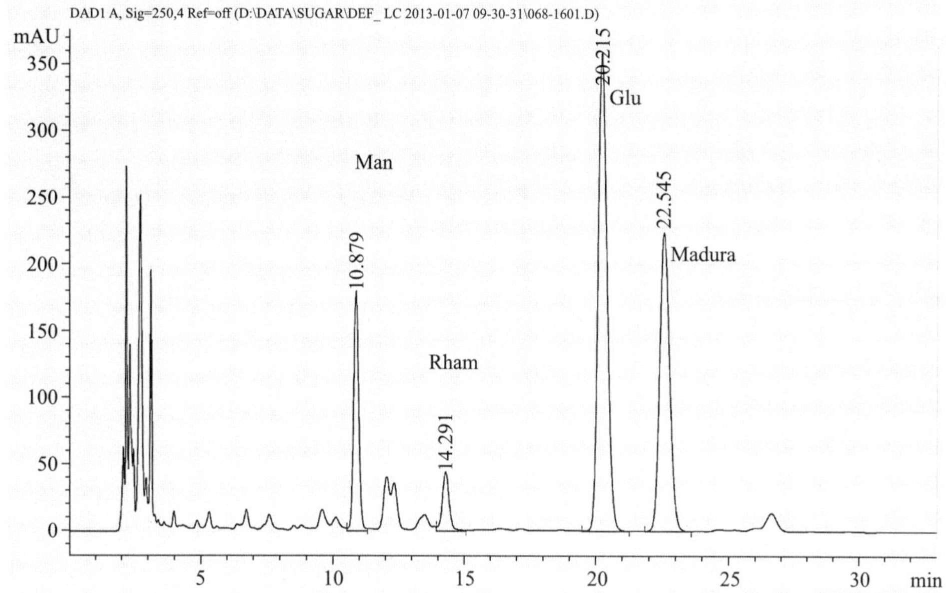

图 6–13 解纤维马杜拉（*Actinomadura cellulosilytica*）菌株 YIM 77510^T 的细胞水解糖成分

第六节 枝菌酸分析

枝菌酸（Mycolic acid），也称为分枝菌酸，是一类 α- 烷基 -β- 羟基高分子脂肪酸，最早在结核分枝杆菌（*Mycobacterium tuberculosis*）中发现。枝菌酸与索状因子（Cord factor）相结合，和肽聚糖层共同构成了分枝杆菌及相关类群的细胞壁结构，对细菌的致病性和抗逆能力发挥重要作用。由于部分分枝杆菌的枝菌酸在常温下为蜡状，被酸性复红染色后，不能再被盐酸、乙醇脱色，因此也被称为抗酸细菌。在抗酸细菌的细胞壁中含有约 60% 的类脂（包括枝菌酸和索状因子等），肽聚糖含量则很少，从其类脂外壁层和肽聚糖内壁层的结构来看，与革兰氏阴性菌的细胞壁更为相似（图 6–14）。目前发现，含有枝菌酸的细菌基本都分布在分枝杆菌目（*Mycobacteriales*），因此，枝菌酸的有无和分子特性（长度）是分枝杆菌、诺卡氏菌等分类必不可少的化学指征。其分子式如图 6–14b 所示，与其相关的合成代谢通路也已被初步阐明。根据分子中所含碳原子数目的多少，早期人们将枝菌酸分作四类：约含 80 个碳原子的分枝杆菌枝菌酸（Mycobcteomycolic acid）；约含 60 个碳原子的诺卡氏枝菌酸（Nocardomycolic acid）；约含 40 个碳原子的红球菌枝菌酸（Rhodomycolic acid）和约含 30 个碳原子的棒状杆菌枝菌酸（Corynomycolic acid）。但随着新的相关细菌类群被分离培养，研究者发现枝菌酸的碳链长度在不同种属之间呈现出了一种连续变化的趋势（表 6–5）。

枝菌酸的检测有多种方法，以下以薄层层析法（Thin layer chromatography，TLC）为例，介绍枝菌酸的提取与检测方法。

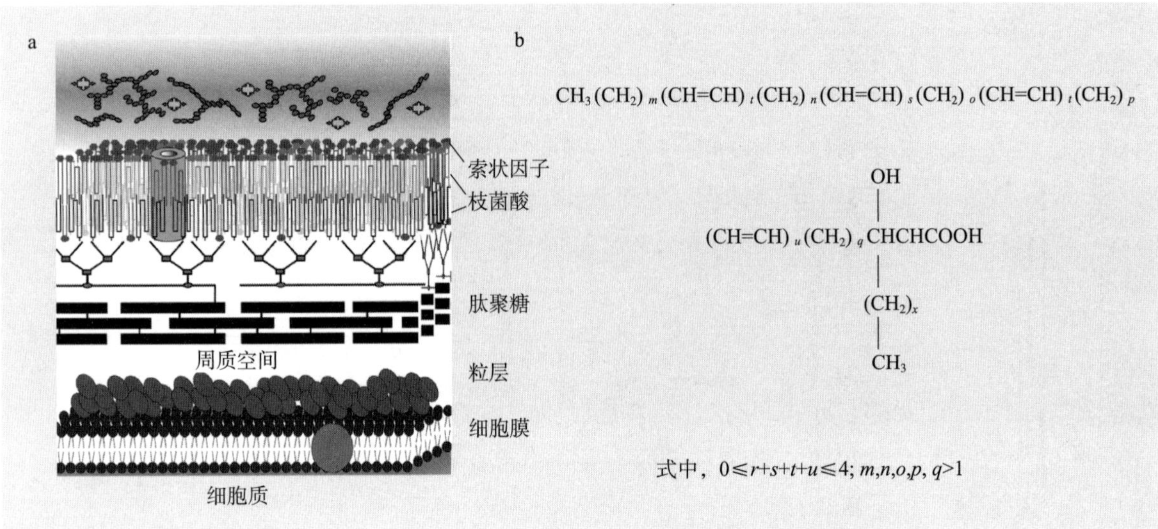

图 6–14 分枝杆菌的细胞壁结构（a）及枝菌酸化学式（b）（引自 Marrakchi et al., 2014）

表 6–5 分枝杆菌目不同属的枝菌酸特征

属	碳链	不饱和度
Corynebacterium	22 ~ 36	0 ~ 2
Dietzia	34 ~ 38b	0，1
Hoyosella	30 ~ 35b	0，1
Amycolicicoccus	30 ~ 36b	0，1
Rhodococcus	30 ~ 54	0 ~ 2
Tomitella	42 ~ 52	/
Smaragdicoccus	43 ~ 49	/
Millisia	44 ~ 52	/
Williamsia	50 ~ 56	/
Nocardia	46 ~ 60	0 ~ 3
Skermania	58 ~ 64	2 ~ 6
Gordonia	46 ~ 66	1 ~ 4
Tsukamurella	64 ~ 78	1 ~ 6
Mycobacterium	60 ~ 90	1，2
Segniliparus	60 ~ 100	1 ~ 3

一、菌株的培养与收集

作为细胞壁的重要组分，枝菌酸成分大多是在微生物培养的对数后期稳定下来的，因此在对微生物进行鉴定时，建议在最适培养条件下收集对数后期的细胞进行实验。值得注意的是，做枝菌酸鉴定时，参比菌株及待发表菌株的培养条件需一致，以保证数据的可比性。将菌株培养好后，收集约 50 mg 的菌体置于螺口玻璃管中备用。

二、枝菌酸的提取

枝菌酸的提取步骤如图 6–15 所示：

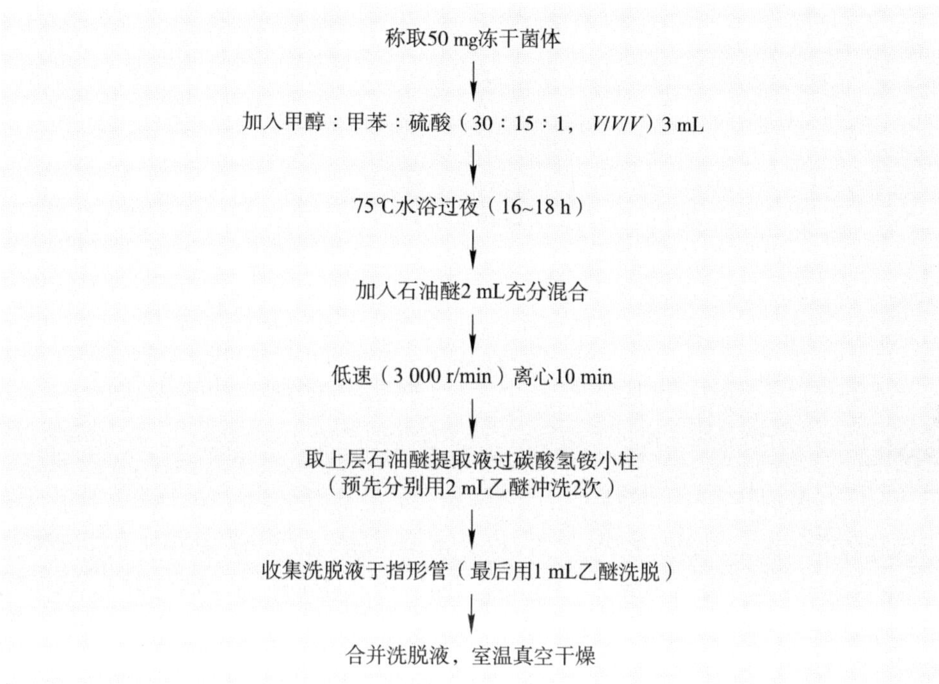

图 6–15 枝菌酸的提取步骤

三、枝菌酸的检测

1. 选用默克（Merck）5735 硅胶板，用前 110℃活化干燥 30 min。
2. 按 95：5（V/V）的比例将石油醚与丙酮混合，配制成展层剂。
3. 将上述干燥后的样品用石油醚溶解，然后点样。
4. 将板置于展层剂中单向展层。
5. 显色：用碘熏蒸或 10% 磷钼酸铵乙醇液喷雾显色。

四、结果分析

单向展层的结果如图 6–16 所示，除了显示是否含有枝菌酸外，成分差异较大的菌株会表现出不同的图谱模式，通常 R_f 值较大的显色点为碳原子较少的枝菌酸。

五、其他方法

1. 气相色谱分析

将甲基化的枝菌酸酯注入有热裂解头的气相色谱仪，其受热裂解成脂肪甲基脂和醛两部分：

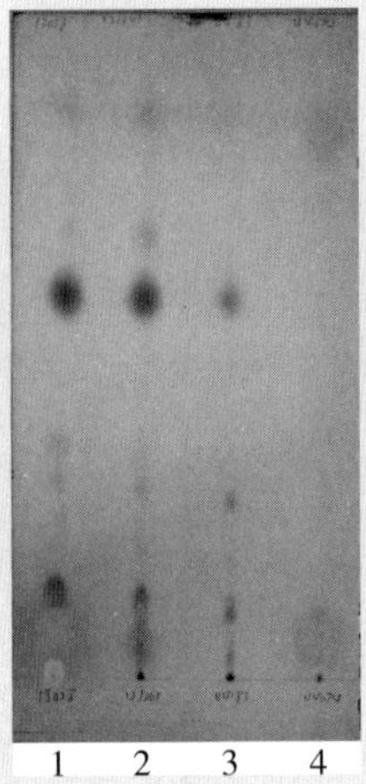

图 6–16 枝菌酸单向展层显色结果示例 1. 沉积物分枝杆菌（*Mycobacterium sediminis*）YIM 13028^T；2. 阿拉伯分枝杆菌（*Mycobacterium arabiense*）YIM 121001^T；3. 新金分枝杆菌（*Mycobacterium neoaurum*）DSM 44074^T；4. 霍氏分枝杆菌（*Mycobacterium hodleri*）DSM 44183^T

彩图

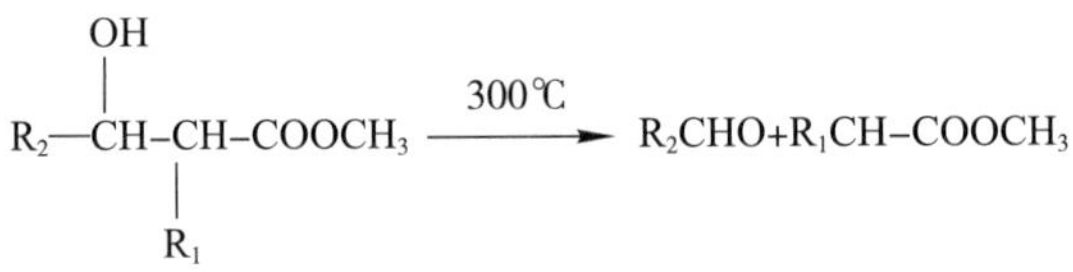

分枝杆菌的枝菌酸裂解后产生的直链脂肪酸甲基脂有 22 ~ 26 个碳原子；而诺卡氏枝菌酸和棒状杆菌枝菌酸只产生 12 ~ 18 个碳原子的短链脂肪酸甲基脂。也可以根据诺卡氏菌枝菌酸热解产生的醛部分有较多的碳原子（C22 ~ C38），从而区分较少碳原子（C16 ~ C18）的棒状杆菌枝菌酸。不同种属的细菌所含枝菌酸的组成恒定，且各不相同。

2. 高效液相色谱（HPLC）分析

HPLC 也可以用于枝菌酸的分析，并可以通过分析谱图的差异或其中的特异信号对不同的种进行区分和鉴定。该方法在分枝杆菌属应用最为频繁，也是近二十年分枝杆菌属新种鉴定时枝菌酸分析最为常用的技术手段。另外，商品化的 SMIS（Sherlock Mycobacteria Identification System）系统专门用于结核分枝杆菌的鉴定（美国 MIDI 公司）。

第七节 多胺的检测

多胺（Polyamine）广泛分布于大多数原核生物中，且其浓度含量在不同微生物类群中变化明显。然而，在一些极端嗜盐的古菌中，这种特殊的细胞成分或是缺失，或是微量存在。大量研究表明，多胺可能通过特异性和非特异性地与 DNA 相互作用，以稳定其结构和构象，并影响基因的表达；多胺作为带正电的分子，能够与细胞膜中的负电荷磷脂相互作用，从而增强细胞膜的稳定性和流动性，并能够维持细胞膜稳定性，让其对外界渗透压力变化响应，对维持微生物细胞的结构完整性和功能活动至关重要。一些嗜盐微生物，如溶藻弧菌

（*Vibrio alginolyticus*）、副溶血性弧菌（*Vibrio parahaemolyticus*）、海洋盐单胞菌（*Halomonas marina*）和需盐红海菌（*Rhodothalassium salexigens*），其细胞内多胺含量与培养基中的盐度成反比。

1979 年，山本等发现三种弧菌属（*Vibrio*）和三种贝内克氏菌属（*Beneckea*）中存在三胺化合物——3,3′- 二氨基二丙胺（*sym*-norspermidine）。1980 年，鲍曼等提出了将所有贝内克氏菌属物种重新分类到弧菌属。随后，山本等发现其他弧菌属的物种中也有 3,3′- 二氨基二丙胺的存在，而这种多胺在气单胞菌属和邻单胞菌属以及两种弧菌属物种中的缺失。费氏弧菌（*Vibrio fischeri*）和肋生弧菌（*Vibrio costicola*），后来分别被重新分类为另类弧菌属（*Aliivibrio*）和盐水弧菌属（*Salinivibrio*）的物种。最终，山本等证实了 3,3′- 二氨基二丙胺是弧菌属（*Vibrio*）物种的一个共同特征。

1998 年，Hans J. Busse 等针对变形菌门（现更名为假单胞菌门）中多个纲中的代表物种展开综合性研究，结果表明，这些类群中可以发现几种不同的多胺类型，这些多胺类型的差异与变形菌门中微生物的分类密切相关。其中 β- 变形菌纲物种含有不寻常的二胺——2- 羟基腐胺（2-hydroxyputrescine）。通常多胺的含量对于分类学来说不太重要，而多胺的类型则具有重要的分类学意义。例如，巴氏杆菌属（*Pasteurella*）的相关物种都含有少量的 3,3′- 二氨基二丙胺，而这种多胺在巴氏杆菌科（*Pasteurellaceae*）中其他菌属的物种中并不存在。因此，多胺作为一种重要的细胞成分具有重要的分类学意义。目前，原核生物中的主要多胺类型如表 6-6 所示。

表 6-6　细菌常见的多胺类型

结构	名称	缩写
$H_2N-(CH_2)_3-NH_2$	1,3-Diaminopropane	DAP，C3
$H_2N-(CH_2)_4-NH$	Putrescine	PUT，C4
$H_2N-CH_2-CHOH-(CH_2)_2-NH$	2-Hydroxyputrescine	HPUT，OH-C4
$H_2N-(CH_2)_5-NH$	Cadaverine	CAD，C5
$H_2N-(CH_2)_3-NH-(CH_2)_3-NH_2$	*sym*-Norspermidine	NSPD，C3C3
$H_2N-(CH_2)_3-NH-(CH_2)_4-NH_2$	Spermidine	SPD，C3C4
$H_2N-(CH_2)_4-NH-(CH_2)_4-NH_2$	*sym*-Homospermidine	HSPD，C4C4
$H_2N-(CH_2)_3NH(CH_2)_4-NH(CH_2)_3-NH$	Spermine	SPM，C3C4C3

一、实验方法

基于 1988 年 Hans J. Busse 等的研究结果表明，不同培养基成分对于微生物多胺的定性分析影响较小。因此，一般选用大豆蛋白胨酵母浸粉培养基（PYE）（0.3% 酪蛋白酶水解蛋白胨，0.3% 酵母提取物，pH 为 7.2）来培养微生物。鉴于不同微生物类群营养生长的需求，可以通过改变 PYE 的浓度而实现不同营养需求微生物的培养，并添加 NaCl 以适应嗜盐生物，或添加特定的碳源来增加不同微生物的培养。此外，微生物菌体中不同多胺的含量与其生长周期密切相关，对数生长期的菌体多胺含量高，而在平台期的含量会大幅降低。多胺通常利用高氯酸进行提取，通过高效液相色谱法进行定量分析。

下面对多胺的提取和分析方法进行概括：

1. 离心收获对数生长期的新鲜菌体，并用生理盐水溶液（0.9% NaCl）洗涤一次。

2. 将收集并清洗后的菌体冻干，取 40 mg 转移到螺口玻璃试管。

3. 加入内标 1,8- 二氨基辛烷（1 μmol/40 mg 冻干菌体）和 1 mL 高氯酸（$HClO_4$，0.2 mol/L）。

4. 拧紧螺口玻璃管，100℃下孵育 30 min，随后振荡 15 min 充分混匀。

5. 离心去除细胞碎片。

6. 取 200 μL 上清液与 300 μL 碳酸钠（Na_2CO_3，100 mg/mL）和 800 μL 的 5-二甲基氨基萘 -1- 磺酰氯（用丙酮溶解，浓度为 7.5 mg/mL）混合。

7. 在 60℃下孵育 20 min。

8. 加入 100 μL 的脯氨酸（50 mg/mL）并继续在 60℃下孵育 10 min。

9. 将反应混合物冷却至 4℃。

10. 加入 100 μL 的甲苯，振荡混匀将多胺萃取至甲苯，收集萃取层，备用检测。

二、检测条件及方法

利用高效液相色谱（HPLC）对丹磺酰化多胺进行定量分析，必须配备梯度系统、荧光检测器、柱温箱以及一根 250 mm 长，4.6 mm 内径的反相柱 ODS RP18（5 μm 颗粒）。荧光检测器的吸收光波长设置为 360 nm；激发光波长设置为 450 nm。柱温箱设置为 40℃，流动相为乙腈：水（40：60 至 85：15，*V*/*V*）的线性梯度，在 35 min 内完成，随后用 85：15 的乙腈和水混合物进行 15 min 的清洗。图 6-17 展示了空白对照，内标及精胺的分析结果。

在上述操作过程中，需注意的是：①为了更好地获得多胺的提取结果，对于菌体的生理状态应该严格控制，保证菌体为对数生长期。②不同高效液相色谱系统（HPLC）的保留时间有所差别。需要根据标准品的保留时间来判断多胺的类型。如，2- 羟基腐胺通常比内标 1,8- 辛二胺早 12 ~ 13 min；腐胺比内标早 7 ~ 8 min；1,3- 丙二胺比腐胺早 1 min；腐胺比尸胺早 1.7 min；精胺大约比内标晚 3.5 min，而对称 – 精胺和对称 – 均精胺分别比精胺早 1 min 和晚 1 min；亚精胺则大约比内标晚 11 min。

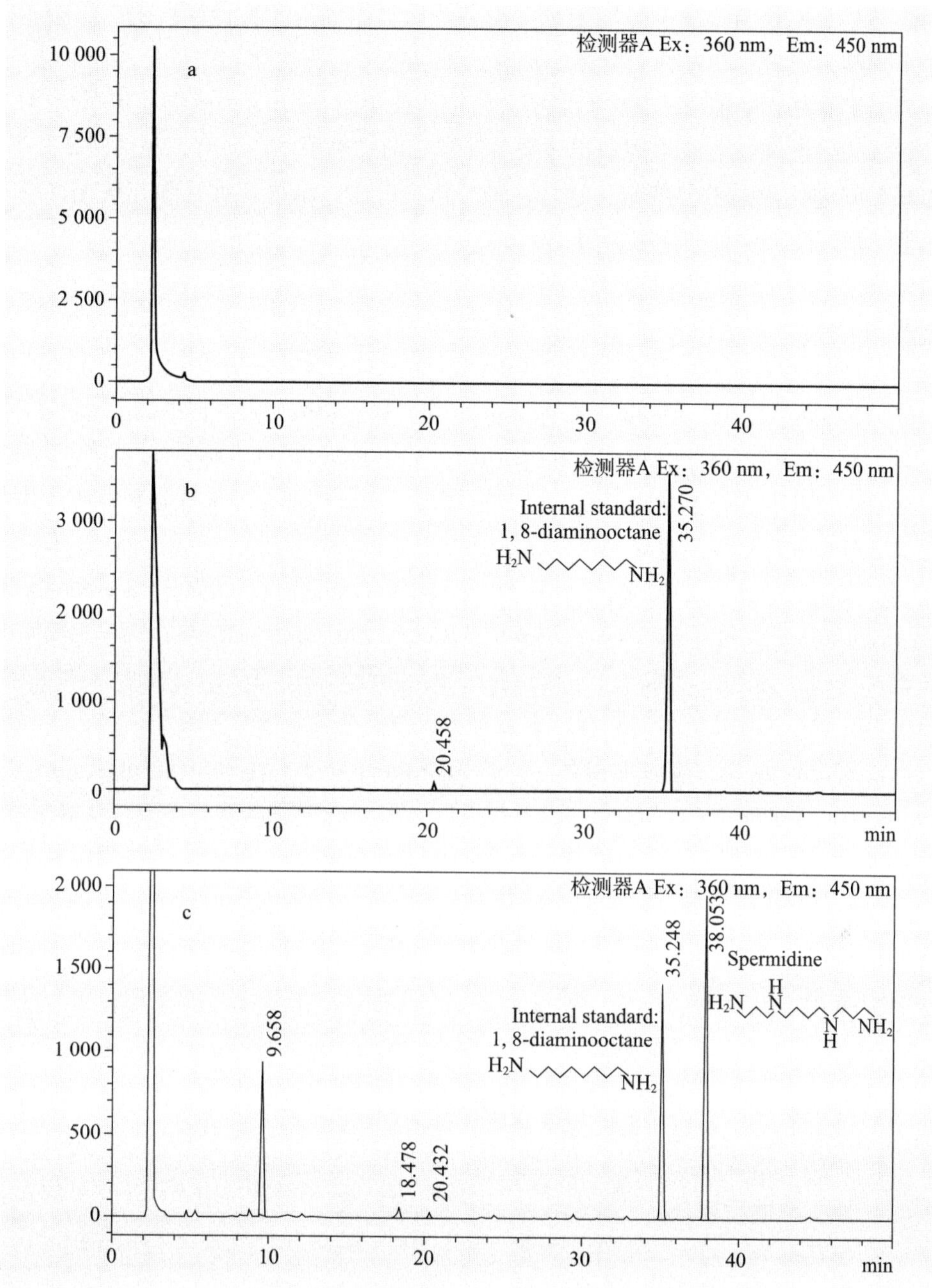

图 6-17 精胺的检测结果

a：空白对照；b：内标 1,8- 辛二胺；c：精胺

本章小结

细菌和古菌细胞中的一些化学物质的结构和含量具有种属的特征，且这些化学物质的结构相对稳定，因此化学分类是微生物系统分类学的主要方法之一。本章对肽聚糖、极性脂、脂肪酸、呼吸醌、枝菌酸、多胺及全细胞水解糖的分析方法及注意事项进行了详细的阐述。在微生物细胞化学特征的分析过程中，主要使

用的还是一些经典方法，但随着仪器设备分析技术的提升和计算机的广泛应用，为了提高工作效率，经典的分类鉴定方法被简便化、快速化和微量化，商品化的自动鉴定系统相继推出，其中脂肪酸分析中所使用的 Sherlak 微生物鉴定系统 MIS 已然成为目前国际上微生物多相分类鉴定常用的技术手段。同时，高效液相色谱和高效气相色谱技术使细胞化学特征的分析耗时少，结果客观性强，重现性好，得到了现代分类学者的普遍采用。

推荐阅读

1. Schleifer K H，Kandler O. Peptidoglycan types of bacterial cell walls and their taxonomic implications. Bacteriol Rev，1972，36：407–477.（推荐理由：文章对肽聚糖的类型及其在分类学上的应用进行了综述，有助于读者加深对肽聚糖的认知，掌握进行肽聚糖分析的原理。）

2. Vandamme P，Pot B，Gillis M，et al. Polyphasic taxonomy，a consensus approach to bacterial systematics. Microbiol Rev，1996，60：407–438.（推荐理由：文章对多相分类涉及的实验，包括细胞化学组分分析进行了介绍；并以某些类群为例对多相分类方法进行了评估；最后对多相分类的发展进行了展望。）

3. Marrakchi H，Lanéelle M A，Daffé M. Mycolic acids：structures，biosynthesis，and beyond. Chemistry & Biology，2014，21：67–85.（推荐理由：本综述了枝菌酸的化学性质、结构以及已知的抑制剂，阐述了枝菌酸生物合成途径的研究进展，讨论了枝菌酸在生物学中的功能和关键角色。）

思考题

1. 肽聚糖的主要类型有哪些？
2. 为什么革兰氏阴性菌不需要做肽聚糖及全细胞水解糖实验？
3. 细胞化学特征分析中常用的层析板有哪些？它们的区别是什么？
4. 在脂肪酸提取时，甲基化处理的原因是什么？
5. 醌的分析过程中，为什么不要见光见水？
6. 在基因组时代，细胞化学特征检测应如何发展？
7. 微生物的哪些细胞化学组分及其含量会随着培养条件的不同而发生变化？

（刘兰、房保柱、张道锋、李帅、刘永红、刘冰冰、李文均）

第七章

分子生物学特征

随着科学技术的快速发展，尤其是分子生物学、细胞化学、分子生态学以及生物信息学的发展，微生物分类学研究也从传统的表观水平跨越到分子水平。基因的核酸序列、蛋白质的氨基酸序列等都可以用于分类鉴定。同时，随着测序技术的不断发展，微生物基因组测序成本持续下降，通过基因组对微生物的核酸以及蛋白质的氨基酸序列进行分析，可以获得更加准确、可靠的分类结果。值得一提的是，由于目前潜在新分类单元的发表都需要提供基因组序列，G+C 含量可以直接从基因组信息中获得，且基于基因组所得的 dDDH 和 ANI 值可以代替 DNA 杂交实验所得的结果，因此本章将省略实验法测定 G+C 含量和 DNA-DNA 分子杂交值的相关描述。

第一节 DNA 的提取及纯化

DNA 提取是通过一定的方法将 DNA 从细胞内释放出来并进行一系列纯化的操作。DNA 提取过程可以简单地分为裂解和纯化两部分，裂解是通过某些方法破碎细胞，使 DNA 从细胞内释放到体系中；纯化则是将体系中除 DNA 外的其他成分，如蛋白质、盐类和试剂等残余去除掉。DNA 提取需尽量保证 DNA 一级结构的完整性；保证 DNA 样品中不存在有机溶剂和过高浓度的金属离子；保证其他生物大分子如蛋白质、多糖和脂类分子的污染降低到最低程度；此外，其他核酸分子，如 RNA，也应尽量去除。DNA 提取方法主要包括酚 / 氯仿抽提法、醇沉淀法、热裂解碱法、煮沸裂解法、纳米磁珠法、酶解法和超声法等，以下介绍两种常用的细菌古菌 DNA 提取方式以供参考。

一、酶法小量提取 DNA 及 DNA 的纯化

酶法小量提取法主要是使用溶菌酶破坏细胞壁，再用蛋白酶 K 隔断 DNA 与蛋白质之间的连接，将 DNA 与蛋白质分离，分离后的蛋白质在 SDS 的作用下变性，使用苯酚 – 氯仿 – 异戊醇进行抽提，离心后弃下层去除蛋白质。最后用异丙醇或乙醇使 DNA 凝聚成团，离心后得到 DNA。具体操作如下。

1. DNA 的提取

（1）在装有 50 mg 菌体的 EP 管中加入 500 μL 浓度为 2 mg/mL 的溶菌酶（用 1 × TE 稀释），放入 37℃摇床振荡 1 ~ 2 h。

（2）加 50 μL 浓度为 20% 的 SDS 及 5 μL 蛋白酶 pK（pK 浓度为 20 μg/mL），振荡混匀 1 min，放入 55℃水浴 60 min。

（3）加 550 μL 抽提液（苯酚：氯仿：异戊醇 = 25：24：1），振荡混匀，12 000 g 离心 10 min，吸取上清液（不要吸到中间渣滓，重复抽提 2 次）。

（4）在上清液加入 50 μL 浓度为 3 mol/L 的乙酸钠（pH 4.8 ~ 5.2），混匀后加 500 μL 异丙醇，放入 –20℃冰箱 1 ~ 2 h 或过夜；或者加 800 μL 无水乙醇和 80 μL 浓度为 3 mol/L 的乙酸钠（pH 4.8 ~ 5.2），室温放置 10 min 以上。

（5）12 000 g 离心 10 min，去除上清液，加 200 μL 70% 的乙醇，轻摇洗盐 1 ~ 2 次，12 000 g 低温离心 5 min，弃乙醇。

（6）37 ~ 55 ℃干燥后，加 50 μL 的 1 × TE 溶解 DNA（视 DNA 量而定），置于 –20℃保存备用。

2. DNA 的纯化

（1）在上述提取的 DNA 中，加入 1 × TE，将体系补足到 500 μL。

（2）加入 15 μL RNase A（浓度为 400 U/mL）和 150 μL 核糖核酸酶 T1（浓度为 400 U/mL）充分混匀。

（3）放入 37℃摇床振荡 30 min 以上。

（4）用等体积的抽提液（苯酚：氯仿：异戊醇 =25：24：1）抽提 2 ~ 3 次（每次充分混匀），12 000 g 离心 5 ~ 10 min，吸取上清液。

（5）加入等体积的三氯甲烷再抽提一次，除去残留的酚。

（6）加入等体积的异丙醇和 1/10 体积的 3 mol/L 的乙酸钠，上下翻动混匀，放入 -20℃冰箱 1 h 以上；或者加入 800 μL 无水乙醇和 80 μL 浓度为 3 mol/L 的乙酸钠（pH 4.8 ~ 5.2），室温放置 10 min 以上。

（7）12 000 g 离心 10 min，去上清液。

（8）加 200 ~ 300 μL 浓度为 70% 的乙醇洗 1 ~ 2 次，放置 37℃烘箱烘干。

（9）加入 30 μL 无菌水溶解 DNA，-20℃保存备用。

在上述操作中需注意的是，加入 pK 蛋白酶后，水浴期间需隔段时间颠倒混匀 EP 管，从而使蛋白酶更充分地发挥作用；其次，苯酚：氯仿：异戊醇有分层现象，使用时应吸取下层溶液。

二、Chelex 裂解法提取 DNA

Chelex-100 是一种螯合树脂，由苯乙烯、二乙烯苯共聚体组成，含有成对的亚氨基二乙酸盐离子，起着螯合基团作用，对多价金属离子有极强亲和力。在低离子强度、碱性及 100℃煮沸条件下，可以使细胞膜裂解，并使与 DNA 结合的蛋白质变性，游离 DNA，从而快速地提取出细胞内的 DNA。提取步骤如下。

1. 取少许菌体加 100 μL 浓度为 10% 的 Chelex-100（用 TE 配制，灭菌后使用）。

2. 在 PCR 仪中 99 ℃ 煮 20 ~ 30 min（提取放线菌的 DNA 时间可以延长至 30 min），降温后取出。

3. 12 000 g 离心 10 min，取上清液供后续实验使用。

Chelex 裂解法是一种快速提取 DNA 的方法，若后续实验对 DNA 的质量要求较高，则应使用酶法小量法提取 DNA。当需要提取 DNA 的样本数较多时可选择上述常用的 2 种提取方法，若需要提取 DNA 的样本数较少时，也可考虑使用从公司购买的试剂盒进行提取。

第二节 16S rRNA 基因的扩增

16S rRNA 是组成原核生物核糖体小亚基的结构分子，其编码基因长度在 1 400 ~ 1 600 bp 之间，且在基因组上通常有 1 至多个拷贝，例如金黄色葡萄球菌通常含有 5 ~ 6 个 16S rRNA 基因。16S rRNA 基因的拷贝数通常具有种属差异，有些种属的不同拷贝之间没有差异，但是有部分种属的 16S rRNA 基因不同拷贝之间存在一定的区别，这被称为 16S rRNA 基因的异质性（Heterogeneity）。一般情况下这种差异很小，仅有个位数的碱基变异，有时会出现碱基的插入、缺失变异，但是在有些种属中这种差异较大，甚至不同 16S rRNA 基因拷贝之间的相似性低于 97%。

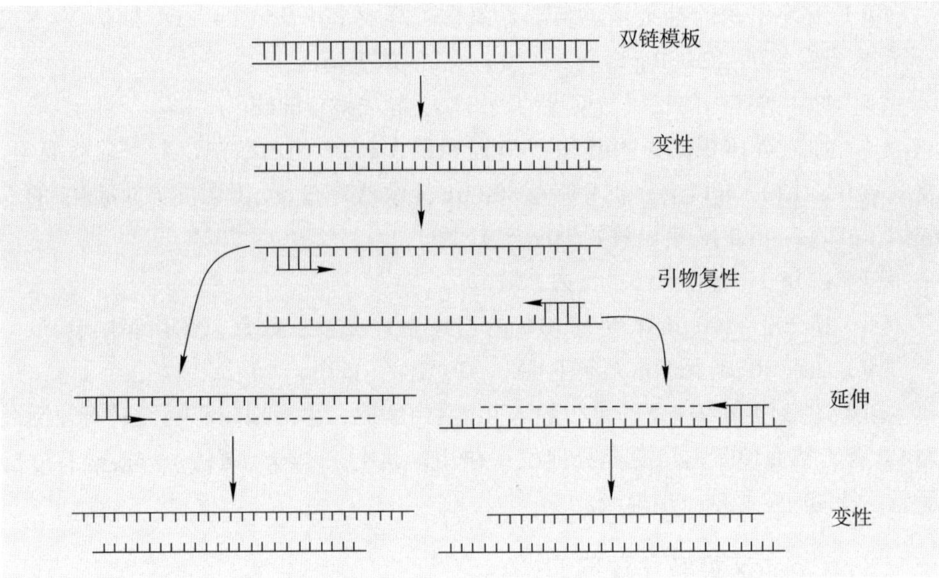

图 7-1 PCR 扩增的原理图

聚合酶链式反应（PCR）技术快速灵敏、简便易行，其原理与细胞内发生的DNA 复制过程基本相似（图 7-1）。DNA 双链分子（模板）经过热变性后，分解成两条单链分子；温度降至一定程度（退火温度）后，引物与单链 DNA 分子结合，DNA 聚合酶以 DNA 单链为模板，并利用反应体系中的 4 种脱氧核糖核苷三磷酸（dNTPs），从引物向后延伸合成新的 DNA 互补链（此步反应要在 DNA 聚合酶最适酶活温度下进行，即延伸温度，一般为 72℃）。在为每一条链均提供足够引物的情况下，上述反应可以周而复始，使目标 DNA 序列得到迅速大量的扩增。

PCR 反应有两个特点，一是目的性强，反应所需的引物是根据需要设计的，具有很高的特异性；二是目标 DNA 的拷贝数量大，理论上的最高值应为 2^n。PCR 反应涉及多次重复进行的温度循环周期，每一个温度循环周期均是由高温变性、低温退火及中温延伸三个步骤组成，鉴于目前 PCR 技术已经获得了极其广泛的应用、扩增的 DNA 样品来源多种多样以及所用寡核苷酸引物长短不一等诸多因素的影响，因此要给出一个标准的温度循环参数实际上是十分困难的，研究者需根据自己的需要，通过具体实验得出比较理想的循环参数。

16S rRNA 基因的 PCR 扩增步骤如下：

1. 按第一节的方法提取 DNA。

2. 按表 7-1 配制好 PCR 扩增的反应体系，该体系是一个 PCR 反应的体系，若有多个反应，则可将每种成分（除 DNA 外）按反应数成倍增加，混合后分装，再在每个体系中加入 DNA 模板即可。PCR Mix 是现在市面上常用的预混好的部分体系，其包含了 dNTP 和 *Taq* 酶等成分，可以使 PCR 扩增的反应体系配置过程更加快速简便。细菌及放线菌 PCR 扩增采用的通用引物为 27F（5′-AGA GTT TGA TCM TGG CTC AG-3′）/1492R（5′-TAC GGY TAC CTT GTT ACG ACT T-3′），古菌 PCR 扩增引物采用的通用引物为 20F（5′-ATT CCG GTT GAT CCT GCC GG-3′）/1452R（5′-AGG AGG TGA TCC AGC CGC AG-3′）。

表 7–1　PCR 扩增的反应体系

成分	体积 /μL
PCR Mix	25
前端引物	1
后端引物	1
ddH_2O	22
模板	1（具体根据 DNA 浓度进行调整）

3. 体系分装好后，将 PCR 管放置于 PCR 仪上（PCR 仪的 4 个角应放置 4 个平衡管，以确保每个 PCR 管中体系温度的一致性），在 PCR 仪上设置好扩增条件，采用热启动 PCR 反应程序进行 PCR 扩增，反应条件如表 7–2 所列。

表 7–2　PCR 扩增条件

温度 /℃	时长	目的
94	5 min	预变性
94	30 s	变性
56（根据引物进行设定）	30 s	退火（28 ~ 32 循环）
72	1 min	延伸
72	10 min	延伸并稳定
4 或 12	∞	保存 DNA，不建议过夜

4. PCR 反应结束后，电泳检测反应产物，选取合格的反应产物送往公司测序。

在上述操作过程中，为防止污染，操作过程应使用全新的试剂和吸头，操作工作台需进行全面清洁；应设计对照实验，可验证数据的可靠性，也可协助判断扩增系统的可靠性；变性温度一般设置在 93 ~ 94℃即可，温度过低解链不完整，温度过高会破坏酶的活性；*Taq* 酶的错误率较高，但是对 PCR 产物直接测序的结果几乎没有影响。如果是进行 TA 克隆测序（第四节），建议使用高保真酶进行 PCR 扩增。除此之外，16S rRNA 基因的异质性有时会导致直接使用其 PCR 产物进行测序时出现一些问题，例如部分碱基位点存在套峰（碱基位点变异），也可能全部位点（测序起始部分存在插入、缺失变异，也可能是污染）都是套峰，因此需在实验时加以注意并辅以其他手段进行鉴别。

第三节　琼脂糖凝胶电泳

PCR 反应的成功与否可以通过琼脂糖凝胶电泳进行初步检测。琼脂糖是琼脂中的一种成分，纯净的琼脂糖含有大量氢键，当其在液体中被加热时，这些氢键断裂，使琼脂糖变成高温溶液，并能够被倒入模具，而降温后氢键交连，可形成多孔结构的凝胶。DNA分子在碱性环境下（pH 8.0的缓冲液）带负电荷，在电场中可通过凝胶的孔径向正极移动，不同的DNA分子，由于其分子量及构型的不同，因此在电泳时的泳动速度不同，从而可以区分成不同的区带。琼脂糖在凝胶中的百分比影响了凝胶孔径的大小，从而影响通过琼脂糖凝胶的分子大小以及通过的速度。琼脂糖所占的百分比越高，孔径越小，能够通过的分子越小，迁移速度越慢。在分子生物学实验中，0.7%～1%的琼脂糖凝胶对0.2～10 kb长度的DNA片段具有良好、清晰的区分能力。一般而言，较大的片段可以用较低浓度的琼脂糖凝胶来分离，而较高浓度的琼脂糖凝胶会对小片段DNA提供更好的分辨率，但存在凝胶浓度不均一的可能性。

此外，由于DNA肉眼不可见，可以在琼脂糖凝胶凝固前添加荧光染料对DNA进行标记，这些标记物与DNA结合，并在紫外光照射下发出荧光，从而使DNA片段可以被观察到，存在的DNA越多，条带就越亮。

琼脂糖凝胶电泳的操作步骤如下：

1. 选取合适大小的制胶模具和梳子，清洗干净，放在制胶平板上，安装好梳子。

2. 取琼脂糖于1×TAE或0.5×TBE中，配制合适浓度的琼脂糖凝胶，微波加热至接近沸腾，轻轻摇匀至全部溶解。

3. 待琼脂糖冷却至不烫手时，取适量核酸染料至凝胶溶液并摇匀，将混匀的凝胶溶液倒入制胶模具中，静置待其凝固。

4. 凝胶完全凝结后，小心拔出梳子，将凝胶安放在电泳槽内。

5. 向电泳槽中倒入足够量的电泳缓冲液，使其完全覆盖凝胶表面1 mm左右。如果在样品孔内有气泡，应设法将其除去。

6. 在DNA样品中加入适量Loading buffer，将其混匀后，使用移液枪将混合液缓慢加入被浸没的凝胶加样孔内。

7. 接通电源，使DNA样品由负极往正极泳动。通常设置60～100 V的电压，进行20～40 min的电泳。

8. 根据指示剂在凝胶中的位置，判断是否终止电泳。

9. 电泳完毕后，关掉电源，使用凝胶成像仪观察电泳带及其位置，并与核酸分子量标准Marker进行比较，以确定DNA片段长度。

在上述操作过程中，荧光染料具有一定毒性，需小心取用，接触过染料的手套不要接触非污染区；若PCR时使用的是Mix体系，则不需加Loading buffer；电泳时，DNA应由负极跑向正极，因此有点样孔的那端应靠近电泳仪的负极放置；PCR产物不宜放置过久，应直接电泳或者回收。

此外，通过琼脂糖凝胶电泳检测后，没有出现条带的PCR体系，有可能是退火温度不适宜，需做梯度实验来确定最适的退火温度，也有可能是DNA的提取没有成功，需要重新进行DNA的提取；若扩出来条带不亮，是DNA浓度弱，扩增时可加入两倍的DNA模板；扩出来的PCR产物出现非特异性条带较多，可提高退火温度，除去非特异性条带，也可能是引物不特异，应更换引物。

第四节 16S rRNA 基因的 TA 克隆

在 PCR 过程中使用的 *Taq* 聚合酶具有末端转移酶活性，会在 PCR 产物的 3′ 末端自动添加一个非模板依赖的 A 碱基；T 载体是一种特殊的克隆载体，其 3′ 端带有突出的 T 突起。PCR 产物的 A 碱基与 T 载体 3′ 端带的 T 突起相结合，形成了 T/A 配对，这样，PCR 产物就被插入到了质粒载体的多克隆位点中，从而达到克隆的目的。

由于一代测序技术的原因，直接使用 PCR 引物测序无法准确读取前面几十个碱基（信号不稳定），最后几百个碱基也是无法识别的杂峰（因信号衰减而相互干扰），均需要删除。因此，直接用 PCR 产物测序我们无法获得 16S rRNA 基因的全长，从而影响后续的分析判断。而当克隆到 T 载体上后，使用 T 载体上的通用引物测序，序列前端和末端质量较差的碱基都属于质粒上的部分，这样可以保证我们能获得近乎全长的 16S rRNA 基因序列。值得一提的是，当 16S rRNA 基因序列能从基因组序列中提取出来时，则不需要直接通过实验来获得。

TA 克隆的步骤如下：

1. 按上述方法，使用菌株 DNA 样品进行 16S rRNA 基因的 PCR 扩增，扩增后进行电泳检测。

2. 将电泳后的凝胶置于蓝光切胶仪下进行观察，用解剖刀将目的条带切割成小块放于 1.5 mL EP 管中，然后使用试剂盒进行胶回收，获得目的片段 DNA。

3. 准备一个冰盒和一支无菌的 PCR 小管，分别加入 3 μL DNA（可以多加，根据 DNA 浓度决定）和 0.3 μL 载体，随后将体系置于 PCR 仪中，25℃处理 20 min 进行连接。

4. 取出 *Escherichia coli* DH5α 感受态细胞（克隆宿主）于冰盒中解冻，解冻后取 25 μL 于另一支无菌 1.5 mL 空 EP 管中。

5. 在每支装有 25 μL 感受态细胞的 EP 管中加入全部连接液，轻弹混匀，冰浴 30 min；冰浴后，将 EP 管放入 42℃水浴中热激 30 ~ 90 s，然后立即冰上静置 2 min，注意轻拿轻放。

6. 加入 400 μL LB 培养液，37℃，200 rpm 摇床处理 1 ~ 2 h。

7. 取 100 μL 上述菌液涂布于加有卡那霉素或者氨苄青霉素的 LB 平板上。涂布后的平板于 37℃培养 12 ~ 16 h。

8. 准备灭菌的 LB 液体培养基，无菌条件下将卡那霉素或者氨苄青霉素（添加量为 100 μL /100 mL）加入 LB 液体培养基中，并分装于 EP 管内（一般每管 500 ~ 1 000 μL）。

9. 待步骤 7 中平板长出克隆后，用枪头挑取 5 个单克隆菌落分别接种于上述 EP 管内，放置于 37℃振荡培养。

10. 上述培养液混浊后，以培养液为模板，选用 $M13^+$（5′-AGG GTT TTC CCA GTC ACG-3′）和 $M13^-$（5′-GAG CGG ATA ACA ATT TCA CAC-3′）引物进行 PCR

扩增，并进行琼脂糖凝胶电泳检测，随后根据电泳图谱选取阳性克隆菌液送公司测序。

在操作过程中需注意的是，切胶时，尽量去除无 DNA 部分并将含 DNA 胶块切碎，以提高回收效率；连接反应的整个过程应注意枪头的洁净，以避免污染和降低酶的活性，取连接酶时应在冰上操作且动作迅速；配制加有抗生素的平板时，配好后尽量不要超过 24 h，倒平板时，等培养基冷却至不烫手时再加抗生素，以免抗生素失效；由于 16S rRNA 基因异质性和 *Taq* 酶错误率的问题，对不同克隆子进行测序时，可能会出现结果不完全一致的情况，如果彼此间差异不大（5 个碱基位点以内），选择其一用于后续分析即可，也可以使用高保真 DNA 聚合酶进行最初的 16S rRNA 基因扩增。

此外，转化后无克隆子产生，可能是感受态细胞失活；克隆子无目的片段，是连接不成功或者载体发生了自连现象。

第五节　16S rRNA 基因序列的拼接

视频 7-1
16S rRNA 基因序列的拼接

纯菌的 16S rRNA 基因主要借助于 Sanger 一代测序技术进行测序，由于其读长较短，为保证测序结果的准确性，通常会对 16S rRNA 基因进行双端测序，然后再根据重叠序列区域，拼接成一条完整的 16S rRNA 基因序列。对序列进行拼接的软件有很多，其中 SeqMan 是常用的进行拼接的软件。

使用 SeqMan 进行拼接的方法如下：

1. 启动 SeqMan，点击面板中的 Add sequences，选择需要拼接的“.ab1”格式的文件，点击 Add 添加，2 条序列都添加后，点击 Done 就完成了序列的导入（图 7-2、图 7-3）。

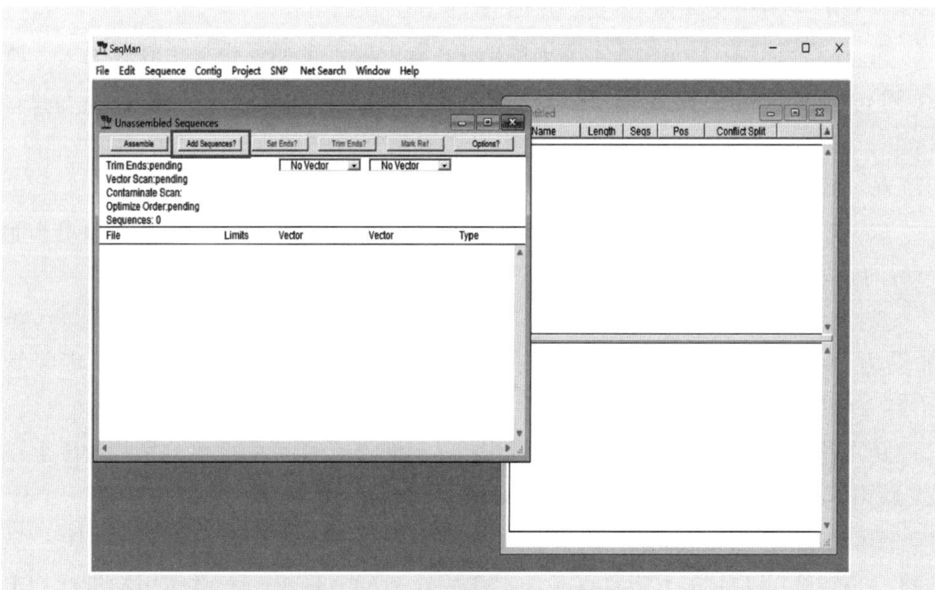

图 7-2　点击 Add Sequences 按钮开始添加序列

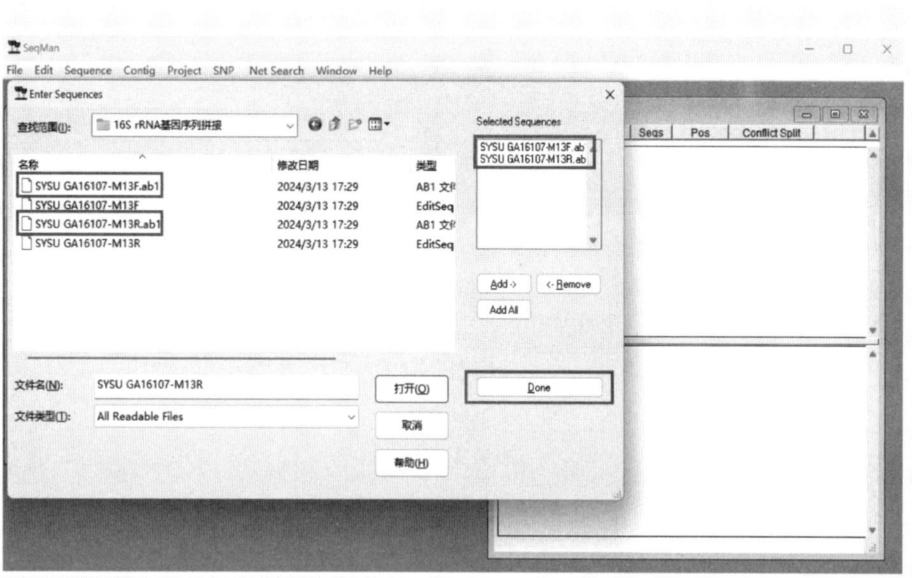

图 7-3　选取需要拼接的“.ab1”格式的文件，完成序列的添加

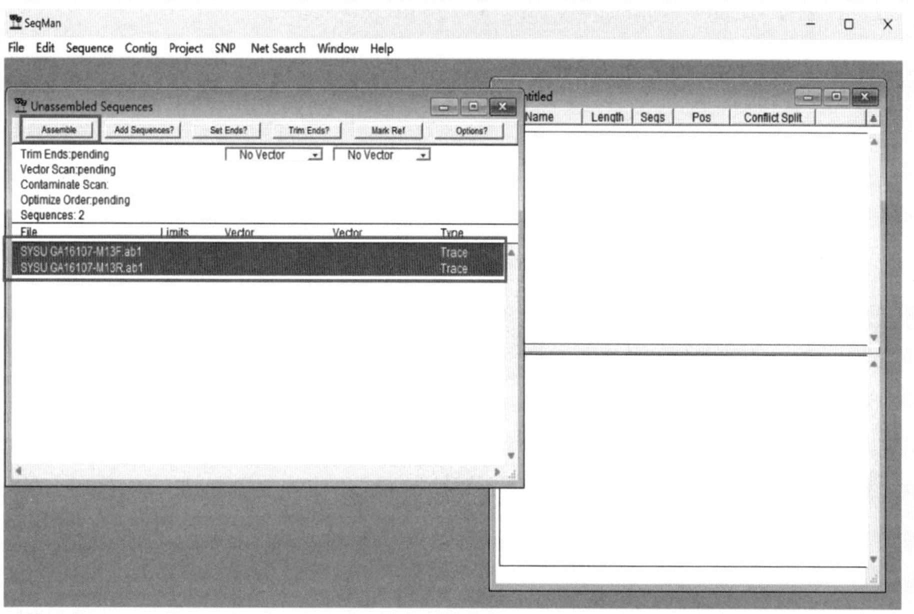

图 7-4　序列的拼接

2. 点击 Assemble，进行拼接，运行结束后会弹出一个新对话框，如果能拼接上，就会出现拼接后的 Contig（图 7-4）。

3. 双击 Contig 可以看到拼接好的完整序列（图 7-5），点击文件前面的三角形可以直接查看序列的峰图以及两条序列的重叠区域。拼接过程中需根据峰图查看重叠区域有无不确定碱基，通常这些不确定的碱基会以小写字母（a、g、c、t）或大写的简并碱基字母（R、Y、M 等）表示，这时需要比对两个峰图，选择信号稳定的峰图为依据对相应碱基进行手动修改。同时，序列首尾的部分碱基信号不

图 7–5 序列的查看

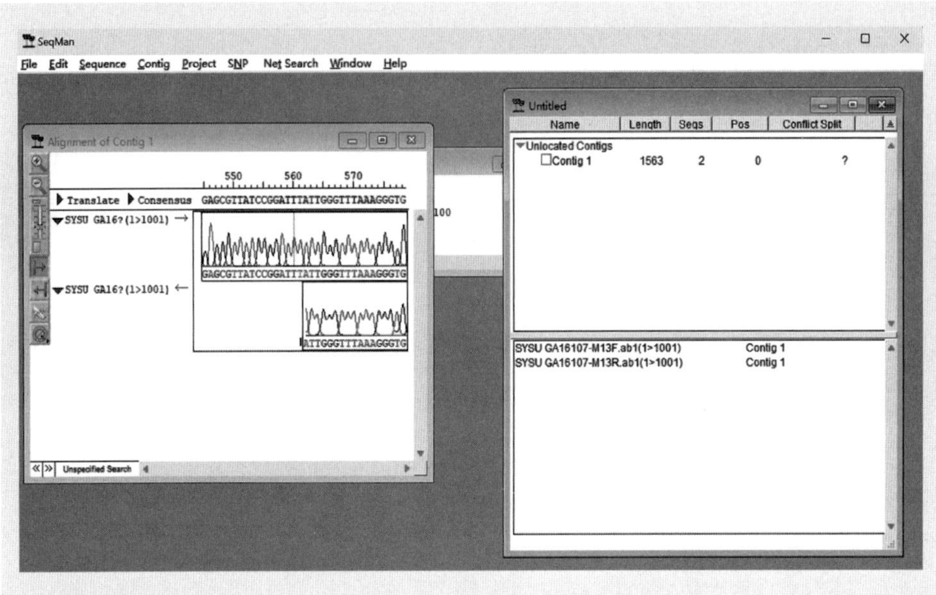

稳定，需要手动将不可靠的部分去除或设置软件参数排除。

4. 拼接完成后，点击菜单栏的 Contig—Save Consense—Single File 将拼接好的序列保存即可（图 7–6）。

图 7–6 拼接序列的保存

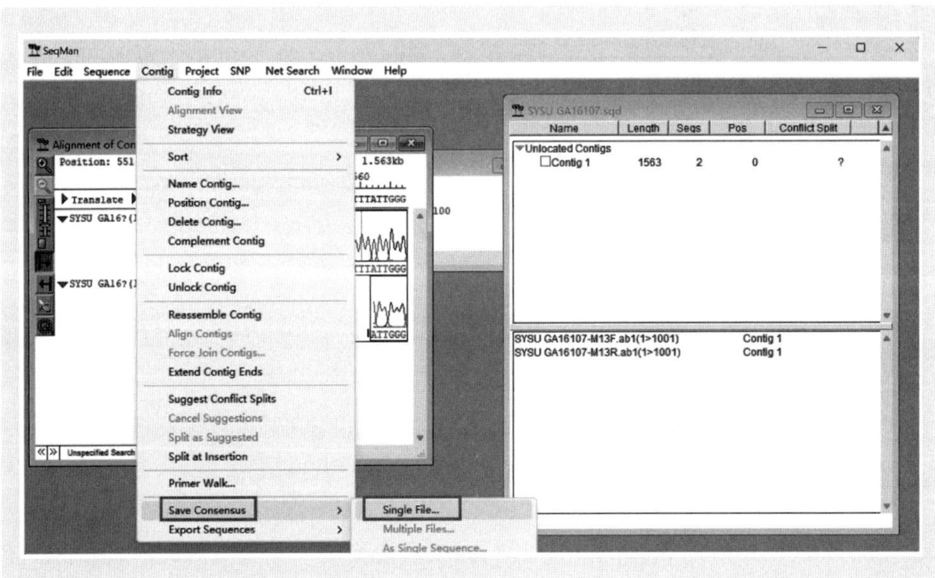

第六节　16S rRNA 基因序列同源性分析

视频 7-2
16S rRNA 基因序列比对

一、基于 EzBioCloud 进行 16S rRNA 基因序列同源性分析

EzBioCloud 最初是一个针对可培养细菌和古菌 16S rRNA 基因的数据库。目前，EzBioCloud 已发展成为一个不仅包含 16S rRNA 基因序列数据库（也包含未培养类群的代表性序列），还包括基因组数据库和多种分析工具的综合性生物信息学平台。本节主要介绍通过该网站进行 16S rRNA 基因序列的比对分析和参考序列的下载。

1. 打开 EzBioCloud 网址主界面，利用 E-mail 和密码注册并登录，在首页点击“16S-based ID”（图 7-7）。

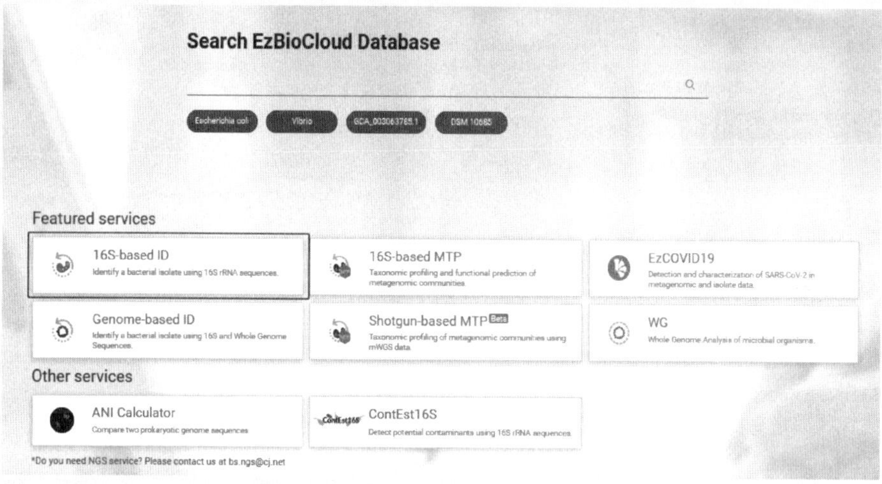

图 7-7　进入 EzBioCloud 的 16S-based ID 模块

2. 选择“Identify new sequence”后，填写所要检索同源性的菌株名称及其 16S rRNA 基因序列后点击“Next”，弹出显示序列长度的信息窗口，然后点击“Submit”提交序列（图 7-8）。

3. 比对结束后，点击图标查看 16S rRNA 基因序列同源性比对的详细结果（图 7-9）。点击“Valid names only”查看与已发表菌株的比对结果，列表根据序列相似性从大到小进行排序，包括学名（Hit taxon name）、菌株号（Hit strain name）、16S rRNA 基因序列号（Accession）、相似度（Similarity）、变异率（Variation ratio）和分类地位（Hit taxonomy）等信息。点击“Excel”可下载该表格，点击“FASTA”可下载列表上所有菌株的序列文件（图 7-10）。如果 16S rRNA 基因序列的最高相似性小于 98.65% 可初步判断为潜在新分类单元，可进行后续的多相分类实验。另外，参比菌株的具体信息，可在 LPSN（List of

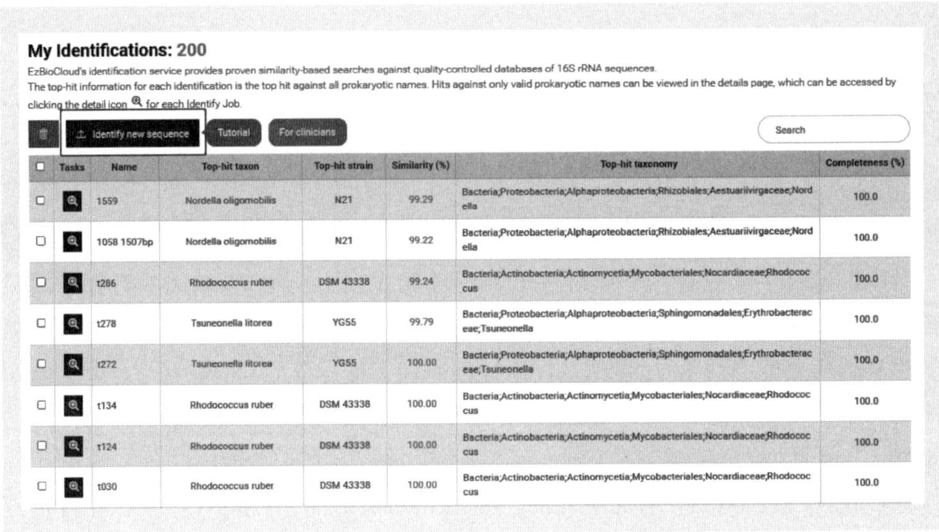

图 7–8 提交序列进行比对

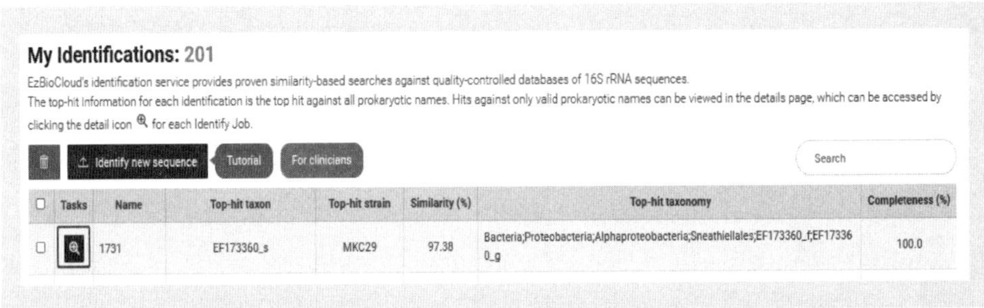

图 7–9 点击图标以查看详细信息

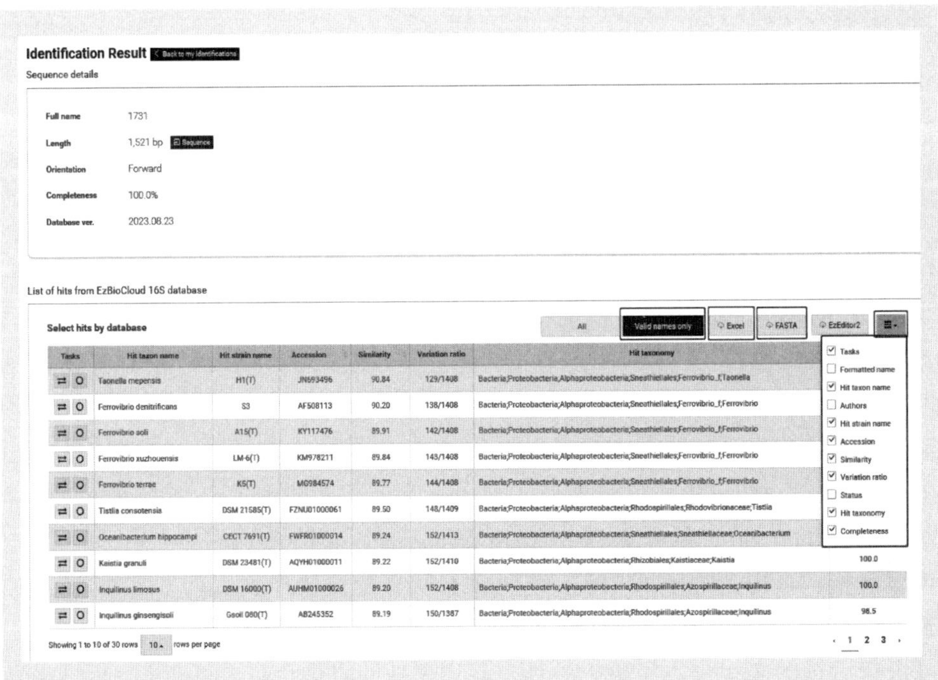

图 7–10 详细的序列比对分析结果

Prokaryotic names with Standing in Nomenclature）网站上进行检索。

二、基于 NCBI 进行 16S rRNA 基因序列同源性分析

NCBI（National Center for Biotechnology Information），也称美国国立生物技术信息中心，是由美国国立卫生研究院于 1988 年创办。NCBI 开发有 Genbank 等公共数据库，提供了 PubMed、BLAST、Taxonomy、PubChem、Protein、Genome 及 OMIM 等共计 36 种功能强大的数据检索与分析工具，是一个功能强大的生物学网站，收录了大量的核酸信息，包括宏大的“人类基因组计划”测序结果和小鼠等物种的测序信息，可以进行 DNA、RNA 甚至蛋白质的序列比对和相关序列注释信息的查找，是全球最有影响的生物学网站之一。下面简述基于 NCBI 进行 16S rRNA 基因序列同源性分析的步骤。

1. 打开 NCBI 网站，点击“BLAST”（Basic Local Alignment Search Tool）模块（图 7-11）。

2. 进入 BLAST 页面后选择“Nucleotide BLAST”进行核酸序列的比对。此外，“Protein BLAST”表示蛋白质序列比对；“blastx”是先将需要检索的核酸序列翻译成蛋白质序列，然后再与蛋白质序列数据库进行比对；“tblastn”是将蛋白质序列与核酸数据库中的核酸序列翻译成的蛋白质序列进行比对（图 7-12）。

3. 进入 Nucleotide BLAST（即 blastn）页面，此时需选择和填写相关信息，

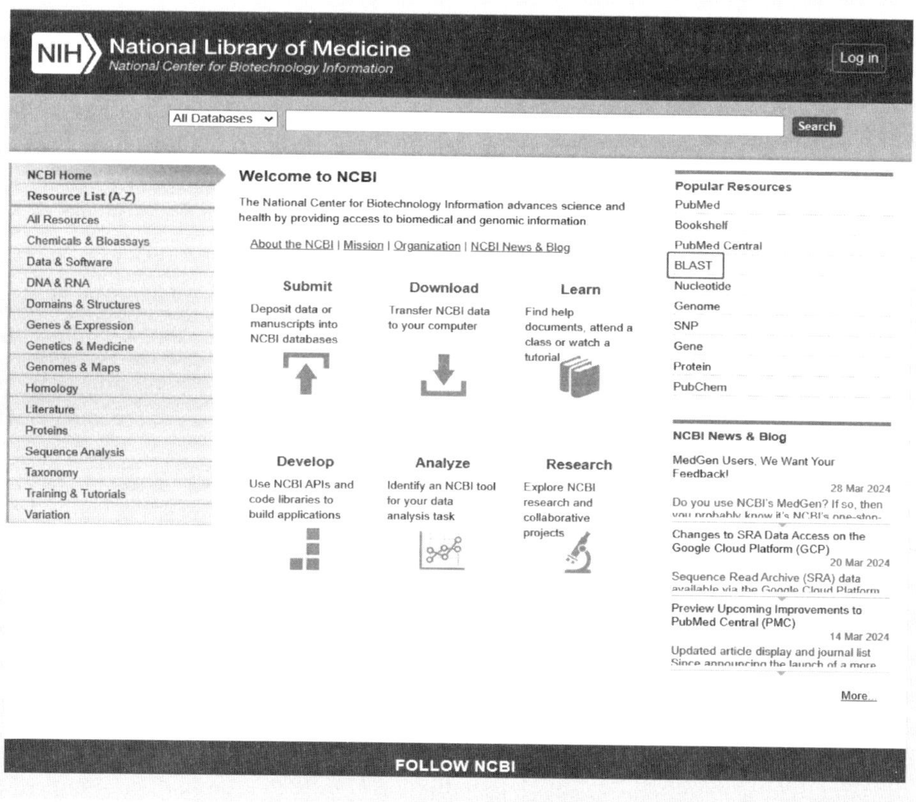

图 7-11 进入 NCBI 的 BLAST 模块

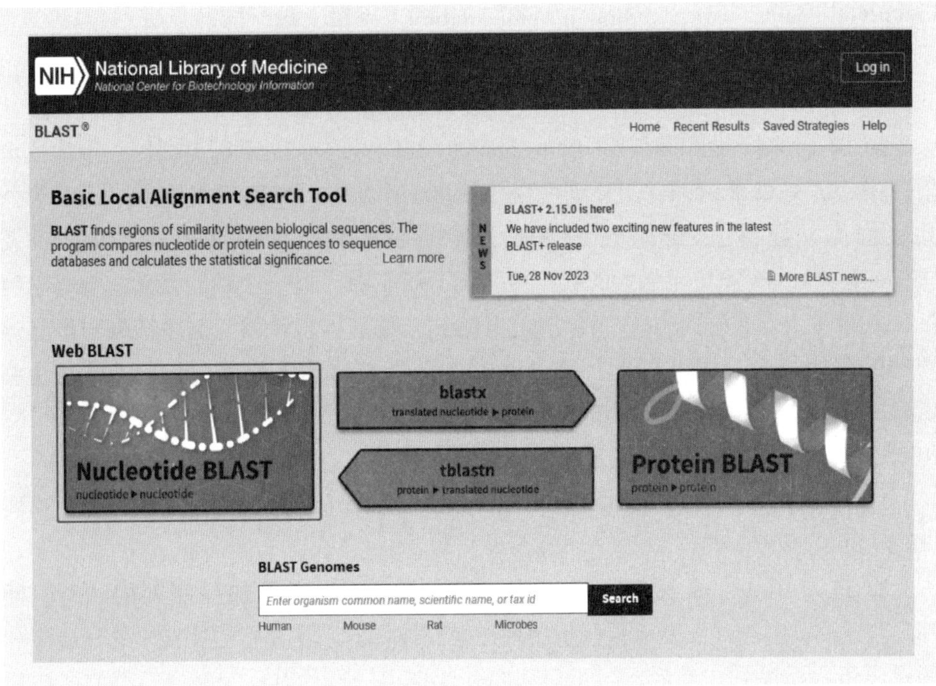

图 7-12 进入核酸序列比对模块

详细介绍如下（图 7-13）：

（1）输入所要比对的 16S rRNA 基因的 FASTA 格式序列，或者上传序列文件，并对序列命名；也可勾选“Align two or more sequences”，只与自己指定的序列进行比对。

（2）可指定上传序列中的特定片段（设置起止位置）进行检索，一般用于长序列的局部片段分析。

（3）选择比对的数据库，此处选择“rRNA/ITS databases”数据库。

（4）选择需要进行比对的物种，此处选择“16S ribosomal RNA gene sequences（Bacteria and Archaea）”，表示与细菌和古菌的 16S rRNA 基因进行比对。

（5）在可选项中选择“Sequences from type material”，表示与已发表菌株的 16S rRNA 基因序列进行比对。

（6）选择比对的算法，一般选择“Highly similar sequences（megablast）”，表示搜索高度相似的序列；

（7）点击“Show results in a new window”，将比对结果在新窗口打开。最后点击“BLAST”进行序列比对，随后进入跳转页面，等待比对的完成。

4. 等待片刻后，查看结果，页面结果展示及结果解读如下（图 7-14）：

（1）提供了本次序列比对的基本信息，如目标序列的名称（Job Title），序列长度（Query Length）等。

（2）可根据实际需求，填写相关参数，对结果进行筛选。

（3）可以根据需求选择不同方法对结果进行展示。Description 模块提供比对结果的基本信息；Graphic summary 模块用图画的形式表现出与相似序列的比对

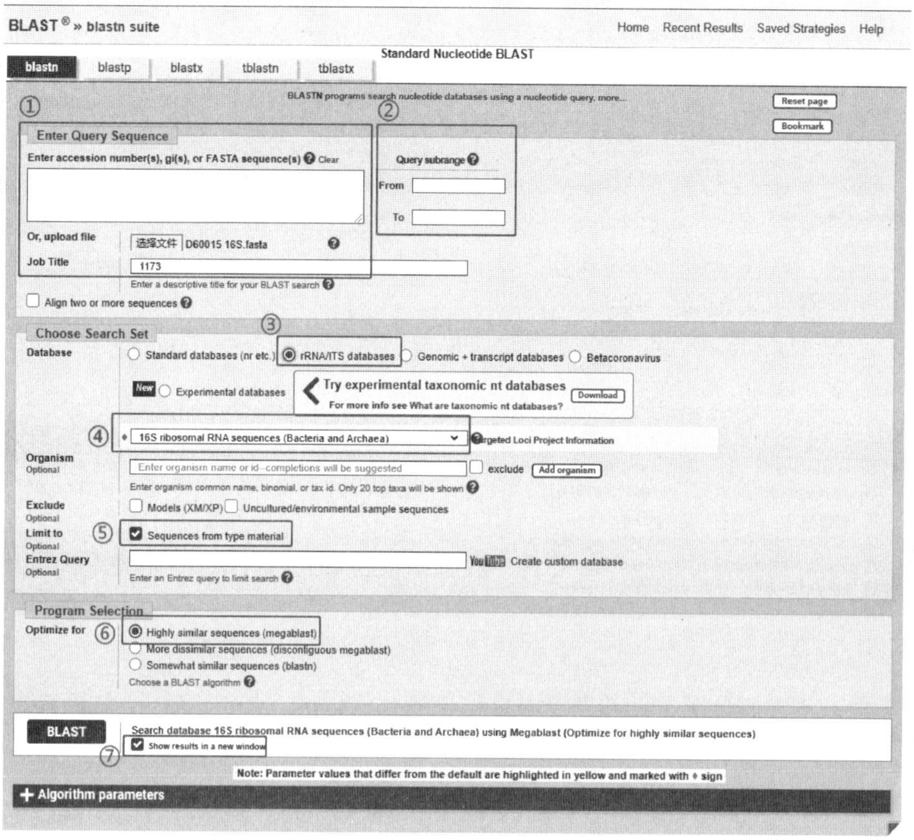

图 7-13 序列上传及参数的选择

结果；Alignment 模块可清楚地看到目标序列与参考序列完全匹配的碱基的位置；Taxonomy 模块提供了相似序列对应物种的分类信息。

（4）比对结果信息，按 Percent Identity 值的高低进行排列。Description 是对比对上的序列的描述；Scientific Name 表示序列所代表的物种名；Query Cover 表示目标序列与参考序列的匹配度；E value 表示序列比对结果的可信度，值越小，可信度越高；Percent Identity 表示目标序列与参考序列的相似性，是目标序列中匹配上的碱基数与参考序列碱基数的百分比；Accession 是参考序列在数据库的登录号，点击即可转跳到 Genbank 中查看序列注释信息。

（5）点击“Download”可根据需求下载相关数据，可下载整个结果页面，也可下载参考序列，用于后续的进化树构建。

序列比对完成后，查看 EzBioCloud 结果中的 Similarity 值，或者是 NCBI 中的 Percent Identity 值，若待测菌株的 16S rRNA 基因与有效发表的菌株的 16S rRNA 基因的上述值在 98.65% 以下，则视为潜在新分类单元，可进行后续的分析。

需注意的是，EzBioCloud 的 16S rRNA 基因数据库会不定期更新，使用时需要注意更新日期，如果距离更新日期较远，则应注重 NCBI 的分析结果；很多学者提交序列到 GenBank 时，提供的学名不精确或有误，有些甚至已发表但是信息仍未更新，这时需对相似性最高的序列进行进一步分析，以确定相关菌株是否为近

图 7-14 分析结果

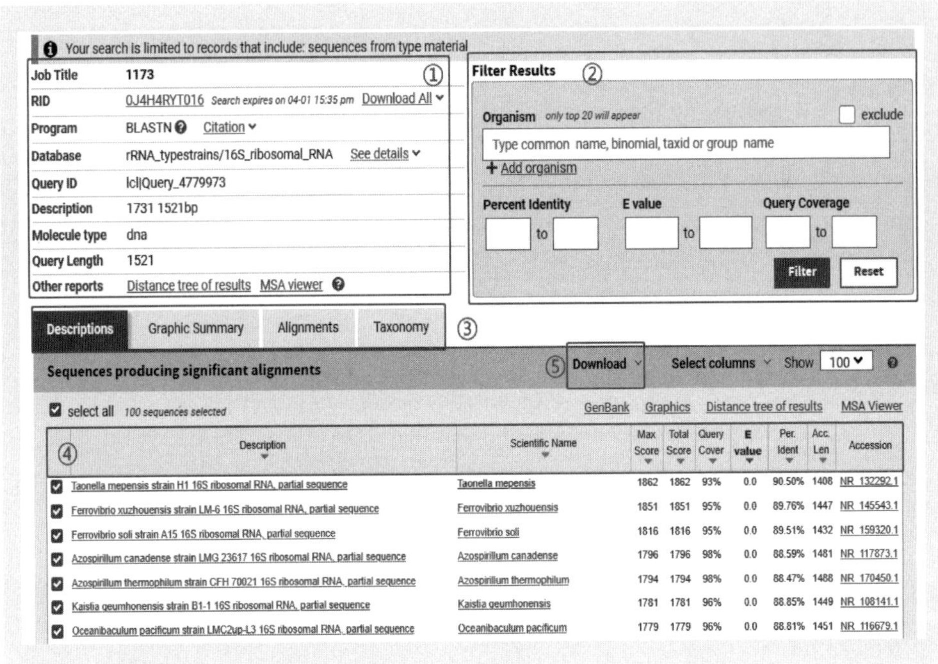

期发表；潜在新分类单元的判定需要结合 EzBioCloud、NCBI、LPSN 和最新的相关种属分类学文献进行综合分析。

第七节 基于 16S rRNA 基因序列的系统发育树的构建

16S rRNA 约占细胞中 RNA 的 90%，普遍存在于原核生物的核糖体小亚基中，具有重要且恒定的生理功能。16S rRNA 基因大小适中（1 400 ~ 1 600 bp），便于序列测定分析，既含有高度保守区域，又有中度保守和高度变化区域，可适用于演化距离不同的各级分类单元的亲缘关系研究。因此，16S rRNA 被公认为是微生物演化的“分子钟”，基于 16S rRNA 基因构建的系统进化树是原核生物系统分类学研究的重要内容。

视频 7-3
系统发育树的构建

基于 16S rRNA 基因构建系统进化树的方法如下（视频 7-1）：

1. 打开 EzBioCloud 网站，进入“16S-based ID”模块进行序列比对，根据比对结果下载并筛选序列，下载的文本文件为后续进行进化树构建的基础。一般而言，应选择待测菌株现在分类级别上一级分类单元所包含的所有典型菌株的序列，例如当自己的菌株是潜在新种时，需下载所在属的所有典型菌株的序列。如果所需的序列较多，则选取一些与自己的菌株相似性较高和邻近分类单元的代表性典型菌株的序列即可。

2. 打开 MEGA X 软件，点击“File”，选择“Open A File/Session”，选中上述准备好的建树用的序列文件，点击打开，在弹出的窗口中选择“Align”，此时序列加载完成（图 7-15）。点击“W”或右边的手臂符号并选择“Align DNA（核酸

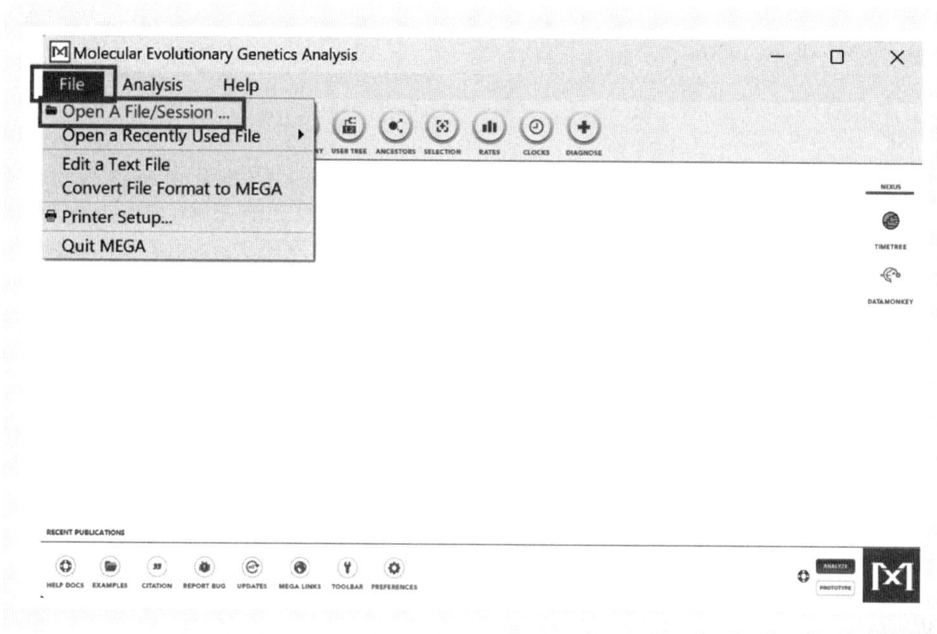

图 7-15　序列文件的导入

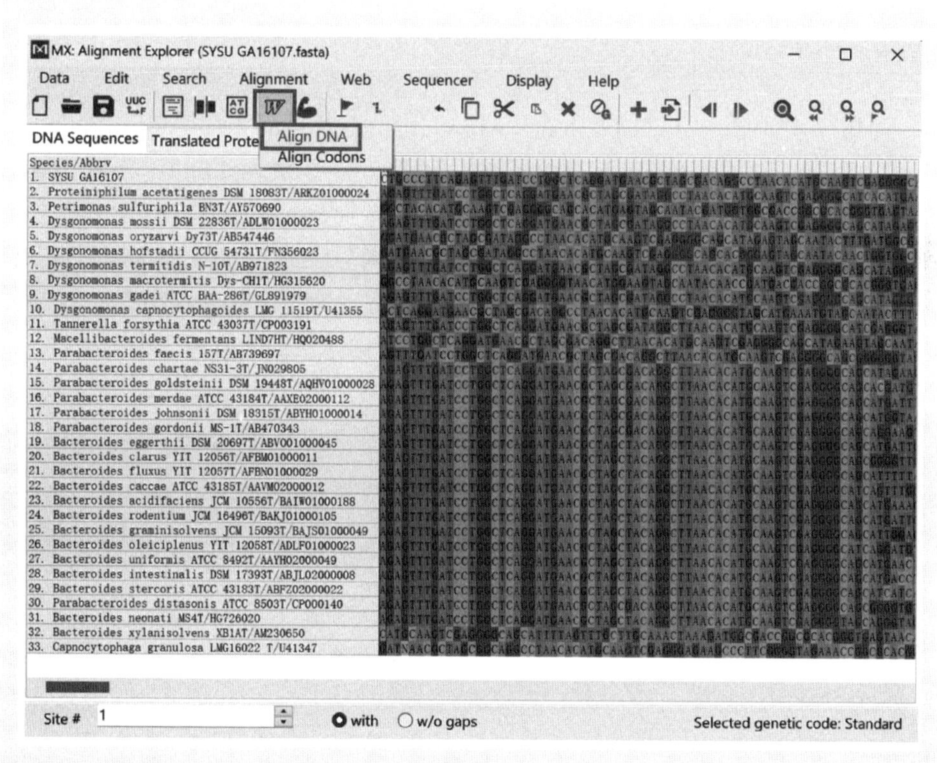

图 7-16　序列文件的比对

序列）”，在弹出的窗口中设置参数（一般默认即可，无须修改），点击“OK”，开始序列比对（图 7-16），比对完成后，点击保存按钮进行保存（图 7-17）。

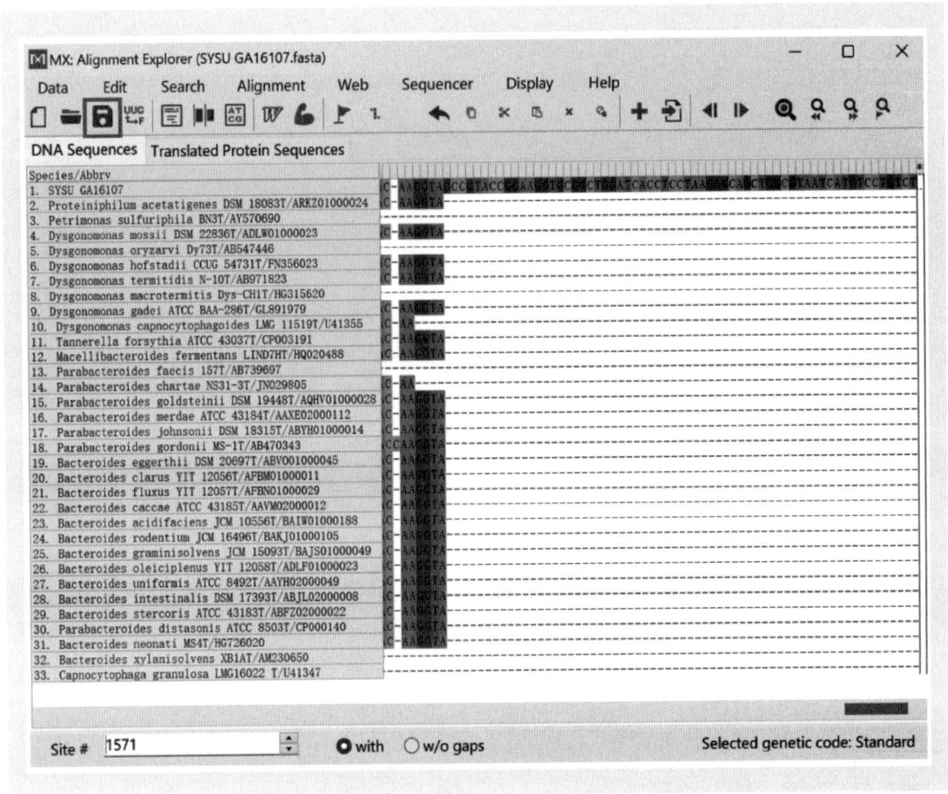

图 7–17 比对结果的保存

建树序列的导入也可以先点击“Align”，选择“Create a new alignment”，点击“OK”，然后根据需要选择“DNA”或者“Protein”，进入“Edit”选择“Insert Sequence From File”，最后选择序列文件。

3. 在 MEGA X 主界面点击“Phylogeny”，选择“Construct/Test Neighbor–Joining 树”，找到保存的比对文件，然后打开（图 7–18）。这时弹出建树参数设置对话框，根据实际需要设置参数，然后点击“OK”，开始构建系统发育树（图 7–19）。此

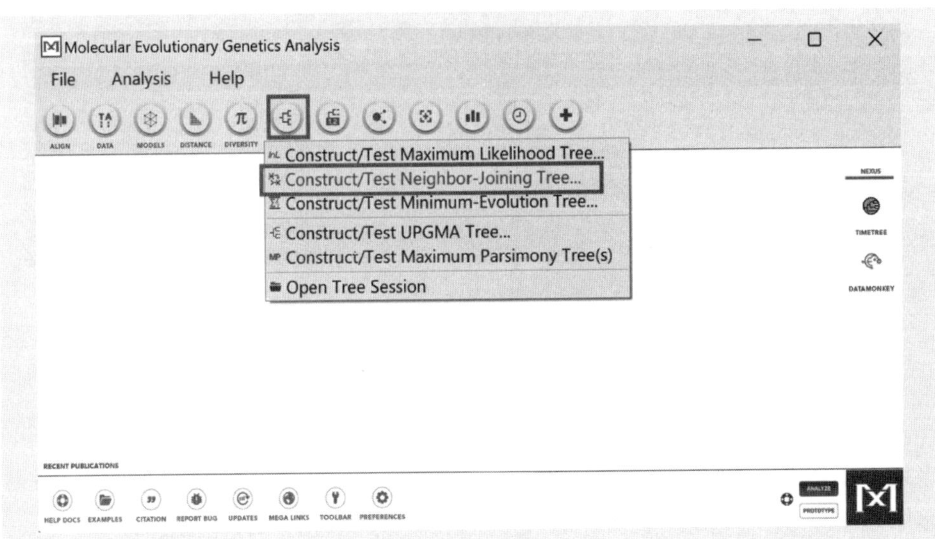

图 7–18 进化树的构建

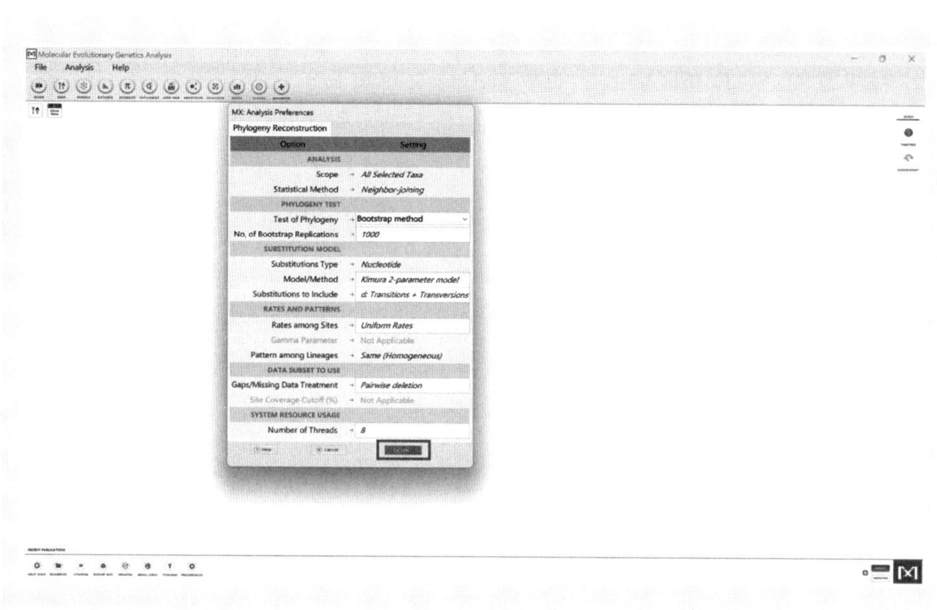

图 7-19　建树参数的设置

步也可用来构建 Maximum Likelihood 树或 Maximum Parsimony 树。

4. 得到系统发育树后，点击“保存”按钮进行保存（图 7-20）。可以将其复制粘贴至 word 或者 PPT 进行美化编辑，也可以保存为 nwk 格式，再使用 iTOL 和

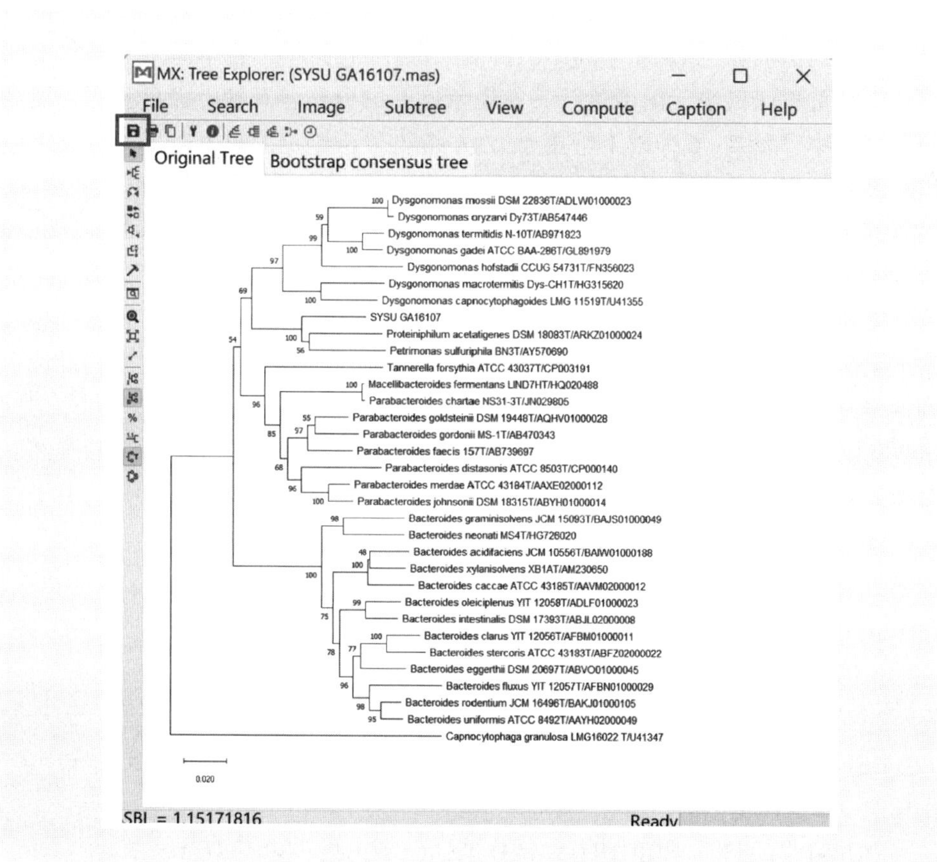

图 7-20　进化树的保存

FigTree 等工具进行进化树的展示和编辑。

需注意的是，EzBioCloud 上的数据不是及时更新的，所以需要结合 NCBI 比对结果进行基因序列收集；另外，也要结合 LPSN 和最新的分类学论文，判断是否已将最新发表的分类单元包括在内，从而确保系统发育分析的准确性和严谨性，而对于 NCBI 上尚未发表的序列，可先不考虑；建树参数设置时，“Test of Phylogeny”和“No. of Bootstrap Replications”值要填写，否则构建的进化树将缺少自举值。

第八节　DNA 指纹图谱技术

DNA 指纹图谱（DNA-Fingerprinting）是指一类基于基因组部分位点或序列显示出生物个体间 DNA 图纹差异性的一项分析技术。目前，该技术已成为微生物分类鉴定及分类研究的常规方法，不仅用于不同分类水平微生物的多样性、分类和系统学研究，还用于微生物的进化关系及生态学研究。另外，基于 DNA 指纹图谱技术的电泳结果，使用商业软件 Bionumerics 可生成聚类树，广泛应用于医疗卫生等行业相关微生物的进化、分型、溯源和分子流行病学分析等研究。

DNA 指纹图谱是通过扩增基因组中广泛分布的短重复序列，来揭示基因组间的差异。微生物的重复序列是一类在维护基因组 DNA 结构和遗传进化方面起重要作用的高度保守 DNA 序列，约占基因组序列的 5%。在不同种或同种不同菌株中，重复序列单元的数量及其在染色体上的分布各具特点。目前，在细菌的基因组中已发现 10 种以上可用于 DNA 指纹分析鉴定的短重复序列，其中应用较多的有 35 ~ 40 bp 的重复基因外回文序列（Repetitive Extragenic Palindromic，REP）、124 ~ 127 bp 的肠杆菌基因间重复一致序列（Enterobacterial Repetitive Inter-genic Consensus，ERIC）以及 154 bp 的 BOX（Box element）序列等。这些重复序列分布在细菌基因组上的不同位点并以不同的距离分隔，存在菌株和种属水平上的差异。如果以细菌的基因组 DNA 作为模板，针对这些重复序列设计引物进行 PCR，将会获得特定的产物多样性，因此可用来对细菌进行鉴定和多样性研究。DNA 指纹图谱技术的优点有：①分辨率高；②实验费用低；③适用于高通量菌株分析；④对常见细菌尤其是革兰氏阴性菌鉴定结果可靠；⑤快速、易于操作、重复性好。基因指纹图谱技术已发展出多种分析方法，每种方法的应用特点不同，因此在实践中通常选择两到三种方法同时进行。本节主要介绍 REP-PCR、ERIC-PCR 及 BOX-PCR 的操作流程，具体步骤如下。

1. 收集菌体，提取菌株的基因组 DNA。

2. 按表 7-3 准备好 PCR 体系，所用引物如下：

REP-PCR 引物：REP1R-I：5′-IIIICGICGICATC IGGC -3′；REP2-I：5′-IIIICGICGICATC IGGC -3′。

ERIC-PCR 引物：ERIC1R：5′-ATGTAAGCTCCTGGGGATTCAC -3′。

ERIC2：5′-AAGTAAGTGACTGGGGTGAGCG -3′。

BOX-PCR 引物：BOXA1R：5′-CTACGGCAAGGCGACGCTGACG-3′。

表 7-3 REP-PCR、ERIC-PCR 及 BOX-PCR 扩增的反应体系

成分	体积 /μL
PCR Mix	12.5
前端引物	1
后端引物	1
ddH_2O	10.5
模板	50 μg（具体根据 DNA 浓度进行调整）

3. 按表 7-4 的 PCR 扩增条件，分别进行扩增。为确保实验的成功，应先进行梯度 PCR 扩增，找到适合不同生境来源的微生物 DNA 的上述三种 PCR 扩增的最适退火温度。

表 7-4 REP-PCR、ERIC-PCR 及 BOX-PCR 的扩增条件

目的	温度 /℃	时长
预变性	94	10 min（REP-PCR）
		5 min（ERIC-PCR 和 BOX-PCR）
变性	94	1 min
退火	45（30 个循环）	1 min（REP-PCR）
	42（34 个循环）	1 min（ERIC-PCR 和 BOX-PCR）
延伸	72	2 min（REP-PCR）
		8 min（ERIC-PCR 和 BOX-PCR）
延伸并稳定	72	10 min
保存 DNA	4 或 12	∞

4. 电泳检测：PCR 扩增完成后，使用 2% 琼脂糖凝胶进行电泳检测（电压 60 V，30～40 min），并使用凝胶成像系统观察、拍照。结合 Marker 电泳条带，对结果进行分析展示。以薄层菌属（*Hymenobacter*）的菌株 YIM 77969^T 及其参比菌株的 DNA 指纹图谱结果为例，从图 7-21 的结果可以看出，菌株 YIM 77969^T 及其参比菌株在 REP-PCR、ERIC-PCR 及 BOX-PCR 的结果上存在明显差别，这进一步证实了菌株 YIM 77969^T 是薄层菌属（*Hymenobacter*）的一个新种。

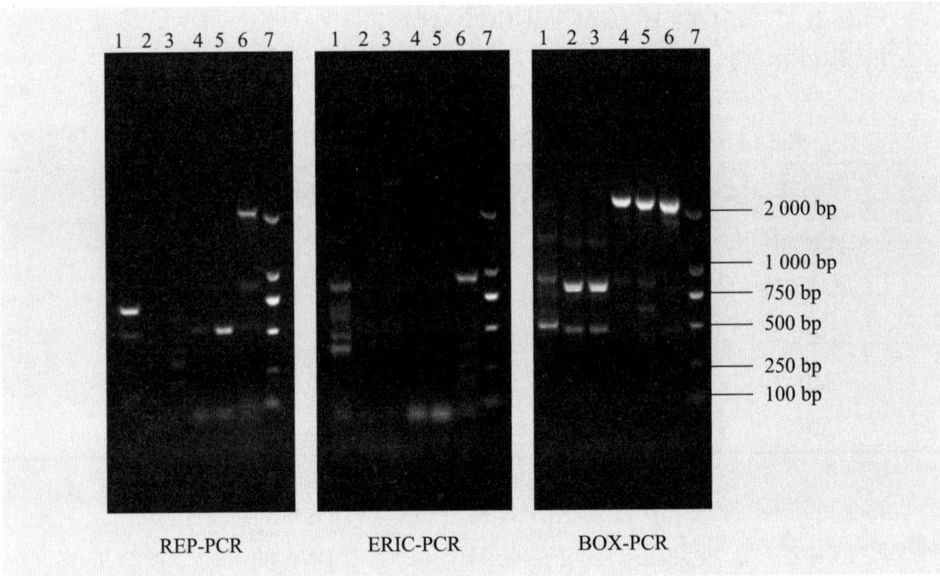

图 7-21 REP-PCR、ERIC-PCR 和 BOX-PCR 电泳结果

1. YIM 77969^T；2. *Hymenobacter. norwichensis* NS/50^T；3. *H. tibetensis* XT-M003^T；4. *H. latericoloratus* YIM 77920^T；5. *H. luteus* YIM 77921^T；6. *H. xinjiangensis* X2-1 g^T；7. *Tranks*2K$^@$ DNA Marker。

第九节 基因组测序及分析

细菌和古菌分类学始于 19 世纪后半叶，起初主要根据形态特征和生理生化特征等方面的相似程度将细菌和古菌进行简单分类；20 世纪 60 年代到 80 年代间出现了一系列如化学分类法、数值分类法和 DNA-DNA 杂交（DNA-DNA hybridization，DDH）等分类学方法；20 世纪 80 年代后，DNA 扩增技术的发展为原核生物分类学研究注入了新的动力；现今，随着测序技术在微生物领域的应用不断成熟，比表型特征和基因片段序列分析更精确的全基因组数据被应用到了微生物分类学研究中，随之也涌现出一些基于基因组数据的分析方法，使微生物分类学在精确度和可靠性等方面取得了重要突破。本节主要介绍基因组测序与分析的基本知识，在后续的小节中会对分类学中基于基因组分析的技术进行逐一介绍。

一、基因组 DNA 提取与准备

基因组 DNA 提取与准备是基因组测序中至关重要的一步，它直接影响着后续测序结果的质量和准确性。通过适当的样品处理、细胞破碎、DNA 纯化、沉淀与提取等步骤，可以从复杂的生物样本中提取出高质量的 DNA，为后续的基因组测序工作奠定良好的基础。基因组 DNA 可以手动提取也可以用试剂盒提取，主要包括以下具体步骤：

1. 样本收集与处理：样本的选择和处理对 DNA 提取的成功至关重要。样本可以是来自各种生物体的组织、细胞、血液、培养物等。在收集样本时，需要注意避免污染和降解，以确保采集到的 DNA 保持完整性和高质量。

2. 细胞破碎与裂解：在 DNA 提取过程中，细胞必须首先被破碎以释放 DNA。

这可以通过多种方式实现，包括物理方法（如高温、冻融、机械破碎等）和生物化学方法（如使用表面活性剂 SDS、蛋白酶等来裂解细胞膜和核膜），这些方法能够有效地破坏细胞膜和核膜，释放出细胞内的 DNA。

3. DNA 纯化：DNA 纯化旨在去除细胞碎片、蛋白质、RNA 等杂质，从而得到高纯度的 DNA。这一步通常包括多个步骤，如蛋白质消化（使用蛋白酶等酶类将蛋白质降解，使其失去活性）、RNA 酶处理（使用 RNA 酶去除 RNA 污染，以免其干扰后续的 DNA 测序）、pH 调节和盐溶解（通过调节溶液的 pH 值和加入盐类，有助于 DNA 的溶解和纯化）等。

4. DNA 沉淀与提取：DNA 沉淀是将 DNA 从溶液中沉淀出来的过程，通常包括以下步骤：加入盐和醇类（在高盐和醇类条件下，DNA 会从溶液中沉淀下来）、离心（将溶液进行离心，使 DNA 沉淀到离心管底部）、脱除上清（将上清液倒掉，留下 DNA 沉淀）、洗涤和溶解（需要对沉淀的 DNA 进行去除残余的盐类和其他污染物，并将 DNA 溶解在适当的缓冲液中）。

5. DNA 浓缩与测量：提取到的 DNA 可能会过于稀释，需要进行浓缩，这可以通过醇沉淀、离心、干燥等方法来实现。浓缩后，需要对 DNA 的浓度和纯度进行测量，通常使用比色法、紫外吸收法或荧光法来进行。

二、基因组文库的构建

基因组文库构建是将提取到的 DNA 转化为适合进行测序的样品。文库构建过程中涉及 DNA 片段末端修饰、连接适配器、PCR 扩增等多个步骤，需要精确控制以确保文库的质量和适用性。通过文库检验与质量控制，可以评估文库的质量，并进行必要的调整和优化。完成文库构建后，文库需要进行合适的存储，以确保其稳定性和长期保存的可行性。主要包括以下具体步骤。

1. DNA 片段末端修饰：文库构建的第一步是对提取到的 DNA 片段进行末端修饰。这一步通常包括末端修饰酶处理（使用多聚核苷酸激酶对 DNA 片段的末端进行磷酸化或羟基化）和 A 尾修饰［在 DNA 片段的 3′ 端添加腺嘌呤（A）残基，为后续接头连接做好准备］。

2. 接头连接：接头是将 DNA 片段连接到测序平台上进行扩增和固定所需的 DNA 分子。接头通常包括两个部分，一个是底物连接部分，指与 DNA 片段的末端连接，并包含序列特异性引物用于后续扩增。另一个是测序连接部分，指与测序平台的引物相匹配，用于固定 DNA 片段并实现测序。接头连接通常通过 DNA 连接酶催化反应来实现，将接头与 DNA 片段的末端连接起来。

3. PCR 扩增：连接接头后的 DNA 片段需要进行 PCR 扩增，以获得足够数量的 DNA 分子用于后续的测序。PCR 扩增通常包括模板 DNA 解链（将模板 DNA 变性为单链 DNA，便于引物的结合）、引物结合（引物与模板 DNA 的末端结合，作为 PCR 的起始点）和 DNA 扩增（通过 PCR 反应，在不断重复的循环中，将 DNA 片段逐渐扩增成大量的复制物）。PCR 扩增的循环条件和引物设计需要精确控制，以确保扩增的效率和特异性。

三、基因组测序技术

测序技术从某种意义上讲就是将 DNA 这种生物信息转化为可视的数字信号的过程。从测序技术出现至今，经历了三次更新换代。

1. 一代测序

一代测序技术（Sanger 测序）属于合成终止类测序，是指 1977 年 Frederick Sanger 和 Coulson 发明的双脱氧链终止法或者是由 Walter Gibert 和 Allan Maxam 开创的化学降解法。借助于该方法，1977 年完成了噬菌体 X174 的第一个基因组序列，2001 年完成的首个人类基因组图谱也是以改进后的 Sanger 测序为基础完成的。Sanger 测序的最大读长约为 1 000 bp，准确性高达 99.99%，但测序成本高，通量低，对于大片段或者全外显子等来说非常耗时，但 Sanger 测序法在当今的短序列测序如 16S rRNA 基因测序和基因敲除等实验中依旧有着广泛的应用，其原理是：由于双脱氧核苷酸（ddNTP）2′ 和 3′ 端都不含羟基，在 DNA 的合成过程中不能形成磷酸二酯键，因此会中断 DNA 的合成反应；在 4 个 DNA 合成反应体系中分别加入带有一定比例放射性同位素或荧光染料标记的 dNTP，然后利用琼脂糖凝胶电泳结合放射自显影后可以根据电泳条带的位置确定待测分子的 DNA 序列。

2. 二代测序

二代测序技术，即高通量测序技术（High-throughput sequencing，HTS）是对传统 Sanger 测序技术革命性的变革，可以一次性对几十万到几百万条核酸分子进行序列测定，也被称为下一代测序技术（Next Generation Sequencing，NGS），高通量测序技术使对转录组和基因组进行细致的全貌分析成为可能。目前成熟的二代测序技术有三种，分别为 Roche 公司的 454 焦磷酸测序技术、ABI 公司的 SOLiD 技术和 Illumina 公司的 Solexa 技术。454 焦磷酸测序技术在被测序片段中含有多个连续的相同碱基时，无法识别具体个数，只能凭经验猜测，因此经常会产生插入 - 缺失错误。再加上通量较低和成本较高，454 焦磷酸测序技术的发展受到限制，因此 Roche 公司在 2016 年底终止了 454 焦磷酸测序技术相关的业务。

ABI 公司的 SOLiD 测序仪以四色荧光标记寡核苷酸的连续连接合成为基础，取代了传统的聚合酶连接反应，可对单拷贝 DNA 片段进行大规模扩增和高通量并行测序。在将 DNA 打成片段后，在片段两端加上不同的接头，此后将包含所有 PCR 反应成分的水溶液注入高速旋转的矿物油表面，形成无数个直径 1 μm 的被矿物油包裹的小液滴，每一个小液滴独立成为一个 PCR 反应空间，理想状态下，每一个小液滴只包含一个 DNA 模板和一个磁珠，磁珠表面含有与接头互补的 DNA 序列，经过 PCR 扩增后，磁珠上会富集大量序列相同的 PCR 产物，从而达到测序所需 DNA 量的要求。测序时将带有 PCR 产物的磁珠固定在光纤板上，通过板上的小孔固定磁珠，此后加入含有 8 个碱基的单链荧光探针混合物，这些探针按照碱基互补规则与单链 DNA 模板链配对，不同探针的 5′ 端分别标记不同颜色的荧光染料，每两个碱基确定一个荧光信号，相当于一次能决定两个碱基，因此，这种测序方法也被称为两碱基测序法。

Illumina 公司的二代测序技术最早由 Solexa 公司研发，其为边合成边测序。该技术是先将打碎的 DNA 片段末端连接上序列已知的接头，构建单链 DNA 测序文库，此后通过特异性的接头将单链 DNA 固定在支撑体上，支撑体上每个独立的小空间理论上只包含一条 DNA 链，此后通过 PCR 特异性的将模板 DNA 进行富集以达到测序需求；此后再加入改造过的 DNA 聚合酶和带有 4 种荧光标记的 dNTP，因为 dNTP 的 3′ 羟基末端带有可被化学切割的部分，只容许每个循环掺入单个碱基，此时，用激光扫描反应板表面，根据 dNTP 所带的荧光读取每条模板序列每一轮反应所聚合上去的核苷酸种类，经过“合成 – 清洗 – 拍照”的循环过程，最终得到目的片段的碱基排列顺序。

现在市面上主流的测序技术是二代测序技术，其主要原因是通量高，具体到单条序列的成本非常低廉。但二代测序技术也有一定的局限，二代测序技术读长较短，常用的 Illumina 平台最长为 250 ~ 300 bp；同时由于建库中利用了 PCR 技术富集序列，因此有一些含量较少的序列可能无法被大量扩增，造成信息丢失，且 PCR 过程中有一定概率会引入错配碱基。因此想要得到准确和长度较长的拼接结果，需要提高测序覆盖率，但是会导致错误增多和成本增加。

3. 三代测序

2008 年 4 月，Helico BioScience 公司的 Timothy 等人在 *Science* 上报道了使用单分子测序技术对一个 M13 病毒基因组进行重测序，该技术也被称为三代测序技术。目前，Helicos 的基因分析系统（Helicos’ genetic analysis system）、Pacific Biosciences（PacBio）公司的单分子实时技术（Single molecule real time，SMRT）和牛津大学的纳米测序技术（Oxford Nanopore’s nanopore sequencing）作为第三代测序技术的主流不断发展成熟，并投入应用，使得测序的质量和测序读长又一次革命性地提高。三代测序技术的主要特点是单分子测序，测序过程无须进行 PCR 扩增，超长读长。

PacBio 技术平台的 SMRT 芯片主体是一种带有很多 ZMW 孔的厚度为 100 nm 的金属片，每一个 ZMW 孔仅允许一条 DNA 模板进入。将 DNA 聚合酶、待测目标序列和不同荧光标记的 dNTP 放入 ZMW 孔的底部。荧光标记的位置是 dNTP 末端的磷酸基团，当一个 dNTP 被添加到合成链上的同时，它会进入 ZMW 孔的荧光信号检测区，带有标记的磷酸基团脱下并激发荧光，根据荧光的种类就可以判定 dNTP 的种类，从而获得核酸的碱基序列信息。这种测序方法的读长主要受 DNA 聚合酶的活性限制，要避免激光对酶活性造成影响。该平台的单碱基错误率虽然很高，但是这种单碱基的错误是随机发生的，因此，对同一段序列测序覆盖多次就能够进行纠错，一般覆盖到 10X 以上的深度就能达到 99.9% 的正确率；此外，由于该平台没有 PCR 扩增的过程，因此避开了引物特异性引起的误差，同时回文序列也得到了更好的处理，GC 偏好引起的误差也被有效解决。虽然三代测序具有巨大的读长优势，但三代测序较高的成本还是限制了它的应用。

与 SMRT 芯片通过合成过程中的荧光信号对序列进行测序不同，Nanopore 技术是基于 DNA 分子在通过纳米孔时，被核酸外切酶切下碱基产生的电荷变化短暂地影响流过纳米孔的电流强度（每种碱基所影响的电流变化幅度是不同的）进行测序的，高灵敏度的电子设备能够检测到这种微弱的电流变化从而鉴定所通过的碱基情况。Nanopore 技术具有更长的读长，可达 150 kbp，且测序数据实现实时监控，测序周期短，此外还可以对 RNA 分子、修饰过的碱基进行测序。但该测序方法是基于水解法进行的，会破坏单链 DNA 结构，因此不能实现重复测序。

总体而言，Sanger 测序法一直以来因可靠、准确、可以产生长的读长而被广泛应用。但是它的致命缺陷是测序速度相当慢，例如人类基因组消耗 13 年，这显然不是理想的速度，人们需要更高通量的测序平台；第二代测序技术的优点是高通量、高灵敏度和低运行成本，但其因 PCR 的过程会在一定程度上增加测序的错误率，还有就是读长较短，这给后续的数据解读带来了困难和限制；而第三代测序技术的发展，使得测序的质量和测序读长又一次革命性地提高，昂贵费用也有望进一步降低。目前常采用二代或者三代测序技术进行基因组的测序。

四、测序数据处理

基因组下机数据以 FASTQ、SAM/BAM 等格式存储，其中包含了每个 DNA 片段的序列信息、质量信息以及测序信息。数据处理的过程包括质量控制、基因组拼接和基因组评估等多个步骤。

1. 质量控制

质量控制是基因组下机数据序列处理的关键步骤之一。它主要包括检查序列数据的质量分数、去除低质量序列、去除接头序列和重复序列等。第一步质量评估，使用 FastQC 等工具对原始测序数据进行质量评估，生成质量报告。该报告包括测序读长分布、碱基质量分布、GC 含量等信息，能够帮助识别数据质量问题和潜在的测序污染。第二步过滤低质量序列，利用 Trimmomatic 等工具去除低质量的碱基、去除接头序列和过短的序列，提高数据质量。参数设置根据 FastQC 结果和具体实验情况进行优化。第三步重复质量评估，在进行完数据质量控制后，再次使用 FastQC 等工具对处理后的测序数据进行质量评估，确保数据质量已经得到有效改善。

2. 基因组拼接

基因组拼接是将原始 DNA 序列拼接成更长的连续序列的过程。这对于没有参考基因组的物种或样品非常重要。拼接方法可以分为基于参考序列的拼接和无参考序列的拼接两种。基于参考序列的拼接利用已有的参考基因组来辅助组装，可以提高拼接的准确性和效率。常用的基于参考序列的拼接工具包括 SOAPdenovo、SPAdes 和 Velvet 等。无参考序列的拼接则不依赖于已有的参考基因组，主要通过序列相似性和覆盖度来拼接序列。常用的无参考序列拼接软件包括 Trinity、SOAPdenovo 等。根据实际情况，可能需要调整拼接软件的参数，以获得更好的拼接结果。例如，调整 *k-mer* 长度以适应不同的基因组大小和复杂度。

3. 基因组质量评估

首先需要检查组装质量，使用工具如 QUAST、CheckM 等对组装结果进行质量评估，包括 N_{50} 值、L_{50} 值、基因组覆盖率等指标。N_{50} 值是指拼接后的 contig（或 scaffold）序列长度的中值。换句话说，如果将所有 contig 按长度从大到小排序，按照排列顺序将 contig 的序列长度依次相加，当相加后的序列长度达到基因组序列总长度的一半时，最后一个加上的 contig 的序列长度即为 N_{50}。L_{50} 值是指需要多少个 contig 的序列相加才能达到总长度的 50%。换句话说，如果将所有 contig 按长度从大到小排序，按照排列顺序将 contig 的序列长度相加，当相加后序列长度达到基因组序列总长度一半时的 contig 数即为 L_{50}。通常来说，较高的 N_{50} 值和较低的 L_{50} 值表示拼接结果具有更好的连续性和完整性。CheckM 是一种常用的评估微生物基因组装质量的工具。它可以评估拼接的基因组的完整性和污染度，并提供基于单拷贝基因和多拷贝基因的统计信息。

第十节 基因组相关性指数分析

随着高通量测序技术的巨大进步，微生物基因组数据呈爆炸式增加，基于基因组的微生物分类学标准应运而生。直接从基因组出发进行基因组相关性指数（Overall genome relatedness indices）分析，取代了一些耗时耗力的传统实验内容，也确保了结果的可靠性和可重复性。常见的基因组相关性指数主要包括数字化 DNA-DNA 杂交（Digital DNA-DNA hybridization，dDDH）、平均核苷酸一致性（Average nucleotide identity，ANI）、平均氨基酸一致性（Average amino acid identity，AAI）和保守蛋白百分比（POCP）。本节主要介绍上述常用的 4 种基因组相关性指数分析的方法。

一、dDDH 分析

目前，原核生物种的概念主要建立在方法学基础上，其中 DNA-DNA 分子杂交（DNA-DNA hybridization，DDH）实验结果是划分不同种的“黄金标准”。传统的荧光标记法和液相复性速率法等费时费力且重现性较差，难以形成在不同实验室之间可比较的数据。进入基因组时代后，一些能反映基因组整体水平差异的计算方法不断涌现。Stefan R. Henz 等人在 2005 年提出了一种计算原核生物基因组水平遗传距离的算法，称为 GBDP（Genome blast distance phylogeny）。随后，2013 年 Meier-Kolthoff 等人将 GBDP 的遗传距离应用于推算数字化 DDH 杂交，并开发了在线工具 GGDC 用于计算 dDDH。

1. 基因组数据准备

准备 FASTA 格式的需要分析的基因组序列即可。

2. GGDC 使用方法

（1）打开 GGDC 网站，进入分析页面；

（2）设定参数（图 7-22）

Local alignment tool：选择计算基因组水平遗传距离的工具（算法），包括

图 7-22 dDDH 分析页面

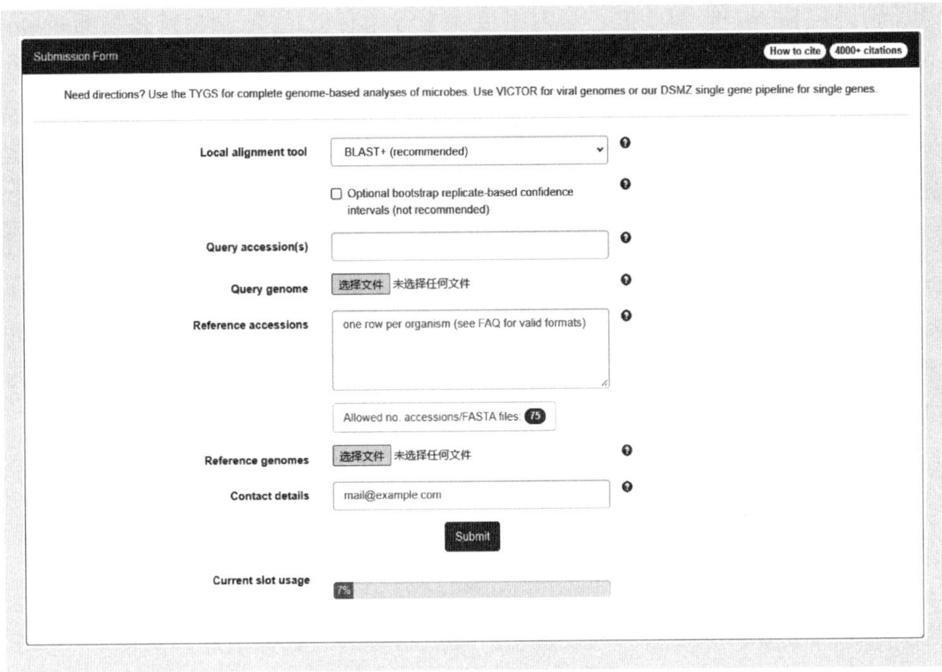

BLAST+、NCBI-BLAST、BLAT、BLASTZ、WU-BLAST 和 MUMMER，推荐使用 BLAST+；

Optional bootstrap replicate-based confidence intervals（not recommended）：一般不建议勾选，选择后分析速度会变慢，且对 dDDH 的计算没有明显影响；

Query accession（s）：填写待分析基因组 GenBank 登录号，如有多个可用空格或连字符分隔；

Query genome：选择待分析的基因组核酸序列，如果待分析基因组含有多个染色体、质粒等元件的话，需要整合到一个 fasta 格式文件里。Query genome 和 Query accession（s）至少选择一处进行设置；

Reference accessions：填写参比菌株基因组 GenBank 登录号，以每个一行的形式填写；

Reference genomes：选择参比菌株基因组核酸序列文件，要求同 Query genome；

Contact details：填写用于接收分析结果的邮箱；

Current slot usage：当前服务器使用情况；

注意：Reference accessions 和 Reference genomes 部分提交的基因组总数不能超过 75 个。

（3）设置好以上内容后，点击“Submit”提交任务，提交之后，根据服务器排队的任务量，一般需要等待几分钟到数小时不等。

（4）查阅结果

邮件中的分析结果的主要内容如图 7-23 所示，如果有多个参比基因组，邮件

```
=-=-=-=-=-=-=-=-=-=-=-=-=-=-=-=-=-=-=-=-=-=-=-=-=-=-=-=-=-=-=-=-=-=-=-=-=-=
KX18D6 (query) vs. 13199 (reference):
=-=-=-=-=-=-=-=-=-=-=-=-=-=-=-=-=-=-=-=-=-=-=-=-=-=-=-=-=-=-=-=-=-=-=-=-=-=

Formula: 1 (HSP length / total length)
Distance: 0.1115
DDH estimate (GLM-based): 84.10% [80.4 - 87.3%]
Probability that DDH > 70% (i.e., same species): 94.42% (via logistic regression)
Probability that DDH > 79% (i.e., same subspecies): 73.29% (via logistic regression)

- - - - - - - - - - - - - - - - - - - - - - - - - - - - - - - - - - - - -

Formula: 2 (identities / HSP length) (RECOMMENDED)
Distance: 0.1585
DDH estimate (GLM-based): 27.20% [24.9 - 29.7%]
Probability that DDH > 70% (i.e., same species): 0.03% (via logistic regression)
Probability that DDH > 79% (i.e., same subspecies): 0.02% (via logistic regression)

- - - - - - - - - - - - - - - - - - - - - - - - - - - - - - - - - - - - -

Formula: 3 (identities / total length)
Distance: 0.2524
DDH estimate (GLM-based): 65.60% [62.2 - 68.8%]
Probability that DDH > 70% (i.e., same species): 53.43% (via logistic regression)
Probability that DDH > 79% (i.e., same subspecies): 13.79% (via logistic regression)

- - - - - - - - - - - - - - - - - - - - - - - - - - - - - - - - - - - - -

Difference in % G+C: 0.46  (interpretation: either distinct or same species)
```

图 7–23 GGDC 运算结果示例

中则会包含多个类似图 7–23 的区域。在结果列表中，最上面表示的是下方结果所对应的基因组对，紧接着是基于公式 1、2 和 3 得到的遗传距离（Distance）和 DDH 等计算结果。一般建议使用公式 2 对应的结果，因为该算法对基因组序列长度不敏感。以图 7–23 中 Formula 2 为例：0.1585 为遗传距离；27.20% 为通过广义线性回归拟合推算得到的 DDH 结果；24.9% ~ 29.7% 为误差范围；最后两行分别为通过逻辑回归拟合推测 DDH 结果大于 70%（同一种）和 79%（同一亚种）的概率，分别只有 0.03% 和 0.02%。最后给出的是基因组 G+C 含量的差异，以及该差异对被分析的两个基因组是否为同种的参考结论。根据 Jan P. Meier–Kolthoff 等人的相关性分析结果，G+C 含量在种内的差异一般不超过 1%，但是当差异小于 1% 时仍然有较高的概率是不同种，而大于 1% 时就极有可能是不同种。

二、ANI/AAI 分析

平均核苷酸一致性（Average nucleotide identity，ANI）于 2005 年由美国 Tiedje M. James 教授等提出，被尝试用于从基因组序列水平对原核生物的不同种进行区分。根据对 70 个近缘种编码基因核酸序列的分析，他们认为传统划分不同种的 DDH 阈值 70% 对应的 ANI 值大致为 94%。2009 年 Michael Richter 等开发了 Jspecies 软件，并对种内或种间的 ANI 值进行系统分析，提出划分不同种的 ANI

阈值为 95%～96%，该标准一直沿用至今。不同于早期基于基因序列的 ANI 值计算方法，Jspecies 软件提供两种方法，均使用包含编码区和非编码区的所有基因组序列：一种是将一个基因组的序列切割为 1 020 bp 的小片段，然后使用局部序列比对软件 blast 分别与另一个基因组进行分析，然后计算一致性结果的平均值；另一种是使用全局序列比对软件 MUMmer 计算所有检索到的长片段同源序列的一致性结果，然后计算平均值。近些年，出现了许多新的 ANI 计算软件，但是其基本原理与 Jspecies 大同小异，主要是计算效率、准确度和结果呈现方面有所优化。

相比于 ANI，平均氨基酸一致性（Average amino acid identity，AAI）在亲缘关系较远的类群之间更能准确反映彼此之间基因组水平的差异。DNA 序列由于自身的特性决定了当序列差异较大时，比对后不同序列在同一位点具有同源性的可能性会降低。因此，许多 ANI 分析软件在计算平均值时一般默认将一致性低于 70% 的结果排除掉。容易发现，随着种间差异变大，ANI 值逐渐降低到 70%～80% 之间，然后便保持平稳。这时如果查看 Jspecies 等软件给出的 coverage 值时，会发现 ANI 的值虽然趋于平稳，但是 coverage 值却在不断下降。这意味着当亲缘关系远到一定程度后，根据核酸序列找到的菌株之间的同源序列其实在变少。但是当使用编码基因的氨基酸序列进行类似的分析时，便可以在远缘的菌株间找到更多的同源序列。比如，在原核生物之间，两条氨基酸序列一致性在 30% 左右时，仍然有很大可能是同源序列。基于这些事实，计算菌株之间的 AAI 值具有重要意义。例如，AAI 在限定属的界限方面，已在赤杆菌科等类群得到很好的应用。

1. 数据准备

根据选择的软件不同，准备待分析基因组的 DNA 序列或者氨基酸序列即可。已上传至公共数据库的基因组序列，通常可以直接下载相应的数据。当选用的参比基因组未包含注释结果，或自己的基因组暂未进行编码基因预测时，可使用在线工具 CDSeasy 或本地软件 prodigal（支持 Windows 系统）进行编码基因预测，通常几分钟之内便可获得相应的 CDS 序列。常见的 ANI/AAI 分析工具见表 7–5。

表 7–5 常见的 ANI/AAI 分析工具

名称	类型	特点
ANI:		
ANI	本地	Jspecies 的 Perl 脚本程序
ANI calculator	线上	一次只能分析一对基因组；支持 NCBI 登录号输入
ANI Calculator	线上	一次只能分析一对基因组；支持对基因组序列进行质量评估
FastANI	本地	命令行软件；快速、高通量
Jspecies	本地	图形界面；支持基于 blast+ 和 MUMmer 软件（仅限 Linux 系统）的两种 ANI 计算模式，支持计算四核苷酸多态性相关系数；内存足够的情况下对基因组数量没有限制

续表

名称	类型	特点
JSpeciesWS	线上	支持基于 blast+ 和 MUMmer 软件的两种 ANI 计算模式，支持计算四核苷酸多态性相关系数；最多一次性支持 30 个基因组
OAT（OrthoANI）	本地	图形界面；使用 blast+，热图可视化结果呈现；一次只能分析 10 个以内基因组的两两 ANI 值；可以计算 GGDC
OrthoANIu	本地	使用 Usearch，速度快，高通量
pyani	本地	Jspecies 的 Python 脚本程序
AAI：		
AAI calculator	线上	可进行一对蛋白质组分析
CompareM	本地	命令行软件；支持核酸序列输入；已停止更新
EzAAI	本地	Linux/macOS 命令行软件
ANI/AAI：		
ANI/AAI-Matrix	线上	可提交 50 个以内的蛋白质组数据进行两两分析

2. 分析方法

以 Kostas 实验室的在线工具 ANI/AAI-Matrix（Rodriguezr and Konstantinidis 2016）为例介绍 ANI 和 AAI 的分析方法。首先打开网址。界面如图 7-24 所示。

（1）填写基本信息（可以不填）

Name：姓名或称谓；

E-mail：电子邮箱，用于接收分析结果报告；

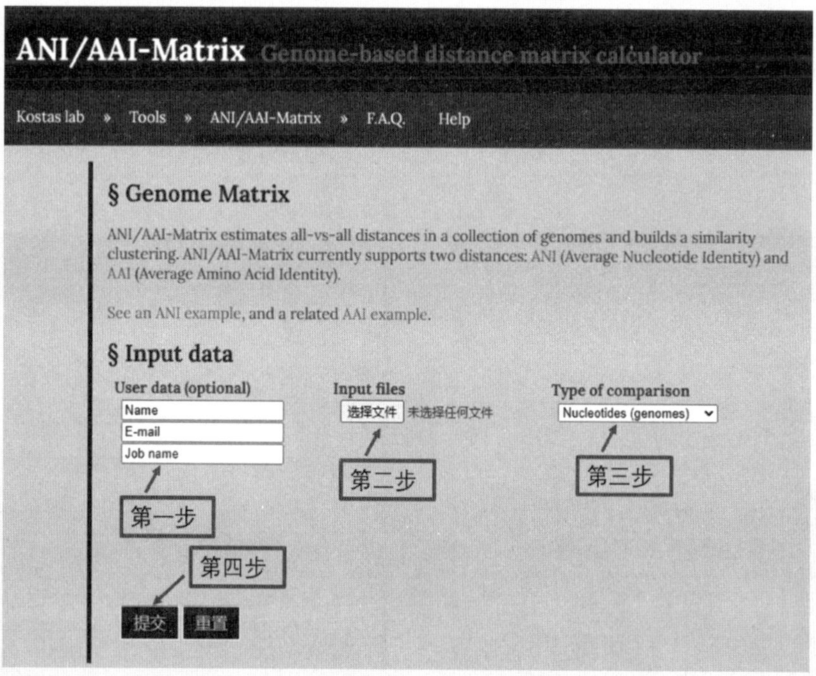

图 7-24 ANI/AAI-Matrix 在线工具网站

Job name：当前分析工作的名称，方便用户在短时间内提交多个分析时进行区分。

（2）选择包含所有基因组数据的压缩包，支持的格式有 .zip，.tar，.tar.gz and .tar.bz2。注意在进行 ANI 分析时，压缩包内所有文件必须是 FASTA 格式的 DNA 序列（避免使用 1、2、3……命名文件，系统有可能会报错）；进行 AAI 分析时必须是 FASTA 格式的氨基酸序列；文件总数不能超过 50。

（3）选择分析（数据）类型。Nucleotides（genomes），即 ANI 分析；Amino Acid（proteome），即 AAI。

（4）点击“提交”，然后会看到图 7-25 的页面。如果填写了邮箱信息，分析结果将会被发送到指定邮箱；如果未填写邮箱信息，建议将该页面作为书签收藏。过一段时间后，可点击红色的“job ID”查看分析是否完成，如果未完成请继续等待。根据数据量的大小和当前用户数量的多少，可能需要等待几分钟甚至几个小时。因此，一般建议填写邮箱信息，等待邮件通知。

（5）分析完成后，点击相应的链接，即可看到如图 7-26 的页面。结果分为两

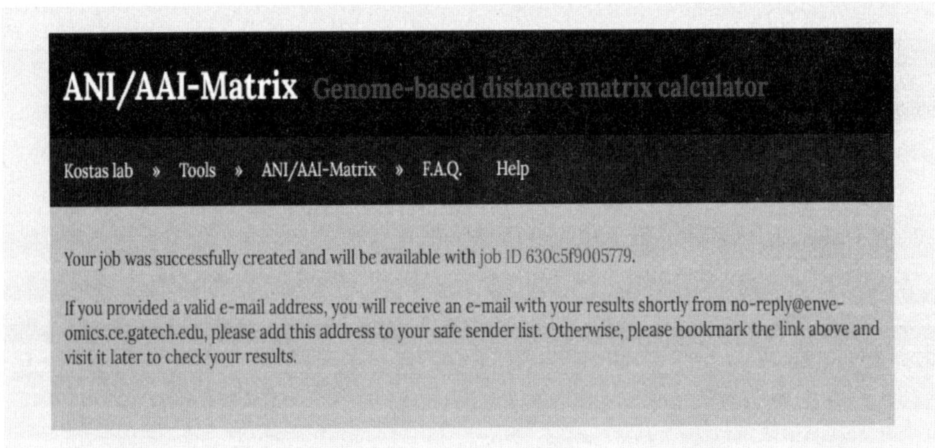

图 7-25 提交任务后 ANI/AAI-Matrix 提示信息

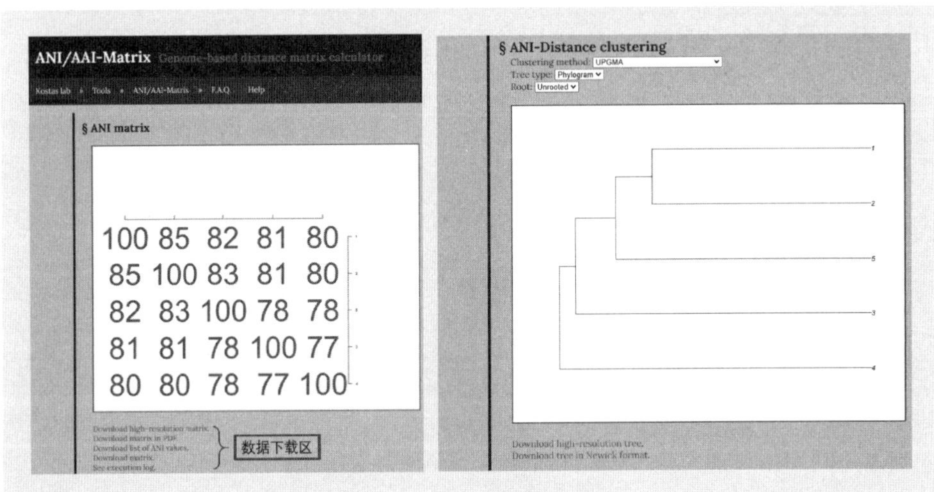

图 7-26 ANI/AAI-Matrix 分析结果示例

部分，上方为 ANI、AAI 结果矩阵；下方为根据 ANI、AAI 得到的聚类树，点击页面上相应的链接，即可获得进一步的详细数据。

三、POCP 分析

DNA 序列中的核苷酸取代通常会引起非同义氨基酸取代，其既不改变蛋白质功能也不改变菌株表型。因此，保守蛋白百分比（POCP）值适合评估两株菌的进化距离和表型差异。POCP 的计算公式为 POCP=（*C1*+*C2*）/（*T1*+*T2*）*100%，*C1* 和 *C2* 分别为被比较的两个菌株中保守蛋白的数量，*T1* 和 *T2* 分别为被比较的两个菌株中蛋白的总数，理论上来讲，POCP 的变化范围为 0 ~ 100%。POCP 的计算显示来自不同属的两个菌株的 POCP 值均匀地分布在很宽的区域，并且可以清楚地彼此分离。另一方面，相比于 AAI 的结果，重叠的部分也少了许多，这说明 POCP 是比 AAI 更好的“属”水平分类方法。因此 POCP 是一个基于基因组分析的微生物属水平上的分类方法。界定原核生物属的 POCP 标准可概括为三条：①通常，可以将 50% 的 POCP 值作为“属”的分类标准提出；②如果菌株属于特定属，则该菌株与同一属的任何其他物种之间的 POCP 值应该高于该菌株与来自其他不同“属”的任何物种之间的 POCP 值；③从基因组的角度来看，原核生物“属”可以定义为所有 POCP 值高于 50% 的一组微生物菌株。

1. 搭建 Python 语言环境

从 Python 官网选择适合自己的版本进行下载，本节以 Python 3.11.2 为例（图 7-28）。

2. 系统环境变量设置

Windows 系统直接点击左下角图标，在搜索栏输入“高级系统设置”，点击进入“系统属性”，选择“高级”，点击“环境变量”，新弹出的对话框上面为“用户变量”，下面为“系统变量”，二者分别点击“新建”，在用户变量添加新的路径，

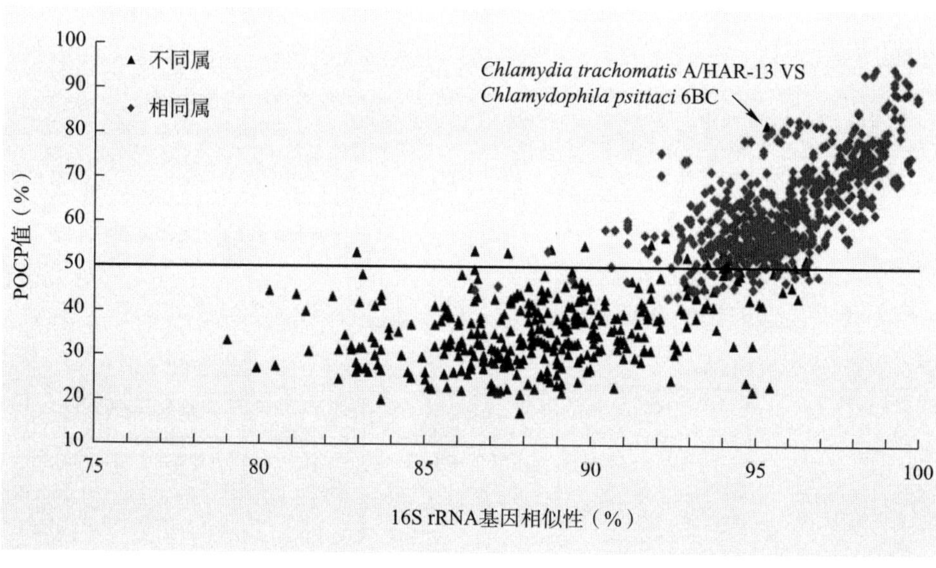

图 7-27 POCP 值与 16S rRNA 基因相似性之间的关系（引自 Qin et al., 2014）

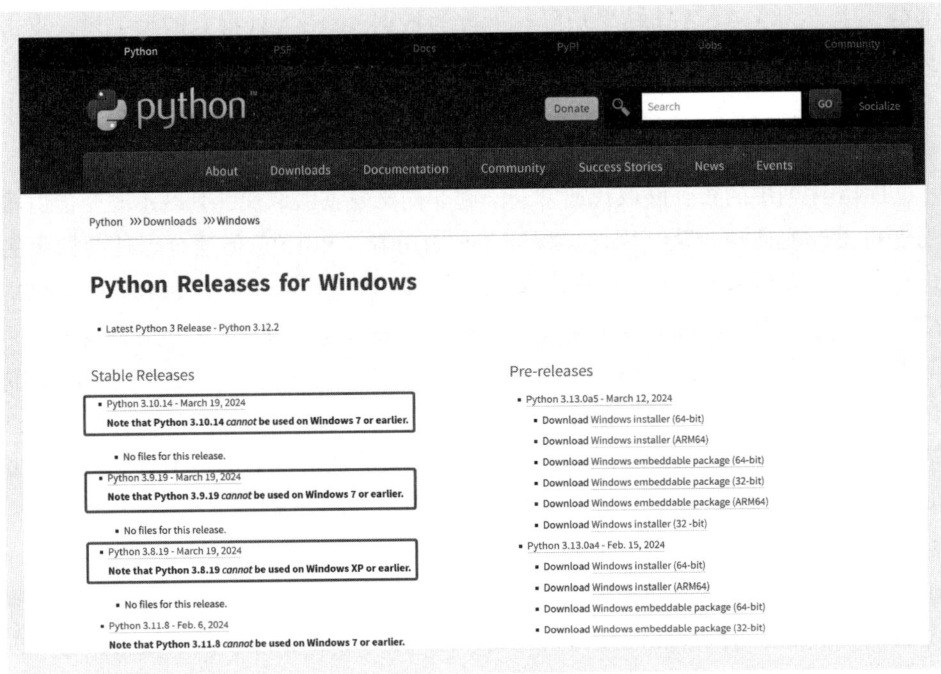

图 7-28 进入 Python 官网下载 Python 软件

我这里命名为“Python”。将系统变量的 Path 设置为 Python 所在的路径（图 7–29）。

3. pandas 模块安装

（1）输入 cmd，打开命令提示符（图 7–30）。

（2）Python–V：可以检查 python 是否正确安装，如果安装正确的话会出现具体的版本号。

（3）输入 powershell，打开 powershell 环境，输入“pip install pandas”，安装 pandas 模块。安装可能需要一些时间，若之前有安装过，会提示已经就绪。

4. POCP 环境搭建

（1）在电脑上创建一个名称为“POCP”的文件夹，在其中创建以下几个文件夹：

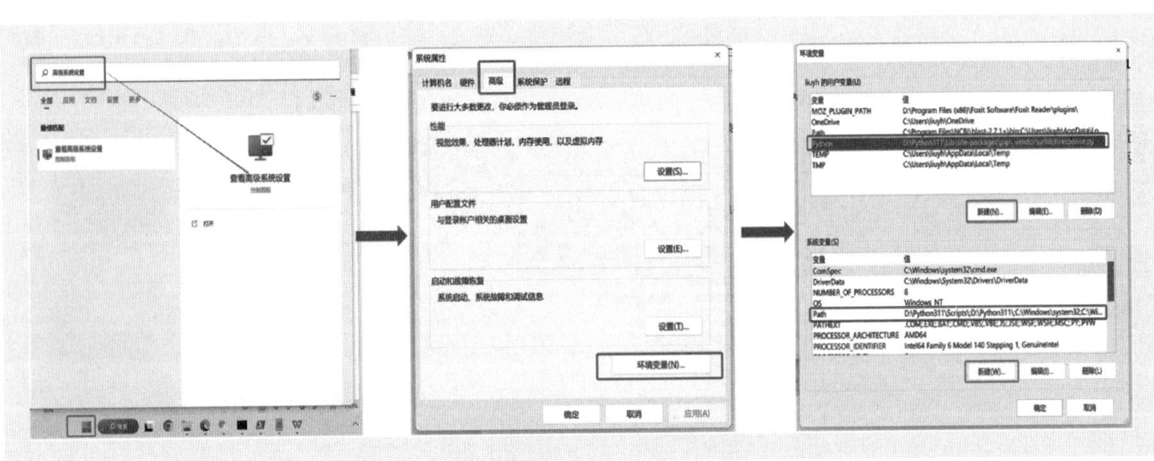
图 7–29 系统环境变量设置方法

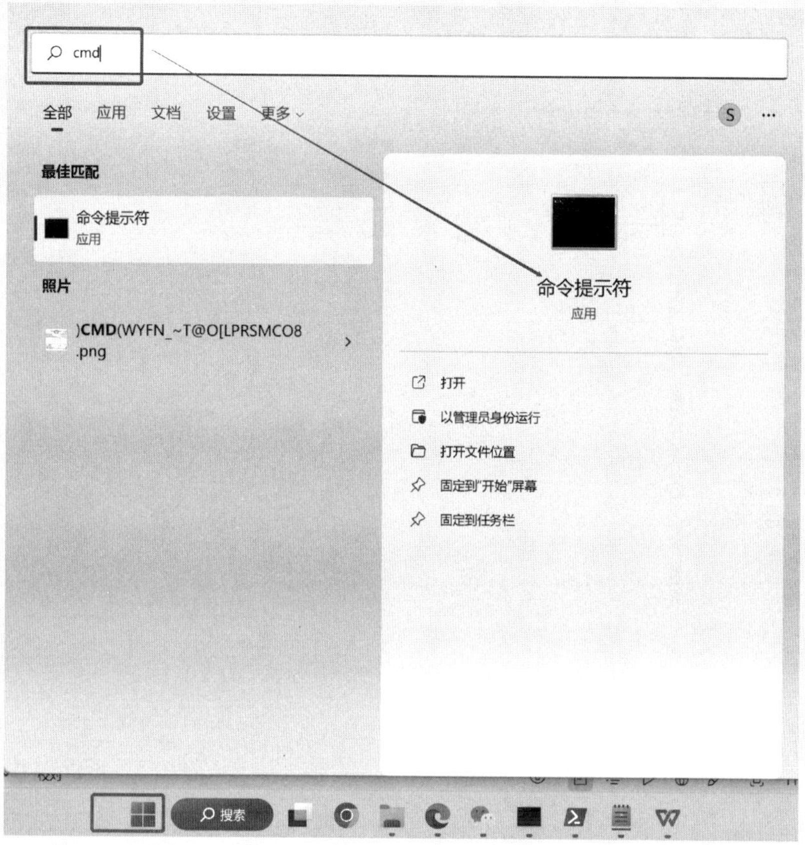

图 7-30 打开命令提示符

Database（自己建）;

Rawdata（自己建）;

Result（自己建）;

20180615_POCPpipeline.py;

blastp.exe（安装后自动生成）;

makeblastdb.exe（安装后自动生成）;

ncbi-blast-2.7.1+-win64.exe（下载安装）。

（2）从网站下载本地 Blast。下载完成后，双击 ncbi-blast-2.7.1+-win64.exe 安装程序进行安装，默认安装到 C 盘，建议安装到上述所建的文件夹中，并生成一个新的文件夹，此处为 blast-2.7.1+。安装完成后会在 blast-2.7.1+ 文件夹内会生成 bin 和 doc 两个子目录（图 7-31），其中 bin 是程序目录，doc 是文档目录。

（3）将 fna 格式的基因组文件换成 fasta 格式的，用命令将核酸序列转化成蛋白序列（命令为 nohup prodigal -i sequence.fasta -a sequence_pep -d sequence_cds -f gff -g 11 -o sequence_gff -p single -s sequence_stat &），将 pep 格式的文件放在上述建好的“Rawdata”文件夹内，此处选取“BF2_201808_bins_49”和“BF2_201808_bins_90”基因组的蛋白序列作为分析对象。

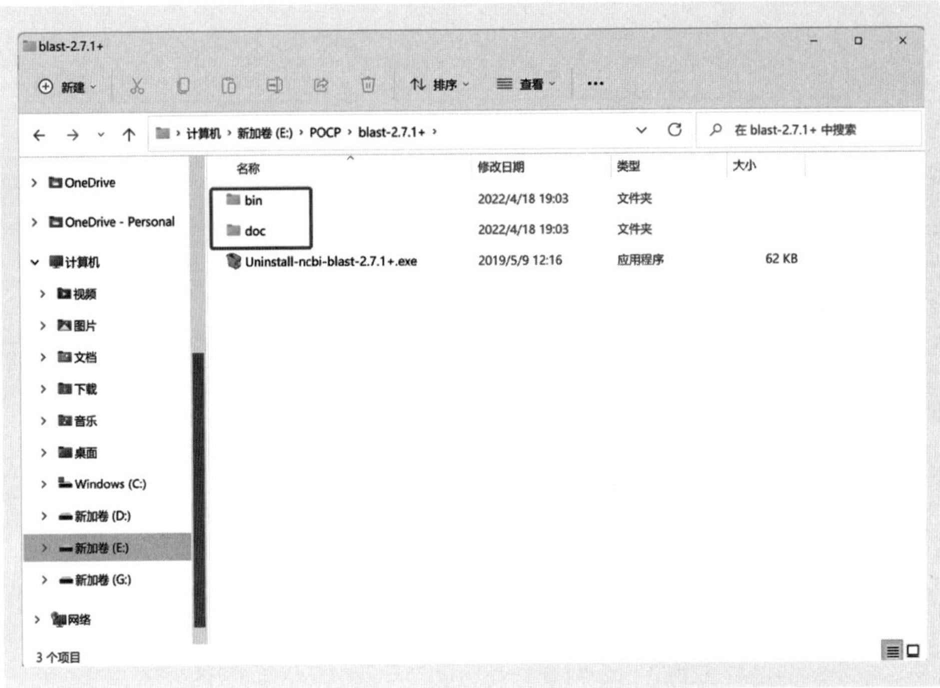

图 7-31 本地 Blast 安装完成后文件夹内的目录

5. 分析

（1）cmd；

（2）Python -V；

（3）powershell；

（4）cd E:\POCP；

（5）python .\20180615_POCPpipeline.py。

依次输入上述命名，最终结果会在 POCP.txt 的文件里面（图 7-32）。需注意的是，最终结果不在 Result 文件夹里，而是在 POCP.txt 的文件里。以基因组“BF2_201808_bins_49”和“BF2_201808_bins_90”为例，从结果中可以看出，上述 2 个基因组代表的物种间的 POCP 值为 69.44%（图 7-32），此值高于 50%，可能属于同一个属的物种。

值得注意的是，计算 POCP 的脚本在不断的更新，可进入相关网站学习最新的分析方法。此外，最新开发的 POCP-nf 在 POCP 的计算上更简单快捷，也可用于实际的分析中。

第十一节　基因组树的构建

由于 16S rRNA 基因只占原核生物基因组的很小一部分，因此基于 16S rRNA 基因构建的系统发育树在种和部分属水平的分辨率较低，有时无法区分密切相关的物种。随着基因组测序技术的进步，人们开始越来越多地使用基于整个基因

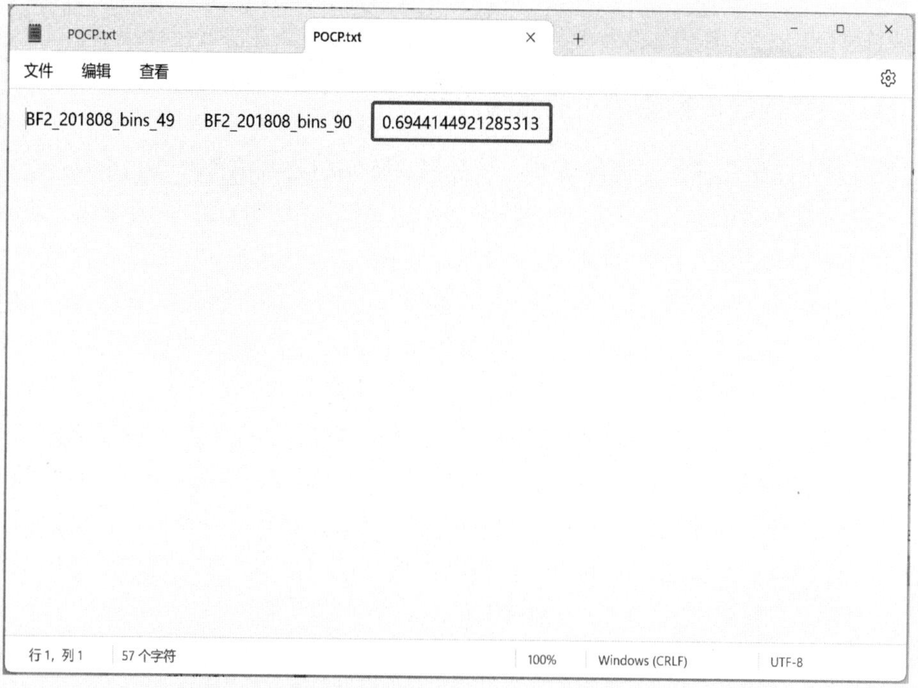

图 7–32 基因组之间的 POCP 值

组的方法来构建系统发育树（Genome-based phylogeny），从而获得更加精确的进化关系和遗传信息。基因组系统发育树的构建主要是基于基因组特征统计学属性（Statistic properties）、基因存在或缺失的统计目录（Gene content）、基因排布顺序（Chromosomal gene order）、序列相似性平均值（Average sequence identity）和同源基因序列（Homologous gene sequence）这 5 大类策略。基于同源基因序列的策略最为常用，通常涉及大量的基因，也被称为系统发育基因组学（Phylogenomics），可进一步被划分为超级矩阵（Supermatrix）和超级树（Supertree）两种方式。超级矩阵通过将基因串联起来形成“超级序列”来减少随机误差，同时可以整合不同基因间较弱的系统发育信号。超级树通过分析汇总多个独立构建的进化树从而得到最优树（物种树）。对基于核心基因的超级树而言，即通过分析单个基因构建的进化树（基因树）从而得到物种树，在这个过程中不需要每个基因树都包含所有的样本。用于生成超级树的进化树的集合，也被称为系统发育组（Phylome）。超级树可以有效避免系统发育历史不兼容基因的直接组合。在实践中，超级树很容易并行运算，并且不像超级矩阵那样需要较多的内存。目前，超级矩阵法在原核生物的相关分析中最为常见，超级树法在真核生物中应用更为广泛，而在原核生物中很少被使用。

本节主要介绍基于同源序列和超级矩阵法的基因组树构建方法和软件。需要注意的是，在进行种以上分析时通常用氨基酸序列以获得精确的远源进化关系，而进行近源种或种以下分析时通常使用 DNA 序列以保留更多的遗传差异，甚至使用 DNA 序列中单核苷酸多态性位点（Single nucleotide polymorphism，SNPs）组成的序列。种内的系统发育分析在方法和思路上与种以上分析有着明显的不同，常用的软件有 kSNP 等。本节主要针对种以上的分析软件和方法进行介绍。

一、基因组树构建的一般步骤

一般在建树之前，需要准备基因组数据、确定核心基因集和选择合适的方法或工具。可从公共数据库（如 GenBank 等）下载获取感兴趣的原核生物基因组数据，如果涉及未培养类群的基因组（MAG 和 SAG），建议使用 CheckM 进行质量评估，舍弃污染率较高或完整度较低的基因组。对于自行测定的基因组，则需要进行原始数据质控，拼接和组装质量评估后，使用高质量的基因组序列进行分析。

目前较为常用的核心基因集如表 7–6 所示，这些基因集所包含的基因广泛存在于细菌、古菌或者其他原核生物中，可用于构建从种到门不同分类等级相关类群的系统发育树。除此之外，对于特定的分类单元，已有不少类群的泛基因组被定义，因此也可以使用泛基因组分析得到的核心基因集（一般比通用的基因集包含基因更多）以获得更加可靠的分析结果。

表 7–6　系统发育基因组学分析常用的核心基因集

基因集	基因 / 结构域	适用范围	出处（DOI）
bac120	120	细菌域	10.1038/s41564–017–0012–7
ar122	122	古菌域	10.1038/s41564–017–0012–7
ar53	53	古菌域	10.1038/s41467–020–17408–w
rp1	16/18	原核生物	10.1038/nature14486
rp2	23/27	原核生物	10.1038/nature12352
rps	53	细菌域	10.1099/mic.0.055459–0
UBCG	92	细菌域	10.1007/s12275–018–8014–6
UBCG2	81	细菌域	10.1007/s12275–021–1231–4
essential	107	细菌域	10.1139/gen–2015–0175

系统发育基因组学分析的一般流程为同源基因检索、多重序列比对、序列修剪、保守区域筛选、序列串联与建树，每个步骤常用的软件如图 7–33 所示。在实践中，由于所用的基因组或核心基因较多，研究者需要面临大量的数据处理，例如为了满足不同软件对数据格式的要求而进行的格式转换，或者从不同文件中抽取序列以汇总数据等。这些环节通常需要掌握一定的编程语言，使用学术社区共享的、已发表的或者自行编写的代码来提高数据处理效率。

目前，已有多款一体化的免费软件被开发出来，这在一定程度上为相关分析提供了便利（表 7–7）。但是这些软件基本上以命令行形式运行为主，且大多数仅支持 Linux 系统，所以仍需要用户掌握一定的计算机命令和编程语言知识。

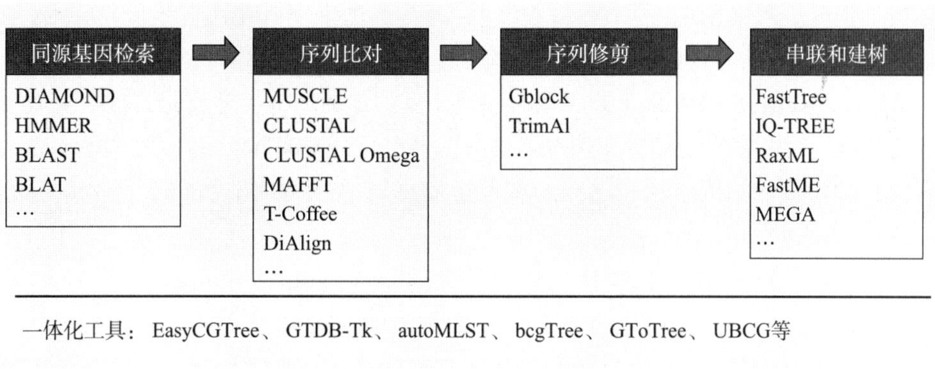

图 7-33 构建超级矩阵法基因组树的一般步骤和常用软件

表 7-7 常见的一体化构建基因组树的软件

软件	EasyCGTree	GTDB-Tk	autoMLST	bcgTree	GToTree	UBCG
操作系统	Linux，Windows	Linux	Linux	Linux	Linux	Linux，Mac OS
默认基因集	bac120	bac120 和 ar53	自动匹配	essential	用户指定	UBCG
基因集扩展性	是	否	否	是	是	否
输入序列类型	氨基酸和核酸	核酸	核酸	氨基酸和核酸	核酸	核酸
序列修剪工具	trimAl	内置脚本	trimAl	Gblocks	trimAl	内置脚本
比对工具	MUSCLE	hmmalign	MAFFT	MUSCLE	MUSCLE	MAFFT
建树方法	超级矩阵和超级树	超级矩阵	超级矩阵和超级树	超级矩阵	超级矩阵	超级矩阵
建树软件	FastTree，IQ-TREE	FastTree	IQ-TREE，RaxML	RaxML	FastTree	FastTree，RaxML

注：上述软件均使用 hmmsearch（HMMER 软件包）进行同源基因检索。

二、GTDB-Tk 的使用方法

1. GTDB（Genome taxonomy database）简介

测序技术和生物信息学算法的进步使人们能够从培养和未培养的微生物中获取基因组，许多研究报道了从各种环境中获得的数千个未培养微生物的宏基因组组装基因组（Metagenome-assembled genome，MAG）。基因组序列可指导物种分类，GTDB 就是一个基于基因组的微生物分类数据库，GTDB 旨在建立基于基因组系统发育的标准微生物分类法，其数据库中包含了海量细菌和古菌基因组，所有基因组都使用 CheckM 进行了质量控制。相比传统的基于 16S rRNA 基因构建的分类体系，GTDB 构建的分类系统，能够提供更准确、更细致和更全面的分类信息。库中 GTDB 主要使用两种方法对微生物进行分类注释，一种是基于 ANI（Average Nucleotide Identity），另一种是基于基因组系统发育树。基于 ANI 的分类注释是计算微生物基因组之间的平均核苷酸相似性，基于这个相似性比对结果，GTDB 对基因组进行聚类，并对聚类结果进行分类，分类水平从纲到种，在这种方法下，GTDB 将 ANI 值在 95% 以上定义为种。基于基因组树的分类注释是 GTDB 对微生物基因组进行多序列比对，使用单拷贝标记蛋白及核糖体 RNA 基因等构建基因组树，通过比较该基因组树和已知的参考物种，GTDB 能够推断出该微生物的分类地位。

GTDB 于 2023 年 4 月 24 日发布了最新版本，包括了 596 859 个基因组和 113 104 个物种，其中细菌有 584 382 个基因组和 107 235 个种，古菌有 12 477 个基因组和 5 869 个种。这些基因组主要来自纯培养菌株的基因组、宏基因组组装基因组和单细胞组装基因组（图 7–34）。

2. 基因组树的构建

GTDB–Tk 是根据单拷贝基因组进行细菌 / 古菌基因组分类、物种注释和进化树构建的工具。GTDB–Tk 的输入文件是基因组的 fasta 文件，它会使用 Prodigal 预测编码基因，使用 HMMER 检索细菌的 120 个单拷贝标记基因或者古菌的 53 个标记基因来构建进化树进行分类。进化树的构建步骤如下，但需借助服务器，使用操作命令来完成。

（1）GTDB–Tk 的安装，命令如下：

conda create –n gtdbtk –c conda–forge –c bioconda gtdbtk

（2）下载 GTDB–Tk 数据库，命令如下：

download–db.sh（为自动下载，速度较慢，也可以手动下载）

（3）准备基因组序列，放在 genome 文件夹下。

（4）找出基因组中的 marker 基因

命令：gtdbtk identify ––genome_dir ./genomes ––out_dir ./identify ––extension fna ––cpus 2

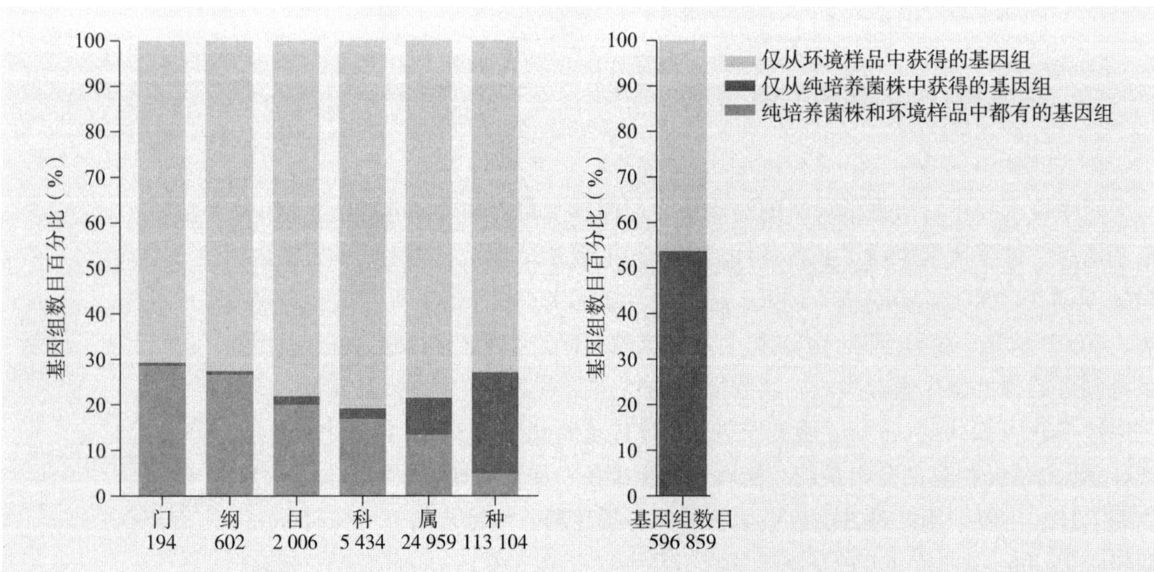

图 7–34 GTDB 数据库基因组类别分布图

运行后所得到的结果如下（以细菌的基因组树为例）：

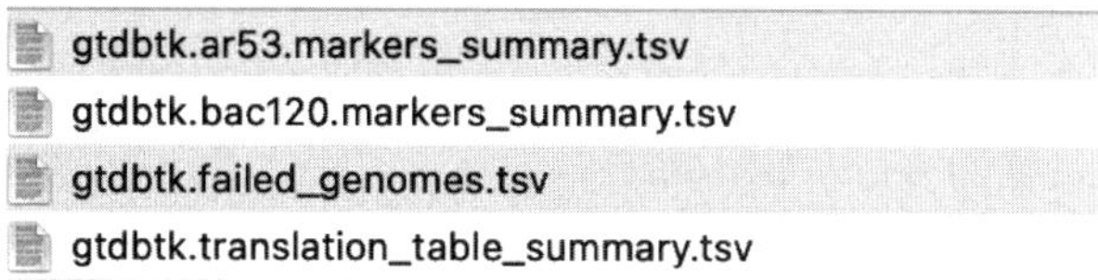

（5）序列比对

命令：gtdbtk align --identify_dir ./identify --out_dir ./align --cpus 2

运行后所得到的结果如下（以细菌的基因组树为例）：

（6）获取分类信息

命令：gtdbtk classify --genome_dir ./genome --align_dir ./align --out_dir ./classify -x fna --cpus 2

运行后所得到的结果如下（以细菌的基因组树为例）：

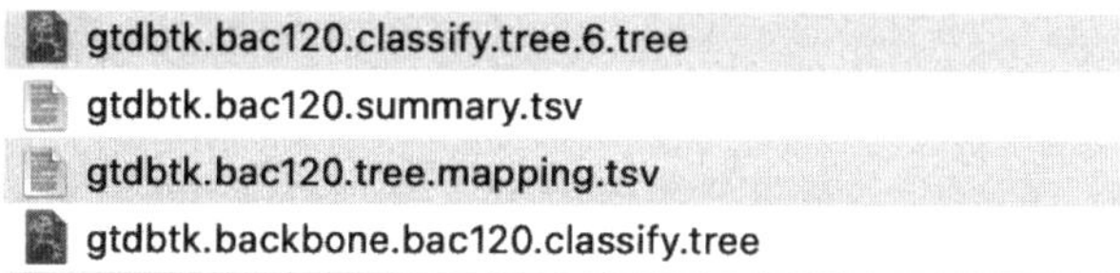

（7）将序列比对后的 gtdbtk.bac120.msa.fasta.gz 解压，然后用 IQ-Tree 进行进化树的构建，命令如下：

iqtree -s gtdbtk.bac120.msa.fasta -alrt 1000 -bb 1000 -nt 10

（8）最后将得到的 gtdbtk.bac120.user_msa.fasta.treefile 文件使用 iTOL 对进化树进行可视化和美化。

上述为分步进行基因组树构建的方法，也可以用一条命令来执行。需要用到 classify_wf，即 Classify workflow，其可将 identify，align 和 classify 三步用一步执行完成，命令如下：

gtdbtk classify_wf --cpu 5 --genome_dir ./genome --out_dir ./genome_gtdb

三、EasyCGTree 的使用方法

EasyCGTree 是使用 Perl 编程语言编写，调用一系列已发表的工具以实现其功能的“通道式（pipeline）”软件，可用于构建超级矩阵和超级树方式的系统发育树。EasyCGTree 所需的大多数工具都被预编译为独立的可执行文件，并包含在软件包中，安装 Perl 语言环境后便可直接运行，支持 Linux 64 位系统和 Windows 7 及以上版本。EasyCGTree 包含了一些核心基因集的 HMM 文件，共同构成了 HMM 数据库，可直接用于 HMMER 软件的同源基因检索。自定义的基因集也可通过 EasyCGTree 构建 HMMs 文件，并添加到 PHD 中。目前，PHD 包括 bac120、ar122、rp1、rp2、UBCG 和 essential 等基因集（表 7-6）。EasyCGTree 可以用于进

行基于核心基因的系统发育基因组学分析，运行过程中产生的临时数据可以直接用作其他常用生物软件的输入数据。EasyCGTree 对计算机硬件的要求取决于输入数据的大小，在默认参数情况下，普通个人电脑的硬件配置可以满足 100 ~ 200 个基因组作为输入数据的分析。EasyCGTree 的使用方法如下：

1. 下载与安装

（1）下载与操作系统配套的 EasyCGTree 软件包并解压，放在全英文字符的路径下。对于 Linux 版本，建议在 bin 文件夹下使用“chmod +x filename”命令让第三方软件转换为可执行文件。

（2）从上述网址下载“HMM.zip”压缩包，解压后将 .hmm 文件放入 EasyCGTree 软件包下的“HMM”文件夹中。

（3）下载 perl 语言安装包，按照说明安装 perl，Windows 系统选择 ActiveState Perl 或 Strawberry Perl 均可，Linux 系统一般系统自带。

以上操作顺利完成后，EasyCGTree 即可运行。

2. 准备输入数据

输入数据可以是氨基酸序列、DNA 序列或者二者混合，每个基因组的数据放在一个 FASTA 格式文件中存放，文件用英文命名，去掉扩展名的文件名称将被用作为基因组树上的标签。将所有基因组（≥5）数据整理到一个文件夹中，用英文命名，例如“myGenomes”，将文件夹复制到 EasyCGTree 的主目录中，例如 Linux 的“…Downloads/EasyCGTree”。

3. 运行 EasyCGTree

EasyCGTree 是一个命令行软件，需要在 Windows 系统的命令提示符（cmd.exe）或 Linux 系统的终端（Terminal）中运行。接下来以 Windows 系统为例进行使用方法说明。

（1）打开命令提示符：在“开始”菜单中的搜索框输入“cmd.exe”，找到后点击打开即可。

（2）若将“EasyCGTree”文件夹放在“D:”驱动器下的“Downloads”文件夹中，同时包含输入数据的文件夹“myGenomes”已放入“EasyCGTree”中，则在“命令提示符”中运行如下代码即可。

```
>d:
> cd .\Downloads\EasyCGTree
> perl EasyCGTree.pl –input myGenomes
####### 注意：每完成一行时按“Enter”；不要漏掉字符间的空格；使用英文输入法 #######
```

运行完成后，将获得使用 bac120 基因集、trimAl 的“strict”严谨度筛选保守区、FastTree 构建的 supermatrix 系统发育树和软件运行期间产生的一些文件 / 文件夹。进化树以常见的 Newick 格式保存在根据输入文件夹命名的文件中（例如 myGenome.bac120.supermatrix.fasttree.tree）。

（3）进化树可以使用 FigTree、MEGA、iTOL 或其他进化树查看器来展示和编辑。

（4）其他主要参数和设置：

需要使用其他基因集时，在上述的最后一行命令添加“-hmm XXX”即可，XXX 表示 ar122、rp1、rp2 或其他基因集的名称，具体名称可以在“HMM”文件夹中查看；运行太慢，需要增加线程数，添加“-thread 数字”，默认为 2；需要使用 IQ-TREE 构建进化树，添加“-tree_app iqtree”，默认为 fasttree；需要构建 supertree 进化树，添加“-tree st”，默认为 sm（代表 supermatrix）；需要改变 trimAl 的严谨程度，添加“-trim gappyout/strictplus”，默认为 strict；更多参数，可输入“perl EasyCGTree.pl -h”查看或查阅软件包内的使用说明书。

需要注意的是，EasyCGTree 的默认参数主要针对纯菌株基因组分析，对基因组完整度有一定的要求，如果所使用的基因集在某个基因组中检索的同源基因数目较少（小于 < 80%），则会被排除。因此，如果输入数据中包含完整度较低却希望被保留的基因组，例如 MAG 和 SAG，可通过设置“-genome_cutoff”和“-gene_cutoff”以保留更多的基因组（默认值均为 0.8，即一个基因组包含的基因少于基因集的 80% 会被排除，一个基因在所有基因组中的检出率低于 80% 会被排除）。此外，默认参数下，使用 IQ-TREE 的运行时间要明显大于使用 FastTree，且占用的内存更多。根据经验，使用的基因集包含的基因数目在 100 左右及以上时，使用两个软件所得进化树的拓扑结构差异不大。EasyCGTree 对计算机硬件的需求取决于输入数据的大小和具体参数。如果因为内存受限而运行失败，可以考虑使用 FastTree、基因数量更小的基因集或者较少输入数据量。

本章小结

本章详细介绍了原核生物基因组 DNA 的提取方法，16S rRNA 基因的 PCR 扩增、克隆测序、拼接和比对分析，DNA 测序技术的发展过程和不同技术的特点，基因组测序与 dDDH、ANI、AAI 等分析方法，以及基于 16S rRNA 基因和基因组的系统发育分析流程。dDDH 和 ANI 是鉴定不同种的“黄金标准”，而系统发育分析是确定菌株分类地位的重要依据。随着基因组测序与分析技术的普及，基因组水平的系统发育分析在分类鉴定和亲缘关系分析方面逐渐成为常规研究手段，为大部分分类单元重建了分类体系。

推荐阅读

1. Rosselló-Mora R，Amann R. The species concept for prokaryotes. FEMS Microbiol Rev，2001. 25：39-67.（推荐理由：原核生物的种至今没有公认的理论概念，然而却有着公认的且能够很好地指导实践的方法学定义。这篇文章系统介绍了原核生物种的概念和定义的发展过程、主要理论和主要内容。）

2. Konstantinidis K T, Tiedje J M. Genomic insights that advance the species definition for prokaryotes. Proc Natl Acad Sci U S A, 2005. 102: 2567–2572.（推荐理由：ANI 是在基因组时代出现的计算基因组水平差异的重要方法，目前已成为与 dDDH 同等重要的划分种的重要依据。ANI 的提出、发展到广泛应用也经历了十年时间，这篇文章是关于 ANI 最早的介绍。）

3. Richter M, Rosselló–Móra R. Shifting the genomic gold standard for the prokaryotic species definition. Proc Natl Acad Sci U S A, 2009. 106: 19126–19131.（推荐理由：ANI 划分不同种的阈值是如何确定下来的？具体原理和可靠性如何？这篇文章开发了可视化软件 Jspecies 并奠定了 ANI 在原核生物种的定义方面的应用基础。）

4. Xu L, Sun C, Fang C, et al. Genomic–based taxonomic classification of the family *Erythrobacteraceae*. Int J Syst Evol Microbiol, 2020. 70: 4470–4495.（推荐理由：ANI 是基于 DNA 序列，而 AAI 则是基于氨基酸序列的类似指标。由于氨基酸序列和 DNA 序列在遗传突变方面特性的不同，使得 AAI 更适合计算亲缘关系较远类群的基因组水平差异。这篇文章便是 AAI 在鉴定不同属方面的典型应用。）

5. Parks D H, Chuvochina M, Chaumeil P A, et al. A complete domain-to-species taxonomy for Bacteria and Archaea. Nat Biotechnol, 2020. 38: 1079–1086.［推荐理由：本文以早期工作为基础，进行扩展。根据平均核苷酸一致性去选择物种代表基因组，将 GTDB 涵盖的所有基因组识别为数量明确的物种簇（Species clusters），为细菌和古菌基因组提供了一个完整的从域到种的分类学框架，这将促进对未培养物种的研究和科学成果的交流。］

6. Zhang D F, He W, Shao Z Z, et al. EasyCGTree: a pipeline for prokaryotic phylogenomic analysis based on core gene sets. BMC Bioinformatics, 2023. 24: 390.（推荐理由：EasyCGTree 是一款简单、实用的基因组建树工具，整合了多种方法。这篇文章总结了基于基因组建树的方法和原理，并将 EasyCGTree 与软件 UBCG 和 bcgTree 进行了比较和评估。）

7. Snel B, Huynen M A, Dutilh B E. Genome trees and the nature of genome evolution. Annu Rev Microbiol, 2005. 59: 191–209.［推荐理由：虽然超级矩阵（supermatrix）是原核生物中最常用的基因组简述方法，但也有很多别的建树方法已被开发。这篇文章系统介绍了不同的基因组建树策略和原理，以及它们与基因组进化的关系。］

8. Qin Q L, Xie B B, Zhang X Y, et al. A proposed genus boundary for the prokaryotes based on genomic insights. Journal of Bacteriology, 2014, 196: 2210–2215.［推荐理由：本文提出可采用两个菌株之间的保守蛋白比例（POCP）估算它们的进化和表型距离，并将 50% 的 POCP 值作为原核生物属的划分标准。］

思考题

1. 在原核生物众多关键基因中，为什么16S rRNA基因被称为原核生物分类学的“黄金分子”?

2. 基因组进化涉及哪些过程，不同基因组建树策略分别反映了基因组进化哪些方面的特征? 为什么基因组树更加可靠?

3. 基因组、转录组和宏基因组等组学技术均需要进行测序。请简述测序技术的发展历程，并简要介绍每个阶段的技术特点。

4. ANI和AAI是两种评估基因组水平差异的分析指标，它们之间有何差异? 各有什么优缺点?

5. 虽然组学技术发展迅猛，但是传统的一代（Sanger）测序技术依然在常规PCR扩增测序方面被广泛使用，请问PCR双向测序结果如何判读? 有哪些注意事项?

（焦建宇、刘兰、张道锋、王爽、李帅、李文均）

第八章

序列上传及菌种保藏

序列上传和菌种保藏在生物学和微生物学研究中具有不可或缺的重要性。将基因序列上传到公共数据库，科学家们能够共享和利用全球范围内的数据，这不仅促进了合作研究和科学发现，还为基因组分析、基因功能注释和进化研究提供宝贵的参考。这种数据共享有助于避免重复研究，节省时间和资源，同时推动生物信息学工具和技术的发展。此外，公开基因序列信息能够保护科学发现的知识产权。

菌种保藏可为微生物的长期保存提供保障，特别是对于珍稀或难以培养的菌株。这种保藏确保了研究材料的一致性，提升了实验结果的可靠性和可重复性。保藏的菌种在公共卫生领域具有重要作用，可以用于病原体追踪、疫苗开发和疾病监测。此外，生物技术和制药工业可依赖于这些保藏的菌株来开发新药物、酶、抗生素和发酵产品等。标准化的菌株作为教育和培训的关键资源，可以帮助研究人员掌握微生物培养和鉴定技术。因此，序列上传和菌种保藏对科学研究、公共卫生、安全以及工业应用等多个领域都具有深远的影响。

第一节 序列的上传

在原核生物分类鉴定过程中，16S rRNA 基因序列、全基因组序列以及部分保守的功能基因（如 *gyrB*）序列，通常要上传到 NCBI（National Center for Biotechnology Information）的 GenBank 数据库以获取有效的基因序列编号。NCBI 的具体任务是建立分子、生化及遗传知识相关的自动存储和分析系统；建立基于计算机信息化的重要生物分子结构及功能的研究；进行数据库和软件的推广；开展生物技术信息的收集及合作。国家微生物科学数据中心重点推进微生物领域的科技资源向国家平台汇聚与整合，加强微生物资源开发应用与分析挖掘，提升微生物资源有效利用和科技创新支撑能力，为科学研究、技术进步和社会发展提供高质量的科技资源共享服务。下文以数据上传到 NCBI 的过程为实例进行展示。

一、标记基因的上传

以 16S rRNA 基因为例，相关序列提交的主要步骤如下。

1. 进入 NCBI 主页，点击“Submit”。

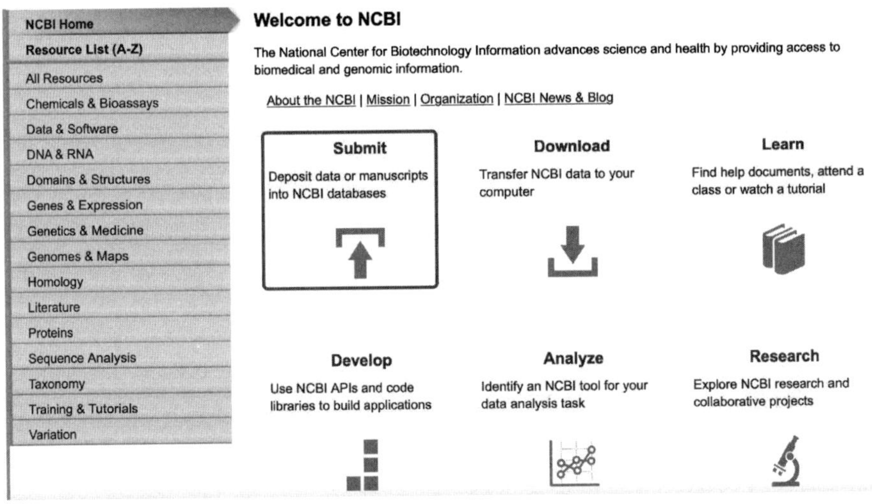

2. 点击核酸序列提交模块。

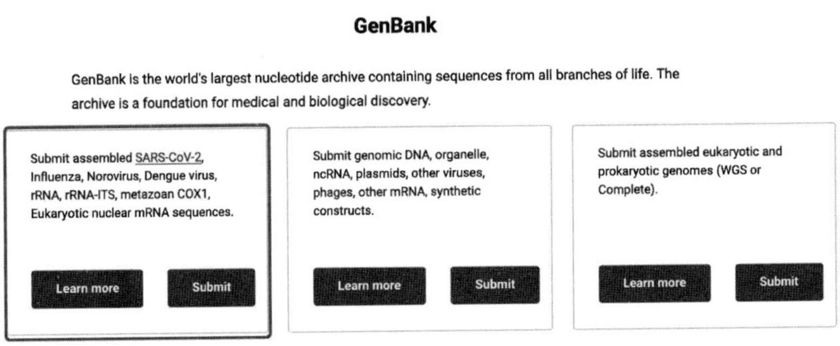

3. 点击“New submission”，进入提交页面。

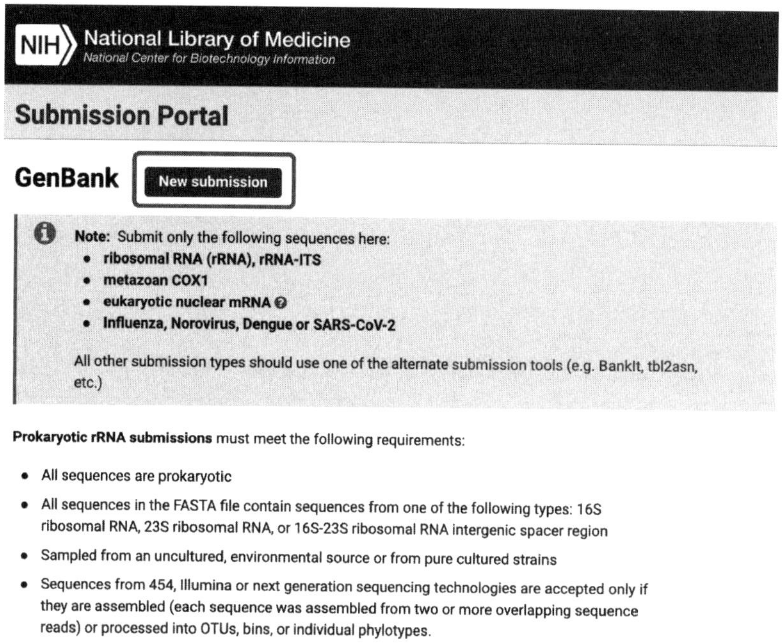

4. 按照如下示例，选择序列基本信息，标有 * 的为必填项，其他为选填项。

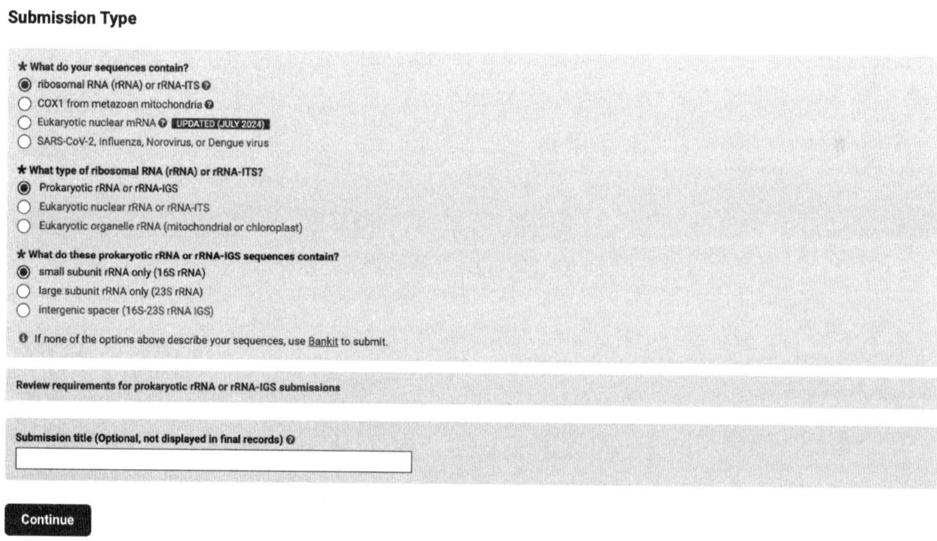

5. 填写序列提交人员的基本信息，若在个人账户中已经有相应的信息，系统会自动将其补充到这里。

6. 填写序列测序的基本信息，16S rRNA 基因序列测序方法选择“Sanger dideoxy sequencing”，如果所得序列是半长，选择“Unassembled sequence reads”，测的是全长则选择“Assembled sequences”。

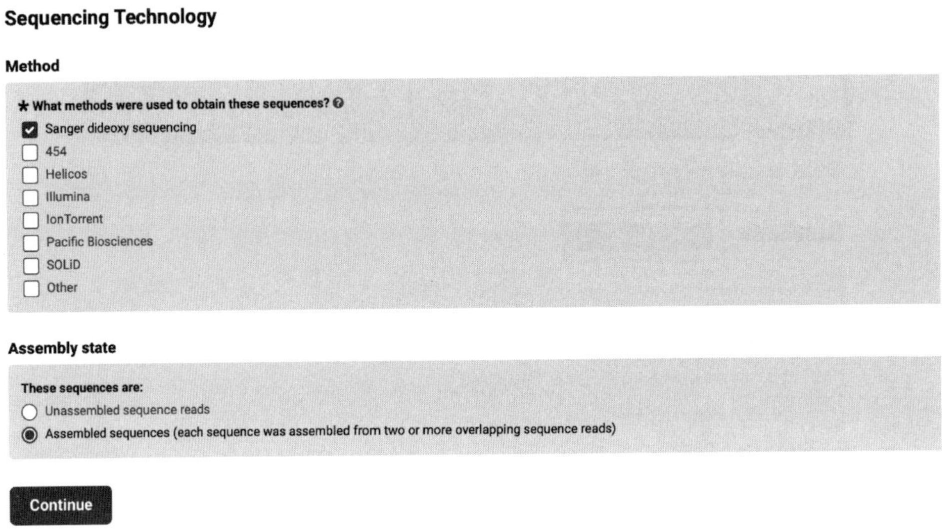

7. 填写序列基本信息。关于序列释放日期，不需要保密的数据，一般选择处理完成后立即公开，以便审稿过程审稿人进行查看；询问是否进行了嵌合体检查时，一般选 No；关于菌种来源，则根据个人情况选择即可。上述信息填好后，则提交准备好的序列文件，可同时上传多条 16S rRNA 基因序列。

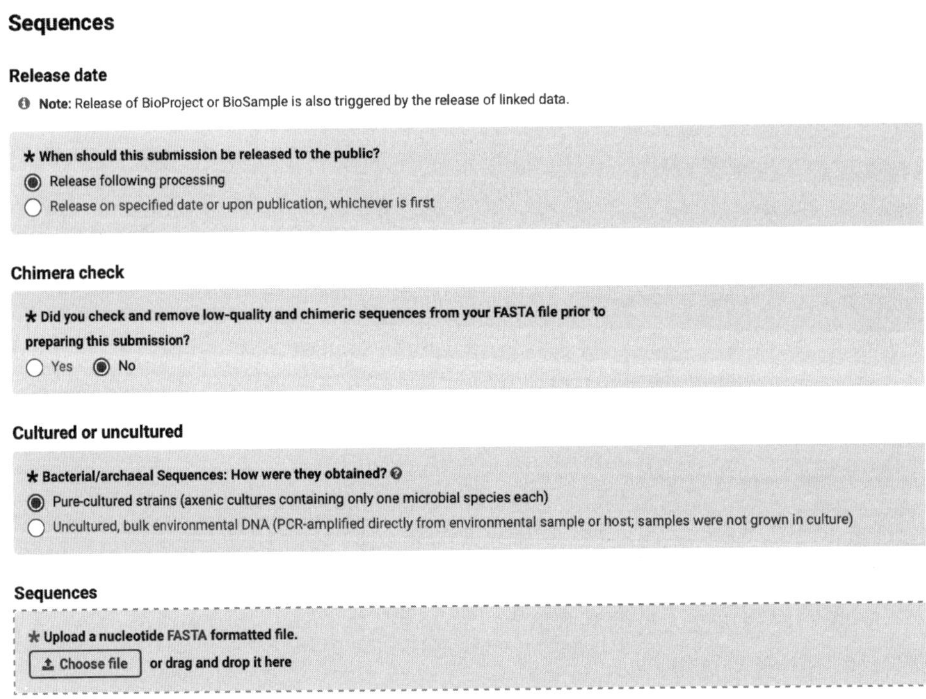

8. 填写序列来源的基本信息，如果提交的是多条序列，此时会显示一个表格，按照表格进行填写即可。

9. 补充一些文章和作者信息，文章信息有就补充，没有就选择未发表。

10. 检查前面几步所填写的信息，信息无误后，点击提交，等待回复。

二、原核生物基因组序列提交

基因组序列的提交较 16S rRNA 基因序列的提交要复杂，提交前，需先申请 Bioprejeet 号及 Biosample 号，通常是一个项目申请一个 Bioproject 号，一个基因组序列对应一个 Biosample 号，多个 Biosample 号可以放在一个 Bioproject 号下。Bioproject 及 Biosample 的申请相对简单，可分别进入网站按照提示步骤进行，此处不详细说明。下面直接展示基因组序列提交的流程。

1. 进入 NCBI 的 Submit 页面，选择微生物基因组提交模块。

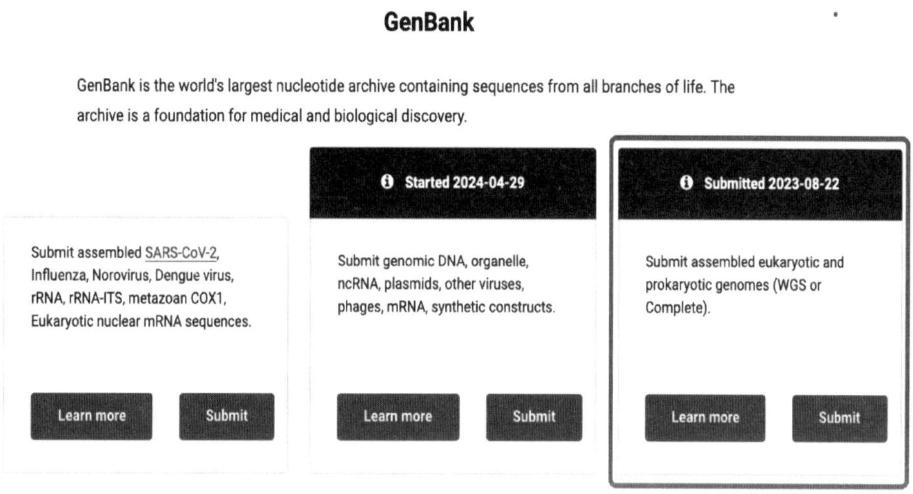

2. 进入微生物基因组提交模块后，点击“New submission”进入基因组提交页面。

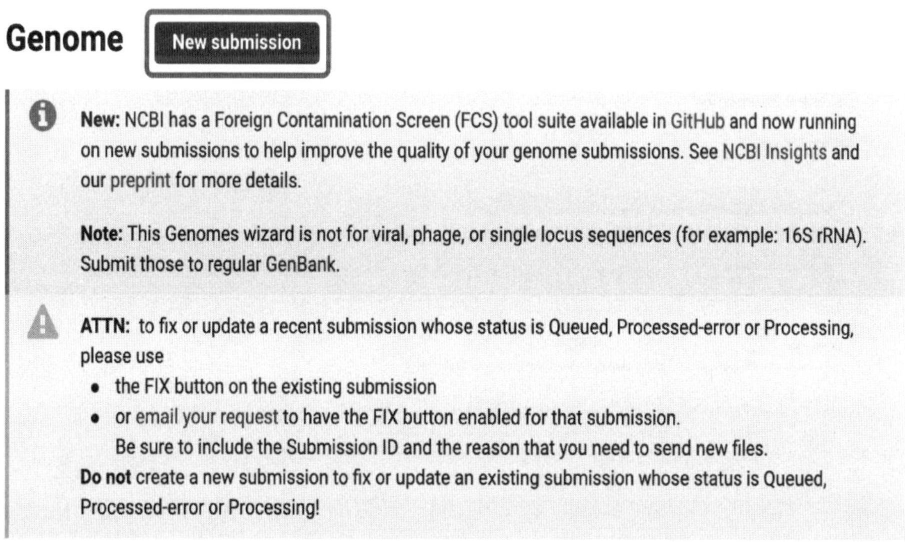

3. 选择数据提交类型。提交单个基因组序列时选择“Single genome”，提交多条基因组序列时，选择“Batch/multiple genomes”，这里以单个基因组序列的提交为例。

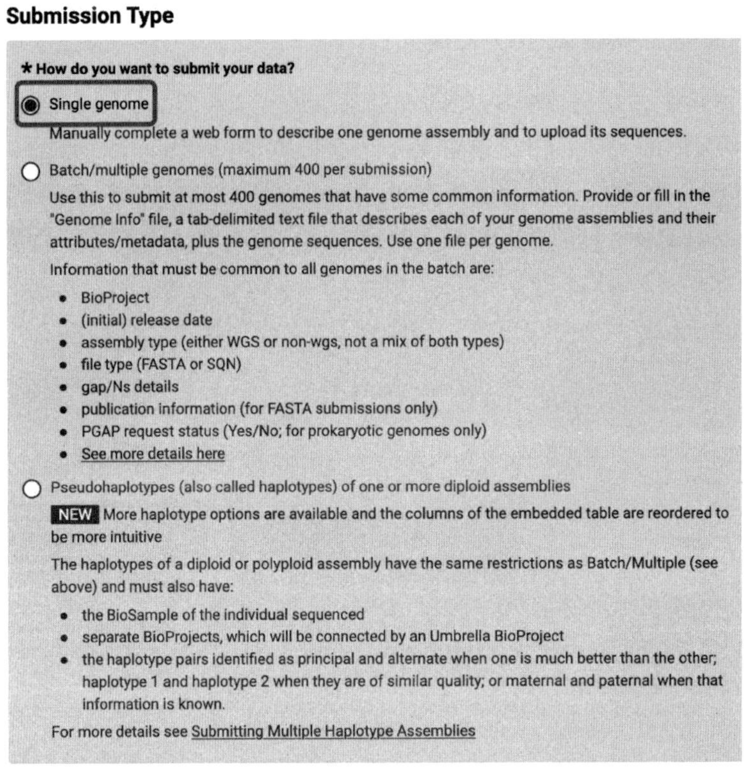

4. 填写序列上传者的姓名，邮箱和单位等信息。

5. 填写基因组的一般信息，若有 Bioproject 和 Biosample 号，则选“Yes”直接填写，若没有 Bioproject 和 Biosample 号，则选择“No”按照提示步骤来生成，一般建议提交前先申请 Bioproject 和 Biosample 号，拿到 Bioproject 和 Biosample 号后再上传基因组序列。

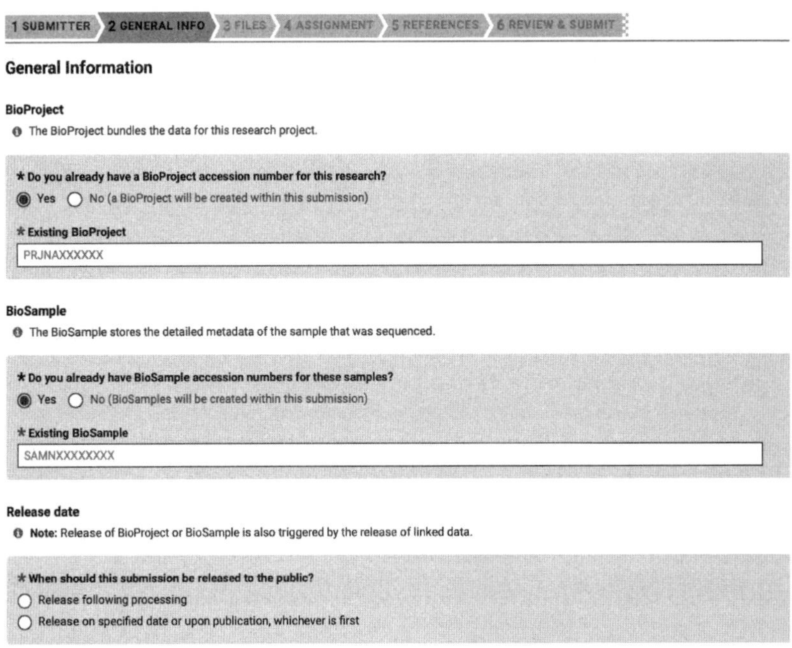

6. 填写基因组的组装日期、组装方法、基因组覆盖度和测序技术等信息。若我们的基因组序列在 NCBI 中存在，但是我们对该基因组进行了修改和完善时，在“Is it an update of existing submission？”选项中选择“Yes”。

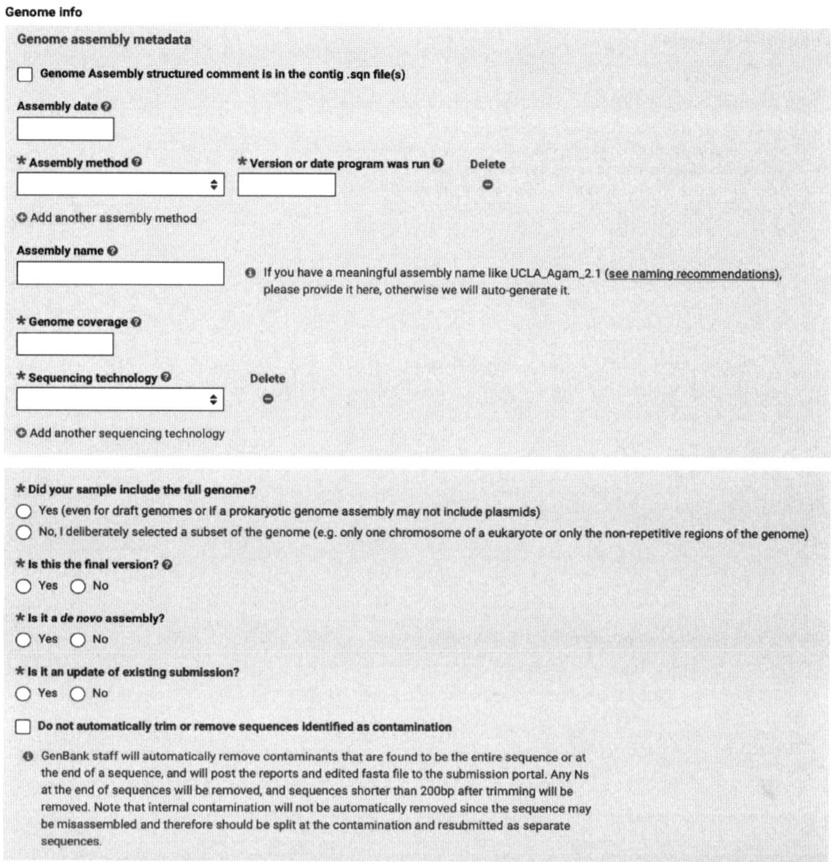

7. 填写序列来源信息，可以根据实际情况填写实验室名称、机构名称或者宿主名称。

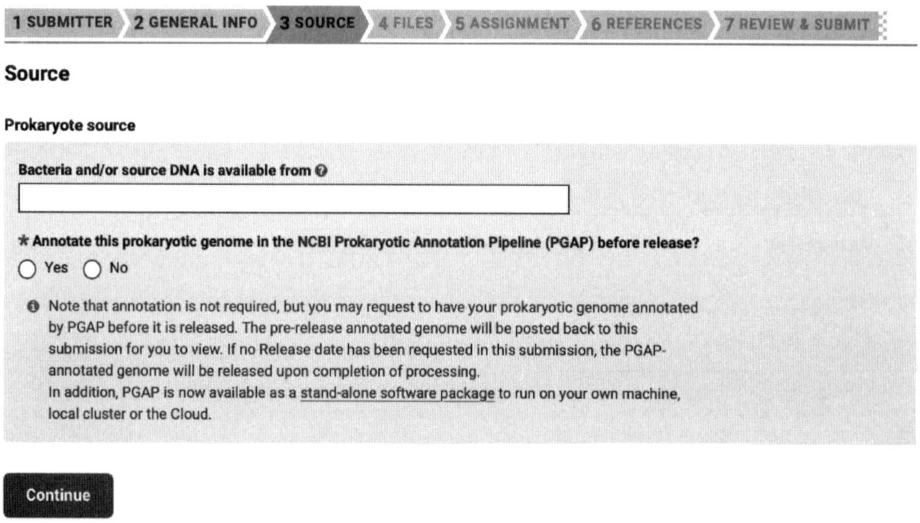

8. 选择序列类型，当测的是单菌的完成图时，选择第一条，当测的是草图的时候，选择第二条。

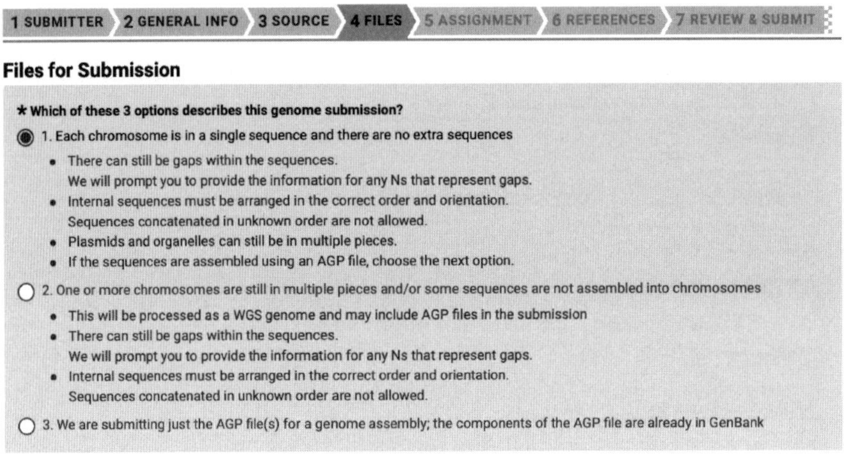

9. 选择基因组上传的方式，上传方式有 2 种，一是通过 FTP 或 Aspera 软件命令进行上传，另一种是通过网页上传。当上传的基因组不多时，建议选择第二种方式。

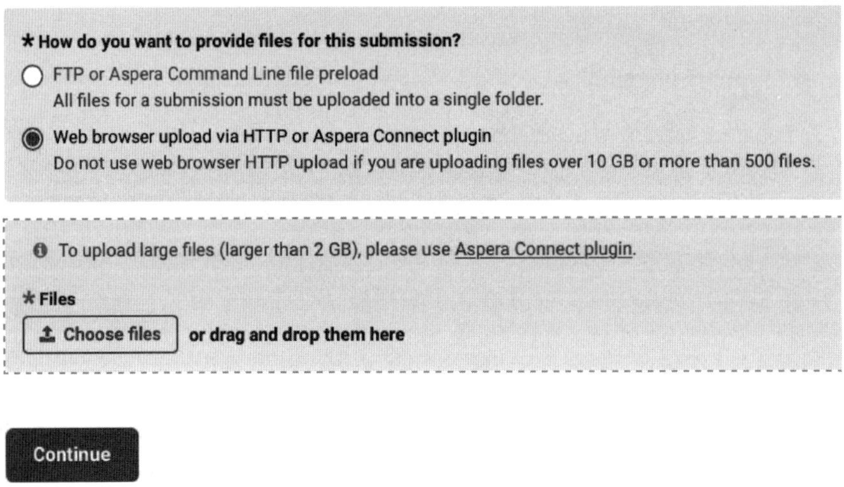

10. 根据序列是否包含完整的染色体和质粒进行相关选择。

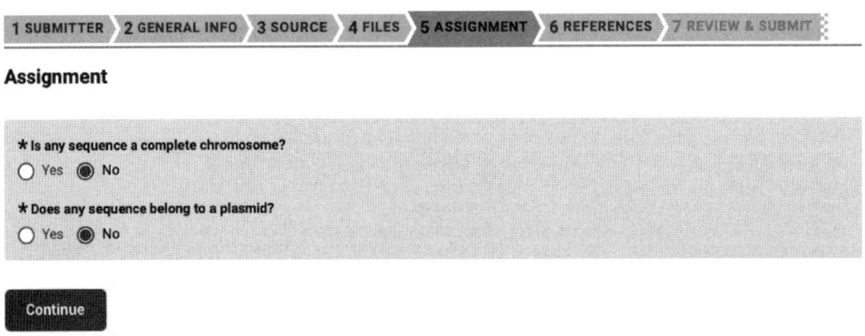

11. 填写序列所有者的信息，一般填上自己和团队 PI 的名字；文章信息根据实际情况进行填写。

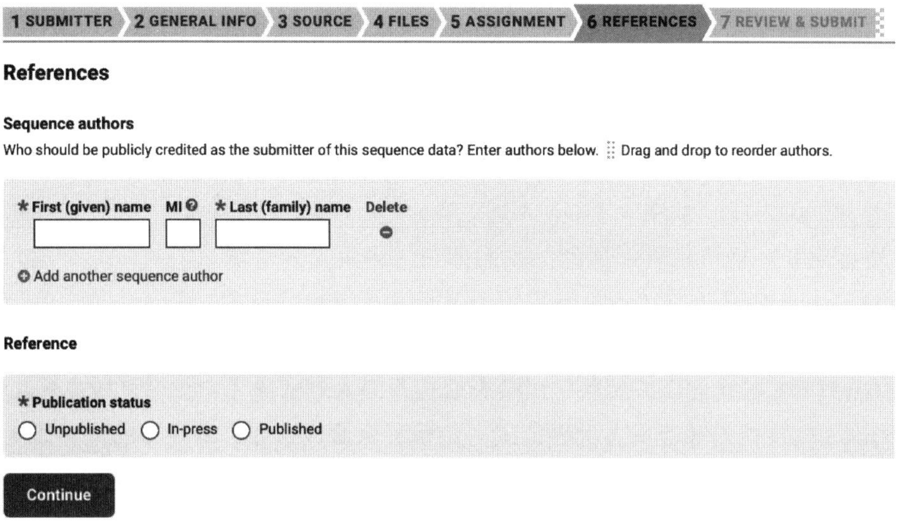

12. 检查所填信息，无误后点击“Submit”提交，等待 NCBI 的反馈信息。

第二节　菌种的保藏

为保证数据的可靠性，进行多相分类鉴定的菌株需邮寄到至少两个不同国家的菌种保藏中心进行保藏并获得相应的保藏证明。菌种保藏是保持微生物存活和遗传性状的一门技术。菌种保藏可有效避免微生物的灭绝，有利于保护生物多样性；其次，对高致病性微生物的研究，可以发现其致病机制，有利于相关疾病的治疗与预防；第三，对于国家而言，将一些军事上可能用到的菌种进行保藏，可有效研究菌种的生化性质，有利于国防建设。在微生物领域，无论是基础科研工作还是生物技术的应用研究，都需要保证菌种的质量和活力，而这只有专业的菌种保藏中心才能做到。目前，国际上许多国家都设立了专门的菌种保藏机构，用于微生物资源的保存和利用，保藏中心一方面通过各种途径广泛收集新物种及新用途菌株，另一方面也与国外一流的菌保中心互相交换菌种，进而补充丰富菌种种类。

一、菌种保藏中心发展历史

世界上第一个菌种保藏中心由捷克共和国的 Frantiesek Král 于 1890 年建立，其保存的菌株中仍有部分菌株至今还被保留着。Frantiesek Král 在 1900 年出版了第一本微生物菌种目录，其过世后，Ernst Pribam 接手管理该保藏中心，1911 年，该保藏中心搬至维也纳血清研究所，1930 年，随着 Ernst Pribam 就职于芝加哥，该保藏中心的大部分菌株被其带到美国，后归入 ATCC（American Type Culture

Collection），而保留在维也纳的菌种则在二战时期全部被毁。20 世纪初，巴黎、比利时、伦敦和日本等有关研究所也相继建立了几个菌种保藏机构，延续至今的有 1906 年在荷兰建立的 CBS（Centralbureau voor Schim-melcultures）以及 1925 年在美国建立的 ATCC 等。

1946 年，瑞士洛桑大学的 Paul Hauduroy 教授首先建立信息集中系统，将多个菌种保藏机构的信息汇总，并以公告形式定期发布，众多保藏中心的交流合作至此开始。与此同时，为修复二战后残存的菌种资源，国际模式菌种联盟也正式成立。1962 年，加拿大 Ottawa 举办了一次国际菌种保藏会议，呼吁国际微生物协会成立一个特别管理菌种保藏的部门，从而成立了 SCC（Section on Culture Collections）成立，首次参与该系统的成员有俄罗斯、日本、荷兰、美国和英国相关的菌种保藏机构。1970 年，随着国际微生物协会重整，世界菌种保藏联合会（WFCC）正式成立。而后，该联合会成员澳大利亚昆士兰大学的 Victor B. D. Skerman 教授首先呼吁成立世界范围内的菌种保藏数据库，即现今的世界微生物数据中心（WDCM），并于 1972 年出版了微生物菌种保藏世界目录。1973 年，WFCC 成为国际生物科学联合会的委员会。1984 年，在多个保藏中心的支持和呼吁下，WDCM 其隶属于 WFCC。1986 年，Victor B. D. Skerman 教授从 WFCC 辞职后，在公开竞争下，WDCM 世界微生物数据中心由加拿大迁往至日本理化研究所（RIKEN），在日本理化研究所的努力下，在交互系统和因特网的支持下，世界微生物数据开始完全公开化，在 2010 年时，WDCM 又重新安置于中国。自 WFCC 成立之后，WFCC 会每 3 ~ 4 年召开一次国际菌种保藏大会，世界范围内的菌种保藏机构进入有序管理阶段。2004—2010 年第十届、第十一届和第十二届国际菌种保藏会议分别在日本、德国和巴西召开。2013 年第十三届国际菌种保藏会议在北京召开，标志着我国菌种保藏技术手段达到世界领先水平。

二、菌种保藏中心现状

WDCM 的数据统计结果表明，在该中心注册的共有 853 个保藏机构，它们来自 80 个不同国家和地区，这些保藏机构总共保藏有 4 012 505 株微生物，其中细菌 1 613 036 株、真菌 861 928 株，病毒 39 858 株。在所有的保藏中心中，其中政府全额经费支持的为 313 个、政府半额经费支持的 65 个，大学支持的为 362 个，工业企业支持的为 26 个，私人支持的为 59 个。世界各国知名微生物菌种保藏中心见表 8-1。

三、我国菌种保藏中心现状

我国的菌种保藏机构始建于 20 世纪 50 年代。1979 年在原国家科委的组织领导下，召开了第一届全国菌种保藏会议，成立了中国微生物菌种保藏管理委员会，正式建立了 6 个专业性保藏管理中心。1984 年 7 月，召开了第二届全国菌种保藏会议，成立了包括工业、农业、林业、医学、兽医、药用及普通微生物在内的 7 个专业性保藏管理中心。

表 8-1 世界各国知名微生物菌种保藏中心

缩写	微生物保藏中心名称	国家
ATCC	American Type Culture Collection	American
LMG	LMG Bacteria Collection	Belgium
NBIMCC	National Bank for Industrial Microorganisms and Cell Cultures	Bulgaria
CCCT	Colección Chilena de Cultivos Tipo	Chile
CGMCC	China General Microbiological Culture Collection	China
CICC	China Center of Industrial Culture Collection	China
CCM	Czech Collection of Microorganisms	Czech Republic
DSMZ	Leibniz Institute DSMZ-German Collection of Microorganisms and Cell Cultures	Germany
NCAIM	National Collection of Agricultural and Industrial Microorganisms	Hungary
MCC	Microbial Culture Collection	India
MTCC	Microbial Type Culture Collection & Gene Bank	India
JCM	Japan Collection of Microorganisms	Japan
NBRC	NITE Biological Resource Center	Japan
KACC	Korean Agricultural Culture Collection	Korea
KCTC	Korean Collection for Type Cultures	Korea
PCM	Polish Collection of Microorganisms	Poland
CCP	Culture Collection of Porto	Portugal
VKPM	All-Russian Collection of Industrial Microorganisms	Russian
CCOS	Culture Collection of Switzerland	Switzerland
BCC	BIOTEC Culture Collection	Thailand
CABI	CABI Microbial Culture Collection	United Kingdom
NCIMB	National Collections of Industrial Food and Marine Bacteria	United Kingdom
NCTC	National Collection of Type Cultures	United Kingdom

目前，中国加入 WFCC 且获得了 CCINFO 录入的菌种保藏机构有 51 个，共保藏菌株 920 101 株，保藏菌株数位居世界第一。这些机构主要有中国农业微生物菌种保藏管理中心（ACCC），中国工业微生物菌种保藏管理中心（CICC）、中国普通微生物菌种保藏管理中心（CGMCC）、中国林业微生物菌种保藏管理中心（CFCC）、中国典型培养物保藏中心（CCTCC）等。同时，我国还有微生物菌种目录数据库，微生物信息网络等，但目前使用尚不方便，很多资源难以从网上查询，有待进一步开发利用。

四、菌种的保藏及保藏号的获得

菌种保藏是指保持微生物的活力和遗传性状的技术，其目的是利用一切条件使菌种不死、不衰和不变，以便于后期的研究和应用。其原理主要是运用干燥、低温和隔绝空气的手段，降低微生物菌株新陈代谢的速度，使微生物的生命活动处于半永久性休眠状态，从而达到保藏的目的。

1. 常用的保藏方法

（1）定期移植培养法

亦称传代培养保藏法，包括斜面培养、穿刺培养、液体培养等。该方法是指将菌种接种于适宜的培养基中，在最适条件下培养，待菌种生长完全后，置于4℃左右的冰箱中保藏，每隔一定时间再转接至新的培养基上，生长后继续保藏，如此连续不断。此法广泛适用于细菌、放线菌、酵母菌和霉菌等大多数微生物菌种的短期保藏及不宜用冷冻干燥保藏的菌种。放线菌、霉菌和有芽孢的细菌一般可保存6个月左右，无芽孢的细菌可保存1个月左右，酵母菌可保存3个月左右。该法的优点是简便易行，容易推广，存活率高，科研和生产上经常使用的菌种大多采用该方法，其缺点是所保藏菌株仍有一定程度的代谢活动能力，保藏期短，传代次数多，菌种较容易发生变异和被污染。

（2）低温冷冻保藏法

它是以甘油、二甲基亚砜等作为保护剂，在超低温冰箱或者液氮中保藏菌种的方法。其主要原理是菌种细胞从常温过渡到低温，并在降到低温之前，使细胞内的自由水通过细胞膜外渗出来，以免膜内因自由水凝结成冰晶而使细胞损伤。美国ATCC菌种保藏中心在采用该法时，是把菌悬液或带菌丝的琼脂块以1℃/min的速度从0℃直降到−35℃，然后保藏在−196～−150℃液氮冷箱中。如果降温速度过快，由于细胞内自由水来不及渗出胞外，形成冰晶就会损伤细胞。据研究认为降温的速度控制在（1～10）℃/min，细胞死亡率低；随着速度加快，死亡率则相应提高。

一般选择甘油、二甲基亚砜、糊精、血清蛋白、聚乙烯氮戊环及吐温80等为保护剂，其中最常用的是10%～20%的甘油。该方法一般是配制20%的保护剂，分装到冻存管中，灭菌后挑取适量菌体于加入了保护剂的冻存管中，密封好，在低温下进行保存。此法操作简便、高效、保藏期一般可达到15年以上，是目前被公认的最有效的菌种长期保藏技术之一。除了少数对低温损伤敏感的微生物外，该法适用于各种微生物菌种的保藏，甚至连藻类、原生动物、支原体等都能用此法获得有效的保藏。此法的另一大优点是可使用各种培养形式的微生物进行保藏，无论是孢子或菌体、液体培养物或固体培养物均可采用该保藏法。其缺点是需购置超低温液氮设备且液氮消耗较多，操作费用较高。

（3）真空冷冻干燥保藏法

它通常是用保护剂制备拟保藏菌种的细胞悬液或孢子悬液于安瓿管中，再在低温下将所含菌体冻结，并减压抽真空，使水升华将样品脱水干燥，形成完全干燥的固体菌块。随后在真空条件下融封，造成无氧真空环境，最后置于低温下，使微生物处于休眠状态，而得以长期保藏。常用的保护剂有脱脂牛奶、血清、淀粉和葡聚糖等高分子物质。保藏方法为配制20%的保护剂溶液，装入安瓿瓶中，

115℃高压灭菌后，在无菌条件下取适量菌体接入安瓿瓶中，放入冰箱预冻，然后转移至低温冰箱进行冷冻，冷冻后放入仪器中将菌体抽干，取出后用酒精喷灯将安瓿瓶封口，4℃保存。

该方法是最安全、最可靠的方法之一，其适用范围广，除少数不产孢子只产生菌丝体的丝状真菌不宜采用此方法保藏外，其他的各大类微生物均可采用此方法保藏。

（4）沙土管保存法

砂土管法是一种常用的长期保藏菌种的方法，适用于产孢子的放线菌、霉菌及形成芽孢的细菌，对于一些对干燥敏感的微生物类群如奈瑟氏菌、弧菌和假单胞菌及酵母等不适用。

该方法是先将砂与土分别洗净、烘干、过筛（一般砂用 60 目筛，土用 120 目筛），按照（1～2）：1 的砂土比例混匀，分装于小试管中，砂土的高度约 1 cm，以 121℃灭菌 1～1.5 h，间歇灭菌 3 次。50℃烘干后经检查无误后备用。需要保藏的菌株先用斜面培养基充分培养，再以无菌水制成 10^{8}～10^{10} cfu/mL 菌悬液或孢子悬液滴入砂土管中，放线菌和霉菌也可直接刮下孢子与载体混匀，而后置于干燥器中抽真空约 2～4 h，用火焰熔封管口（或用石蜡封口），置于干燥器中，在室温或 4℃冰箱内保藏，后者效果更好。

砂土管法兼具低温、干燥、隔氧和无营养物等诸条件，故保藏期较长、效果较好，且微生物移接方便，经济简便。它比石蜡油封藏法的保藏期长，约为 1～10 年。

厌氧菌的保藏方法也主要采用上述的 3 种方法，只是需要采用厌氧专用的试管或冻存管。对于短期内需要再次使用的菌株，可以采用定期移植培养法进行保存，需要长期保存的菌株则需要借助低温冷冻保藏法及冷冻干燥保藏法。

2. 菌种保藏证明的获得

（1）菌株的准备

对于大多数菌株而言，可以直接采用定期移植法将菌株用最适生长的培养基在营养琼脂平板或者斜面试管中进行培养，长出菌体后包装好所要邮寄的平板或者斜面，以避免运输过程中产生损坏。也可将采用真空冷冻干燥法保存后的菌株进行邮寄；

（2）从菌种保藏中心下载菌种保藏单，填写菌种基本信息，菌种最适培养和保存条件以及邮寄人等信息，打印保藏单，与待邮寄菌株一起包装好，然后邮寄；

（3）菌种邮寄的同时，将菌种保藏单及 16S rRNA 基因序列一起以邮件形式发往保藏中心；

（4）保藏中心收到菌种后会活化培养和测序，然后与邮寄人提供的 16S rRNA 基因序列进行比对，准确无误后则会提供保藏证明。

部分保藏中心，如德国微生物菌种保藏中心（DSMZ）在将邮寄的菌株保藏后，会返回一份保藏后的菌株给菌株邮寄人确认，以再次确保菌株的无误。另外，邮寄到国外的菌株，通常会被海关扣留，因此可委托国内专业的菌种保藏中心代为邮寄到国外进行保藏，以此避免相关手续的办理，确保菌株的及时保藏。

本章小结

菌种保藏与相应序列共享对于微生物分类学研究和生物技术的发展具有多方面的重要意义：①促进微生物学科快速发展：序列共享使得研究者可以分享他们的发现，这对于推动科学知识的积累和新技术的开发至关重要；②保障生物多样性：菌株保藏有助于保护和记录微生物的遗传多样性。这对于理解生态系统的功能、评估环境变化的影响以及保护濒危物种具有重要作用；③支持生物技术开发：通过保藏的菌株，研究者可以获得用于生产药物、生物燃料或其他生物活性分子的微生物资源。同时，上传的序列数据可以用于识别新的生物标志物或药物靶点；④促进全球科学家合作：序列上传和菌株保藏的标准化流程促进了全球研究者之间的合作。这种合作对于解决全球性问题，如新出现的传染病、气候变化等，具有重要意义；⑤长期数据保存：序列上传和菌株保藏确保了科学数据的长期保存，这对于未来几代研究者回顾历史数据、验证旧有研究或开展新的研究具有重要价值。

综上所述，序列上传和菌株保藏是科学研究的重要组成部分，它们对于推动生物科学的发展、保护生物多样性、促进技术创新和保障公共卫生安全等发挥着关键作用。

推荐阅读

1. Wu L H，Sun Q L，Desmeth P，et al. World data centre for microorganisms：an information infrastructure to explore and utilize preserved microbial strains worldwide. Nucleic Acids Res，2017，45（D1）：D611–8.（推荐理由：全面介绍世界微生物资源中心的情况，介绍其在利用大数据技术为世界各地的微生物资源中心和微生物学家提供综合信息服务的情况。）

2. Chen M，Ma Y K，Wu S，et al. Genome Warehouse：a public repository housing genome-scale data. Genomics，Proteomics and Bioinformatics，2021，19：584–589.［推荐理由：文章详细地介绍了基因组数据库（Genome Warehouse）及该数据提供的一些服务。］

思考题

1. 不同微生物菌株保藏应注意的不同细节有哪些？原因是什么？
2. 不同类型的微生物菌株保藏时，如何更好地实现长期保藏？
3. 长期休眠的微生物菌株，复活后是否会发生致死变异，如何避免？
4. 大数据时代，如何更好地利用公共数据库的海量数据？

（房保柱、焦建宇、刘兰、董雷、李文均）

第九章

命名法规与方法

命名法（Nomenclature）是与生物实体命名（Naming）相关的基本规则、原理和注意事项的综合考量，其目标是在特定的分类系统中促成实体和名称（Name）的一一对应。命名系统（Nomenclature system）是命名法在实践中的体现形式，包含具体的方法、规定和建议，等同于命名法规。名称系统（Name system）即基于特定命名法规或在特定分类系统中所有生物类群的名称构成的整体。

《论语·子路》中提到：名不正，则言不顺；言不顺，则事不成；事不成，则礼乐不兴。清晰、明确、合理的命名可以有效促进人们进行交流、记载和认识生物体等相关活动，好的名称不仅仅是一个指示符号，更应当承载容易被感知的生物学信息。长期以来，微生物的研究主要采用纯培养的方法，对于纯培养菌株的命名需要遵循《国际原核生物命名法规》（International Code of Nomenclature of Prokaryotes，ICNP）的规定。随着高通量测序越来越多地应用于微生物群落研究，在不进行纯培养的情况下，采用宏基因组学（Metagenomics）和单细胞基因组学技术可以直接获得细菌和古菌的宏基因组组装基因组（Metagenome assembled genome，MAG）和单细胞扩增基因组（Single amplified genome，SAG）。然而，由于要求使用活的生物材料作为命名模式（Nomenclatural type），适用于纯培养微生物的命名法规 ICNP 无法很好地覆盖未培养微生物，这在一定程度上制约着微生物多样性研究的发展。于是，针对基因组序列、包容未培养微生物类群的命名法规 SeqCode（Code of nomenclature of prokaryotes described from sequence data）在 2022 年正式发布。

本章详细介绍了 ICNP 和 SeqCode 的发展历程、主要规则和建议以及各自的局限性，也介绍了与命名相关的拉丁语和希腊语基础语法知识，并演示了如何使用计算机软件为未培养类群批量生成拉丁名的方法，以帮助学者们为新的原核生物分类群创建符合规定的名称。

第一节 传统命名法规

目前，原核生物的命名主要是依据国际原核生物命名法规（International Code of Nomenclature of Prokaryotes，ICNP）。ICNP 由国际原核生物系统学委员会（International Committee on Systematics of Prokaryotes，ICSP）进行指导、制定和出版。ICSP 的司法委员会享有 ICNP 的修订权和原核生物命名事项的解释权，并指导 International Journal of Systematic and Evolutionary Microbiology（IJSEM）的出版。经过将近一个世纪的发展，ICNP 已日趋完善，对原核生物分类学的发展起到了很好的促进作用，但是近些年在未培养类群的命名方面饱受争议。

一、ICNP 发展历程

早在 19 世纪和 20 世纪上半叶，细菌学家主要遵循《植物学命名法规》的规则进行命名，因为那时细菌被认为是一类真菌，都属于植物。后来，人们发现植物和细菌的研究方法大不相同，细菌学更注重其培养特征，并认为被命名的模式（Type）材料应是活的培养物，而《植物学命名法规》并不强制要求活的模式材料。1930 年，在巴黎举行的第一届国际微生物学大会上，有学者建议为细菌制定专门的命名法规。1936 年，在伦敦举行的第二届国际微生物学大会上美国细菌学家 Robert E. Buchanan 被任命成立一个委员会，负责起草一份细菌命名法规草案（表 9–1），该委员会即后来在 1939 年正式成立的国际细菌命名委员会（International Committee for Bacteriological Nomenclature，ICBN）。随后，ICBN 在 1970 年更名为国际细菌系统学委员会（International Committee on Systematic Bacteriology，ICSB），并于 1999 年更名为 ICSP，并沿用至今。1936 年起草的命名法规经过多次修订后，于 1947 年编纂完成，定名为《国际细菌生物学命名法规》（International Bacteriological Code of Nomenclature，IBCN），并于 1948 年正式发布。

1958 年，《国际细菌与病毒命名法规》（International Code of Nomenclature of Bacteria and Viruses）正式发布（表 9–1），被认为是现行 ICNP 的第一版，但也有学者认为 1948 年版的 IBCN 才是第一版。随着与病毒命名相关的部分独立发展，1966 年《国际细菌命名法规》（International Code of Nomenclature of Bacteria，ICNB）正式发布，该版本尝试简化命名规则，从而鼓励更多的学者使用该法规。然而该版法规影响力较小，后来很少被提及。Robert E. Buchanan 负责的命名法规的最后一次修订发生在 1975 年，该版本提出了三项重要的变革，至今仍然适用：建议对已有的细菌名称进行认定并发布认证名录（Approved Lists）；新的名称必须发表在 International Journal of Systematic Bacteriology（IJSB，IJSEM 的前身）；必须为合格发表的名称指定模式材料。

在 1960 年至 1980 年间，由于缺乏有效的物种描述和模式培养物，导致大量已发表的细菌名称无法正常使用，严重影响了微生物学的发展。1980 年，在澳大利亚细菌学家 Victor B. D. Skerman 的号召下，一个全新的细菌命名法规正式启动。同年，细菌名称认证名录（Approved Lists of Bacterial Names，1980）正式发布，未被该名录收录的细菌名称将被视为未合格发表（表 9-1）。该名录的发布也是细菌名称系统和分类学走向规范和统一的标志性事件，被认为是原核生物命名法规诞生以来的第一次重大变革，对分类学也影响深远。与此同时，英国细菌学家牵头重新编写了细菌命名法规，使其更合乎逻辑，更便于遵循。该法规主要包括两种类别的内容，即强制性的规定（Rules）和非强制性的建议（Recommendations）；其对如何描述、命名和发表新型细菌，以及如何处理命名问题也进行了详细描述。该法规经过多次修订，在 1992 年以 ICNB 1990 年修订版的形式出版，并于 1999 年被更名为 ICNP。新一版的 ICNP 于 2008 年开始启动修订，于 2014 年在第十四届细菌学和应用微生物学（Bacteriology and Applied Microbiology，BAM）大会上发布草案，并于 2019 年 1 月在 IJSEM 上发表。2021

表 9-1 与国际原核生物命名法规（ICNP）相关的大事记

时间	事件
1936 年	以美国细菌学家 Robert E. Buchanan 为首成立委员会负责制定细菌学专门的命名法规
1939 年	初步完成细菌命名法规草案编纂，由国际细菌命名委员会（International Committee for Bacteriological Nomenclature，ICBN）监管
1948 年	发布《国际细菌生物学命名法规》（International Bacteriological Code of Nomenclature，IBCN）
1958 年	《国际细菌与病毒命名法规》（International Code of Nomenclature of Bacteria and Virus）正式发布
1966 年	《国际细菌命名法规》（International Code of Nomenclature of Bacteria，ICNB）正式发布
1970 年	国际细菌命名委员会更名为国际细菌系统学命名委员会（International Committee on Systematic Bacteriology，ICSB）
1975 年	ICNB 1975 年修订版正式发布
1980 年	澳大利亚微生物学家 Victor B. D. Skerman 牵头编制的细菌名称认证名录（Approved Lists of Bacterial Names，1980）正式颁布
1992 年	英国细菌学家 Lapage 负责编纂的 ICNB 1990 年修订版正式发布
1994 年	用于未培养新类群的 *Candidatus* 名称被提出
1999 年	ICNB 更名为 ICNP；ICSB 更名为 ICSP
2001 年	ICNP 要求模式菌株需要保藏在至少两个国家的两个保藏中心
2019 年	ICNP 2008 年修订版正式发布（2008 年启动）
2021 年	ICNP 将门（Phylum）纳入命名范围（2015 年提议）
2023 年	ICNP 2022 年修订版正式发布；ICNP 将界（Kingdom）和域（Domain）纳入命名范围，纲（Class）的模式变更为属（Genus）

年2月，经ICSP委员投票表决后，ICNP正式将“门”纳入命名系统，并规定使用“*-ota*”作为名称后缀。这直接导致了在此之前长期使用的“门（Phylum）”的名称发生了剧烈变化，在学术界引起了广泛的讨论和争议。现行的ICNP 2022年修订版于2023年5月在IJSEM杂志上正式发表。2023年8—9月，ICSP通过投票表决正式将“域（Domain）”和“界（Kingdom）”纳入ICNP命名系统。

二、命名法规的基本原则

在生物学中，大多数命名法规要求生物实体与名称一一对应，以确保每个生物实体在特定的分类系统中对应一个明确的分类地位和唯一的正式名称。然而，在实践中实现这一目标非常困难，因为命名与生物多样性的发现一直在进行，而且世界各地的研究人员通常是在同一时间相互独立地开展这些活动。研究人员通常持有不同的分类学观点和命名理论，势必导致所创建的名称存在差异。命名法规便致力于促进形成一个统一、稳定、方便理解的名称系统。在这个过程中，命名法规必须处理好以下五个问题。

1. 生物实体被命名的必要性

命名是所有科学研究中的重要组成部分。如果不能为生物实体分配精准、明确的名称，就不可能有效地进行沟通。例如，在ICNP实施和1980年的细菌名称认证名录发布之前，结核分枝杆菌至少有9个名称，存在严重的同物异名。多个名称不仅使查阅文献和交流变得困难，而且不同名称的确切含义也不尽一致，这严重阻碍了医学、兽医等领域微生物学的发展。规范统一的命名对于大型数据库的构建和海量数据运算也至关重要，如果没有一个相对稳定、统一的名称，数据库的管理会随着时间的推移，变得越来越困难。

对于分类学来讲，生物实体被称为分类单元或分类群（Taxon）。与其他命名法规一样，ICNP对生物实体的定义并不明确，只是笼统地描述为“any group of organisms treated as a named group in a taxonomy”[Consideration 7（3）]。分类学（Taxonomy）包括分类（Classification）、鉴定（Identification）和命名法（Nomenclature）三大要素。命名法规聚焦于命名法而不涉及分类和鉴定，它虽然规定了如何为不同的分类单元（科、属、种等）命名，但如何限定这些分类单元并不在命名法规的职责范围内。因此，ICNP这种模糊的定义可以确保持有不同分类学观点的研究人员都能够使用该法规。

2. 分类单元存在的证据

在大多数命名法规中，这一证据被称作命名模式（Nomenclatural type 或 type）。模式具有三个方面的功能：首先，证明这个分类单元的存在；其次，为判定一个新样本是否与该模式属于同一个分类单元提供参考标准；第三，如果代表新的分类单元，这一样本便可以成为“模式”并代表为其命名的名称所指代的分类单元。分类单元是以它的模式存在且被命名为基础的，如果一个样本与已知的模式均不相同，便值得被命名，模式代表了名称的精确含义，是名称所代表生物体的客观体现。

模式主要有两种形式。种和亚种的模式是可用于采集实验数据的生物实体，原核生物的模式便是活着的菌株；而在 2001 年 1 月 1 日之前，模式也可以是有详细描述的、保存完好的失活样本或者插图。属及以上高级分类单元的模式是其下属的一个分类单元，例如属有一个模式种，科及以上分类单元均有一个模式属（2023 年以前，并不是所有高级分类单元的模式都是属）。从而，每一个分类单元都可以直接基于模式菌株或者间接基于模式种或者亚种的模式菌株与证明其存在的实验数据联系在一起。每个名称的确切含义便来源于对分类单元所包含特定模式的认知。

3. 名称

一个好的名称应该便于理解、识别和区分，并具有“顾名思义”的功能。1751 年，瑞典博物学家林奈（Carl Linnaeus）提出的以拉丁语和希腊语为词源的“双名法”（Binomial nomenclature）被广泛应用于各类生物的命名，并为整个生物学领域提供了一个稳定、清晰、影响深远的名称系统。但从应用的角度来看，各种来源、形式的名称都是可以接受的，例如用于未培养类群的“字母 + 数字”的形式在过去的 20 多年间就被广泛使用。拉丁语的变化极其多样，同一个词根在不同语境、词性中的书写形式各不相同。古希腊语有自己独特的字母表，不经过专门的学习很难辨认，用于生物命名时通常要先转换成拉丁字母才能使用。目前，拉丁语化的名称也仅在欧洲的部分地区才易于理解。大多数微生物学家都对拉丁语和古希腊语知之甚少，无法创建出符合拉丁语语法规则、结构良好的双名法名称，也无法给出清晰、准确的词源说明。虽然一些学者出版了一些指南，但是收效甚微。然而，ICNP 坚持使用拉丁语和古希腊语进行命名，并在这方面制定了一些不易理解的规则和建议。在实践中，拉丁化的名称通常需要相关专家花费大量时间逐一进行质量控制，因而缺乏灵活性。这些专家需要熟悉古典语言、ICNP 和当代微生物学，而符合要求的专家已越来越少。

目前，只有《国际病毒分类与命名法规》（International Code of Virus Classification and Nomenclature）认可非拉丁语的名称，其他一些命名法规也适当放宽了命名规则，不再要求严格遵守拉丁语。使用拉丁语和古希腊语进行命名的优势是可以保证名称系统的延续性和稳定性。然而，在拉丁语和古希腊语日趋“消亡”的背景下，它们是否能够在实践中继续确保命名系统的稳定性和优雅性，有待商榷。

4. 维护名称系统的稳定性和扩展性

命名法规需要提供一套面对复杂问题时的解决方案，例如在没有统一分类标准的情况下，命名法规仍然能够通过系统地整合大量结果促成统一的名称系统。这套方案需要允许在新分类单元被发现时，新的名称可以被收录；当已有分类单元的分类地位变更时，其名称可以改变且改变过程可追溯；所有组合、变更和拆分的过程必须易于理解和便于采纳；当系统内相互矛盾时，能提供有效的解决方案。在处理这些问题的过程中，优先权（Priority）是基本原则，即最早合格发表的名称便是相应分类单元的正确名称（Correct name）。优先权（即更早的命名时间）可以确保名称的稳定性和分类单元名称的唯一性。对于种和亚种，名称直接与命名模式相关联，因此最早偶联特定模式的名称将对任何后续名称享有优先权。例如，如果一个种被再分类到另一个属，即使属名改变了，种加词也保持不变（如果种加词在新的属内已被占用，尽量在保留原有词根的基础上重新命名）。如果两个物种合并，最早合格发表的名称即正确名称。如果一个物种被分割，保留模式的分类单元必须保留原来的名称。因为目前的命名格式为双名法，属名和种加词必须同时被命名，并享有同样的优先权。如果两个属合并，最早被命名的模式种即为新属的模式种，并保留相应种属名。如果一个属被拆分，保留原先模式种的属必须保留原来的属名。

5. 与分类学的关系

大多数命名法规都尽量在分类学问题上保持中立，例如 ICNP 的 Principle 1（4）规定："Nothing in this Code may be construed to restrict the freedom of taxonomic thought or action"。然而，在实践中，命名法规很难做到绝对中立。例如，ICNP 和下文要介绍的 SeqCode 都被设计为层次结构的分类名称系统，这是建立在假设层次结构能够合理地反映生物多样性自然属性的基础上。同样地，ICNP 也假设在原核生物中存在被称为"物种"的实体；并假设每一个种都属于一个属，每一个属都隶属于一个更高的等级，即科、目、纲和门等。虽然根据人们对现有原核生物多样性的了解，这些基本假设并不完全成立，但是现有命名法规仍然建立了一个非常实用的分类体系，并很好地服务于学术界。

另一方面，命名法规也力求免受分类学其他方面的影响，因为分类（Classification）和鉴定（Identification）的方法与原则会随着新技术的发展和应用而改变。例如，在 20 世纪 80 年代中期之前，原核生物分类学以"限定性（Determinative）"为主要原则，即限定某一分类单元的多样性范围，那时并不强调高级分类单元之间的自然关系。因此，当时的 ICNP 非常重视低级分类单元的实验特性。后来，随着遗传学研究方法的发展，原核生物分类学开始倚重系统发育学方法，导致分类单元的名称发生了大量变化。在这一过程中，ICNP 便很好地维持了名称系统的稳定性，许多在"限定性"分类学阶段创建的名称在传统分类学向系统发育分类学过渡的过程中得以保留。

三、ICNP 存在的问题

早在 20 世纪 90 年代，随着 16S rRNA 基因测序等分子生物学技术的发展，对于未获得纯培养物的分类群（Uncultivated taxa），单纯依靠分子特征对其进行描述成为可能。然而，ICNB 1990 年修订版中并没有与主要依据基因序列对生物实体进行命名相关的规定。一些学者预言，随着相关技术的推广和应用，这一问题会越来越突出，因此向 ICSB 提议将"暂定名称（*Candidatus*）"用于未培养新分类单元的命名。ICSB 认为：暂定名称可以用于命名那些除了序列分析之外未被进一步研究的类群，但是不会被 ICNB 认可为合格名称（Validly published under the ICNB）；只有相关类群被分离培养和充分鉴定后才能成为合格发表。这是因为ICNB/ICNP除了对命名的词源（Etymology）进行约束，也对模式的存在证据提出了严格要求（见上文）。ICNP认为，通过对模式进行严格要求可以有效防止名称滥用和名称指代的生物对象不明确、难观测等现象。例如，从2001年开始，ICNP要求（Rule 30）被命名的模式菌株必须在至少两个国家的两个保藏中心进行保藏。要求模式菌株纯培养物进行保藏的这一规则，决定了现行的ICNP不会将基于分子序列发现的海量新分类单元的名称认定为合格发表并赋予其优先权。另外，一些难培养和来自对生物材料转移和共享限制较为严格的国家和地区的菌株，也因为无法满足对模式菌株进行保藏的要求而难以被命名和发表。

最初，Robert G. E. Murray和Erko Stackebrandt关于暂定名称的建议便是为了缓解ICNP中Rule 30关于模式菌株保藏的严苛要求。ICNP 2008修订版的附录Ⅱ（Appendix Ⅱ）中采纳了这种暂定名称的命名方式：由*Candidatus*（斜体，可缩写为*Ca.*）后面跟着“属名＋种加词”“属名”或“种加词”（均不斜体）组成；描述暂定名称的学者需要向IJSEM杂志提交论文的复印件、形式得当的“记录（Entry）”和信件说明以申请认定；IJSEM会不定期发布认定名录。但是，ICSP并未很好地执行这一举措，直到2020年IJSEM才发表第一份暂定名称认定名录，涵盖了截至2018年底之前的1 091个名称。随后，该认定名录以年为区间进行更新。然而，暂定名称的规范性却存在严重问题：根据2017年针对大约400个暂定名称的调查报告，其中120个暂定名称违背了ICNP的命名规则；在最早的两个暂定名称认定名录中，超过1/4的名称需要被修正。

另外，“字母＋数字（Alphanumeric）”的方式也被用于未培养微生物的命名，尤其是早期被广泛用于指代在系统发育树上聚集成簇的一群16S rRNA基因序列，例如海洋中广泛分布的SAR11、SAR116等。相对于暂定名称，“字母＋数字”的形式更加缺乏辨识度和统一性，从而出现了大量同义名称（Synonyms，也称同物异名）。事实上，最初关于暂定名称的提议便是希望能够缓解“字母＋数字”的命名方式带来的问题。然而，如上文所述，暂定名称至今未被ICNP正式采纳，“字母＋数字”的名称带来的问题也一直影响至今。

回顾历史，DNA序列在物种鉴定中的应用和ICNP对暂定名称的决定影响深远，被认为是原核生物分类学历史上的第二次重大变革，这直接导致了未培养类群被大量发现和随意命名，也为微生物多样性的交流和记载带来了诸多问题和不便。ICNP作为原核生物命名法的权威，却由于自身规则的限制而无法覆盖未培养的“大多数”，因而在过去十余年里引发了关于ICNP和命名法的激烈讨论。ICNP仍需要不断更新和完善以覆盖更多的原核生物多样性，才能更好地服务于学术界。

第二节 SeqCode命名法规

近些年，高通量测序技术已越来越多的应用于微生物群落研究，通过宏基因组学和单细胞基因组学手段可以获得近乎完整的细菌和古菌基因组。然而，由于大多数 MAG/SAG 仍然是片段化的基因组（即草图），并且存在污染的可能性，人们对其保真度一直存在质疑。随着实验方法和生物信息学方法的改进，包括长读长测序技术（三代测序）的使用，MAG 的质量已经可以媲美纯菌株基因组，变得更加可靠。目前，从各种生态系统中，已经产生了成千上万的 MAG，大大提高了人们对原核生物多样性的认识。

除了利用基因组序列进行物种鉴定之外，代表高级分类单元的基因组以及种内基因组多样性的发掘也在深刻改变着人们对细菌和古菌多样性的认识。另外，基因组序列也被用于开发标准化、基于系统发育和序列分化的细菌和古菌分类系统，例如最具代表性的基因组分类数据库（Genome Taxonomy Database，GTDB，图 9–1）。目前 GTDB 包含了近 40 万个基因组（Release 08–RS217），其中包括 12 万多个 MAG/SAG，这显著提高了人们对细菌和古菌多样性的认识。然而，基于 MAG/SAG 发现的新分类单元也存在命名混乱的问题，例如 GTDB 使用“字母 + 数字”的形式，也有很多文献中使用暂定名称。

与真核生物相比，原核生物被命名和描述的种要少的多。例如，兰科（*Orchidaceae*）植物就有约 28 000 种，比已知的细菌和古菌都要多。目前已知的生物超过 200 万种，而微生物只占了其中很小一部分。不管是 16S rRNA 基因多样性还是 MAG/SAG 分析均表明，已经获得纯培养的微生物只占自然界的很小一部分。GTDB 的数据显示可培养物种的数量不足一半；和正式的名称对应的基因组大约只占 1/4；超过 65 000 个新类群需要被命名。按照近些年的发展趋势，未培养类群的比例只会越来越高，然而未培养类群的命名却因为缺少公认的法规而出现形式随意、含义模糊等问题。适用于纯培养微生物的命名法规 ICNP 又无法很好地覆盖未培养微生物，这在一定程度上制约了微生物多样性研究的发展。于是，

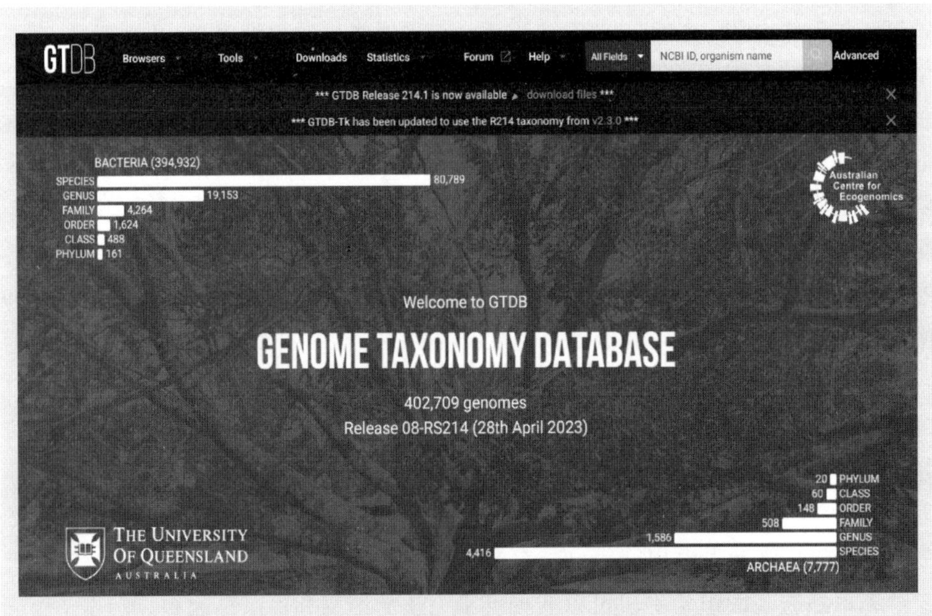

图 9–1 基因组分类学数据库（Genome Taxonomy Database，GTDB）网站

针对基因组序列、包容未培养微生物类群的命名法规 SeqCode 应运而生。

一、SeqCode 的发展过程

早在 2015 年，Brian P. Hedlund 和 Konstantinos T. Konstantinidis 等就建议修改 ICNP 中暂定名称的概念并将基于 MAG 和 SAG 的名称正式纳入其中，以解决未培养类群命名混乱和缺少参考序列或材料的问题。2016 年 William B. Whitman 正式在 IJSEM 上发文建议修订 ICNP，将高质量的基因组认定为命名模式，这可以使暂定名称正式合格、确保相关名称的稳定性并形成统一的可培养和未培养微生物命名法规。2017 年，Konstantinos T. Konstantinidis 等认为未培养微生物需要一个稳定的命名系统，并分析了基于高质量 MAG 和 SAG 建立独立命名系统的可能性。次年，Brian P. Hedlund 和 Anna-Louise Reysenbach 获得了美国国家科学基金会系统和生物多样性科学中心的资助，为下一个十年微生物系统学的发展制定战略。于是，2018 年 10 月和 2019 年 4 月分别举行了多次线上和线下研讨会，最终达成了一份共识，提出了两套潜在的解决方案（图 9-2），得到了全球 120 名知名微生物学家的支持。

方案 A（Plan A）是通过修订现行的 ICNP，在区分可培养和未培养分类单元的情况下，将 DNA 序列作为未培养类群的命名模式。将从纯培养物（或稳定共培养物）中获得的微生物认定为“可培养”，将通过 DNA 序列信息识别的微生物认定为“未培养”（包括从混合培养物中获取的 DNA 序列）。方案 A 通过在 ICSP 下设委员会开展工作：审查已有的暂定名称；制定 DNA 序列数据标准；规范暂定名称并统一相关术语的用法（例如分别表示 uncultivated、*Candidatus* 和 environmental 的上标 u、c 和 e）以明确区分未培养与可培养微生物；审核已发表的、以 DNA 序列作为模式的分类单元并制定认定名录（Approved List 2.0）。后续新的名称和相关分类单元的描述（包括词源、类群特性、推测的表型和序列登录号），无论是基于单个还是大规模 MAG/SAG 的研究，都将被 IJSEM 审核、认定并保护优先权。方案 A 是在现有的 ICNP 基础上进行改进，有利于形成一个包含可培养和未培养微生物的统一命名法规。

方案 B（Plan B）是为未培养类群制定一套独立于 ICNP 的命名法规，由国际化的权威组织负责管理。这个组织负责制定和维护《国际未培养原核生物命名法规》（International Code of Nomenclature of Uncultivated Prokaryotes，ICNUP；即后来的 SeqCode），监督 ICNUP 的实施，并发布合格的未培养类群名录。ICNUP 将任命一个临时委员会来处理已有的暂定名称，制定合格名录并确立优先权。暂定名称可以保留，或者使用其他的标注方式来指示未培养状态。同时，该组织可以在基因组标准协会（Genome Standards Consortium，GSC）的协助下，制定相关数据的质量标准并提供针对未培养微生物的完整分类系统。ICNUP 的条款类似于方案 A 中的 ICNP，已经发表的基于 DNA 序列信息的暂定名称将被确立优先权。方案 B 可能会与 ICNP 短期共存，将来在学术界普遍支持的情况下，两者将合并为一个统一的命名法规；这两个命名法规也可能会长期共存，永远不会统一。方案

B 建议，如果未培养类群被成功培养，原先依据未培养法规创建的名称也应该被保留。

方案 A 希望通过修改 ICNP 来达到目标，可以避免不同系统在命名过程中出现的矛盾、分歧和优先权问题，并且可以快速实施，能有效满足当前学术界的需求。如果 ICSP 针对方案 A 做出决定所需要的时间过长，方案 B 就可以提供及时的解决方案，以避免原核生物命名系统中相关问题的加剧。但本质上这两种方案的终极目标是一致的，即希望未培养类群的名称唯一且稳定。

对于方案 A，ICNP 编委会在 2019 年秋季进行了多次讨论，随后 ICSP 执行委员会在 2020 年 1 月 2 日举行的会议上决定：先在 ICSP 会员中发起全面讨论（邮件形式），然后在 2020 年 3 月份对方案 A 的提议进行投票表决。此次投票除了决定是否将 DNA 序列纳入模式材料范围（含两项内容），也对另外两项提议进行表决：① 2020 年 1 月之前发表的符合 ICNP 规则的暂定名称是否享有优先权；②是否使用类似于“T”（标注在菌株号之后，表示模式 / 典型菌株）的上标“Ts”

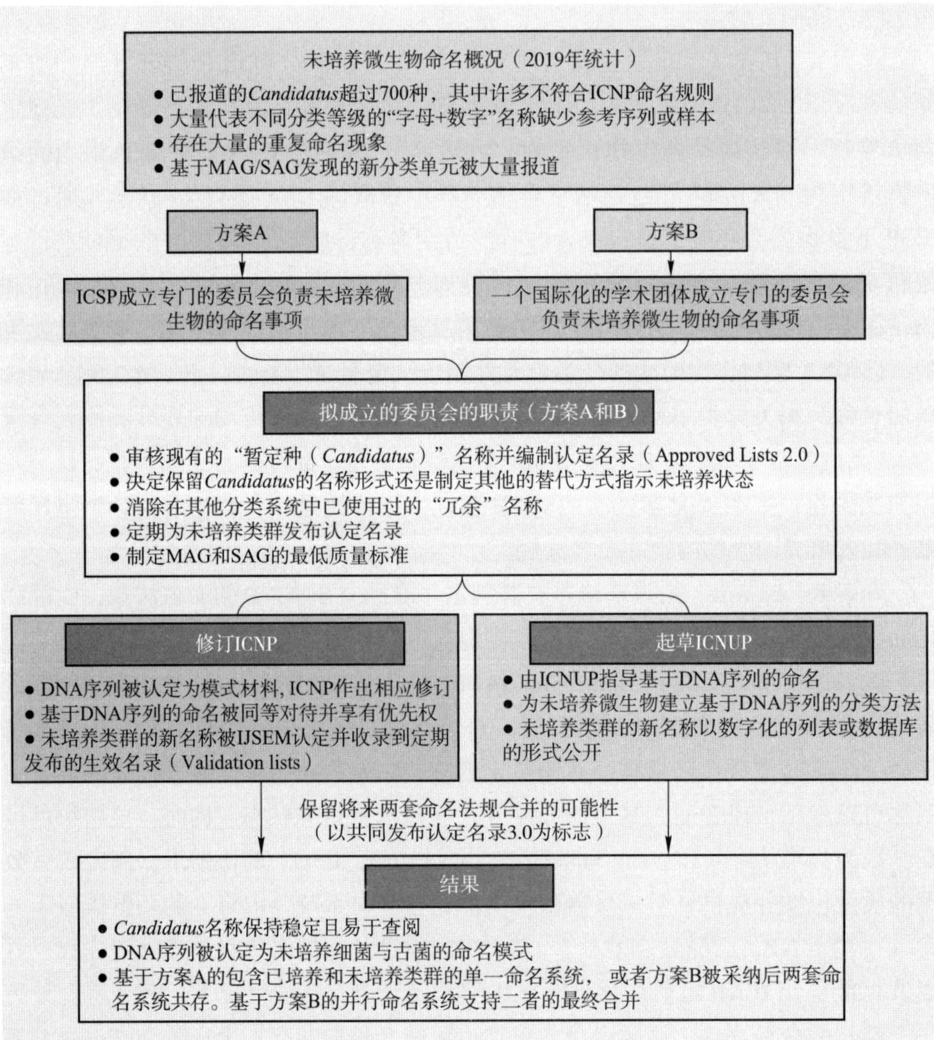

图 9-2　未培养细菌与古菌命名系统的两套方案［ICNUP，国际未培养原核生物命名法规（International Code of Nomenclature of Uncultivated Prokaryotes），即后来的 SeqCode］（引自 Murray et al.，2020）

或“Td”标注未培养类群的DNA模式材料。共有150人参与投票前的讨论，最终确定了23人拥有表决权，结果于2020年3月31日进行统计。表决结果为：以上四项提议均未通过。主要原因在于：①对培养和保藏工作具有潜在的负面影响；②被命名对象从生物体转向序列存在不确定风险；③命名模式失去“可重复观测”的生物属性；④可能会进一步增加基因组在分类学方法中的权重，不利于新方法的开发，并且与多相分类（Polyphasic taxonomy）的基本原则相背离；⑤可能导致大量无意义、符号化名称的出现；⑥导致模式的概念和类型模糊不清；⑦无法有效解决“名古屋协定”等法规对生物多样性研究的限制；⑧导致ICNP过多干预分类学自由。

于是，方案B正式启动。第一份命名法规草案于2020年夏完成，被命名为Code of Nomenclature of Prokaryotes Described from Sequence Data（SeqCode）。随后在2021年2月期间，由国际微生物生态学会（International Society for Microbial Ecology，ISME）组织了一系列线上研讨会，共有来自42个国家的848名会员参加，对SeqCode的内容进行讨论和修改。第一版的SeqCode于2022年9月正式发布。

二、SeqCode与ICNP的区别与联系

SeqCode的出发点是在认定活的培养物作为模式的基础上，也认定基因组序列为模式材料，从而确保基于MAG/SAG发现的新类群和苛养菌能够被稳定、规范地命名。SeqCode是基于ICNP的“演变”而非“变革”，更不是推倒重来。SeqCode的主要特点包括：①大部分条款与ICNP一致，为将来二者合并保留最大便利；②ICNP有些条款之间存在矛盾，SeqCode尝试化解矛盾；③语句更直白、易懂，减少争议和混淆；④通过线上注册和管理；⑤为满足ICNP中暂定名称命名规则的类群提供名称并赋予优先权。SeqCode和ICNP的主要不同点如表9-2所示。单纯从生物命名的角度来讲，SeqCode并未提出新的准则。例如，SeqCode被争议最多的地方在于，不要求活培养物的生理学证据，而在2001年1月之前，ICNP 1990年修订版对这一点也不做要求，仅是要求对命名模式进行详尽的描述和阐释即可。

1. 模式

SeqCode与ICNP最大的不同在于同时允许活的培养物和DNA序列（基因组序列）作为模式（表9-2）。SeqCode认为基因组序列同样可以满足作为模式的要求，可以提供分类单元存在的证据，并与其他分类单元的模式进行比较。此外，基因组序列作为模式比菌株有着多方面的优势：①既适合未培养类群，也适合可培养类群；②储存便捷，易于共享；③可作为永久记录存放，而菌株保藏需要定期活化且存活性难以保障。SeqCode要求基因组数据达到最低质量标准，但该标准与SeqCode相互独立，以适应不同时期的技术发展。因此，SeqCode还需要一个组织来审查和制定序列数据的最低标准。对于一些特殊类群，例如严格胞内寄生的支原体，可制定专门的标准以保证可行性。

表 9-2 SeqCode 和 ICNP 的主要差异比较（引自 Whitman et al.，2022）

不同点	ICNP	SeqCode	说明
模式	活的培养物	DNA 序列或者活的培养物	SeqCode 认可 ICNP 名称及优先权
真实性标准	模式菌株在两个国家的两个保藏中心保藏	模式序列上传至 GenBank/EMBL/DDBJ 数据库	
名称登记	以论文或被“合格名录”引用的形式在 IJSEM 杂志发表	SeqCode Registry 在线登记系统	SeqCode 名称登记需要有效发表论文支撑
名称与数据库的兼容性	需要人工审核、校对	统一的注册系统可以确保便捷的自动化校对、审核和查询	
监管组织	国际原核生物系统学委员会（ICSP）	基于序列数据的原核生物系统学委员会（CSPSDS）	
属以上分类单元数量	11 个	4 个	SeqCode 不包含目前很少使用的分类单元
属以上分类单元的模式	均为属	均为属	
属以上分类单元的优先权	取决于名称合格发表日期	取决于模式属的合格发表日期	
条例数量	65	50	SeqCode 摒弃了不常用分类单元相关的条例
发布时间	1948 年	2022 年 1 月 1 日	

2. 高级分类单元

由于 ICNP 的大部分条款是 20 世纪下半叶制定的，那时候微生物的多样性是被严重低估的，因此 ICNP 的内容并没有很好地适应系统发育分类学。这导致在早期，大量的属未被归类到更高一级的分类单元，而纲则是作为最高级分类单元存在的。在 1980 年的认定名录中，只有 7 个纲和 58 个科以上的名称。此外，ICNP 也没有制定纲的命名标准。在当时，ICNP 非常强调种和属的命名，并且很少讨论更高分类等级的命名规则。相比之下，目前科以上的分类单元约有 500 多个，纲有 100 多个。虽然 ICNP 2022 年修订版才正式纳入“门”，但是“门”在此之前就已经被广泛使用。由于早期 ICNP 未针对高级分类单元制定明确的规则，许多名称没有以统一的方式进行命名，从而导致了近些年高级分类单元名称的频繁变动，为学术界带来了诸多不便。

ICNP 规定高级分类单元的模式是属，名称需要基于模式属创建，但是这个属却不需要（仅是建议）是该分类单元内最早发表的属，这导致了整个分类系统名称的不连续性。另外，高级分类单元的名称的优先权取决于合格发表日期，于是便会出现：即使其原来的模式属后来被判无效，一个有效发表的科及以上分类单元也拥有优先权；一个高级分类单元的模式属被包含在某个下属的低级分类单元，但是该分类单元的模式并不一定是这个属。例如，根据ICNP的规则，如果将1980年认定名录中的*Alcaligenes*和1993年命名的*Burkholderia*划归在同一个科，那么这个科的有效名称将是1986年命名的*Alcaligenaceae*，而不是2006年命名的*Burkholderiaceae*，因为1986年的*Alcaligenaceae*拥有优先权（发表时间更早）。然而，由于"*Alcaligenales*"从未被有效发表过，*Alcaligenaceae*只能被归类为*Burkholderiales*，于是从属到目便出现了名称的不连续性。

在SeqCode中，高级分类单元的优先权取决于所包含属的优先权。基本原则是，一个新属的建立同时意味着它可能代表一个新科、新目、新纲，甚至新门，即使这些高级分类单元当时没有被命名。通过使用最早命名的属作为模式，以后不同属的合并就不会改变高级分类单元的名称，从而保证稳定性。如果高级分类单元被合并，则应该根据优先权更高（命名更早）的属名来选择或创建名称。如果一个高级分类单元被分割，包含原来模式的分支将保留其名称。新建立的分支将根据所包含的属中拥有优先权（最早被命名）的属获得名称。一个全新的高级分类单元只能建立在同时发现一个新属的基础上。需要注意的是，SeqCode接受2022年1月1日之前依据ICNP有效发布的所有名称。因此，SeqCode中有关高级分类单元的命名规则，对该日期之前合格发表的高级分类单元没有影响，只影响在该日期之后提出的高级分类单元名称。例如，根据现行ICNP和SeqCode，任何包含*Burkholderia*属的目都将被命名为*Burkholderales*，这是因为*Burkholderales*是在2022年之前根据ICNP规则命名的。假如是现在对包含*Alcaligenes*和*Burkholderia*的目进行命名，根据SeqCode的规则，"*Alcaligenales*"才是正确的名称，因为*Alcaligenes*是更早被命名的属。

3. 名称类别

ICNP将名称分为五类：合法（Legitimate）、非法（Illegitimate）、有效发表（Effective publication）、合格发表（Valid publication）和正确（Correct）（图9-3）。有效发表是指在正规的出版物上发表，包含其他四类名称。合法名称是根据ICNP规则形成的，必须是合格发表。合格发表是指在IJSEM或其认定名录中发表。虽然原则上合格发表的名称都应该是合法的，但也有例外。例如有些合格发表的名称会因为分类单元合并时违反了优先权原则，或者因为命名法规的变更而变得不合法。最后，正确名称必须是合法的，但是只针对分类时使用，即现行分类系统中有效的、被认可的名称。例如，一个名称本来是合法的，但是可能会因为再分类而在分类系统中不再是正确的。这些区别在SeqCode中也有使用。然而，与ICNP不同的是，SeqCode使用在线注册系统，即SeqCode Registry。在这个系统中，由作者完成新名称的注册，最好是在论文发表之前完成。这些名称将由管理员进行审查和批准。名称在有效发表和完成相应模式序列提交之后，将成为合格发表。SeqCode通过该系统中名称的合格发表日期确定优先权，而不是依据期刊上的发表日期，从而保证在任何期刊上发表名称享有均等的机会。此外，SeqCode Registry将为尚未合格发表的名称保留一年时间，以避免后续出版物中出现同义名称。

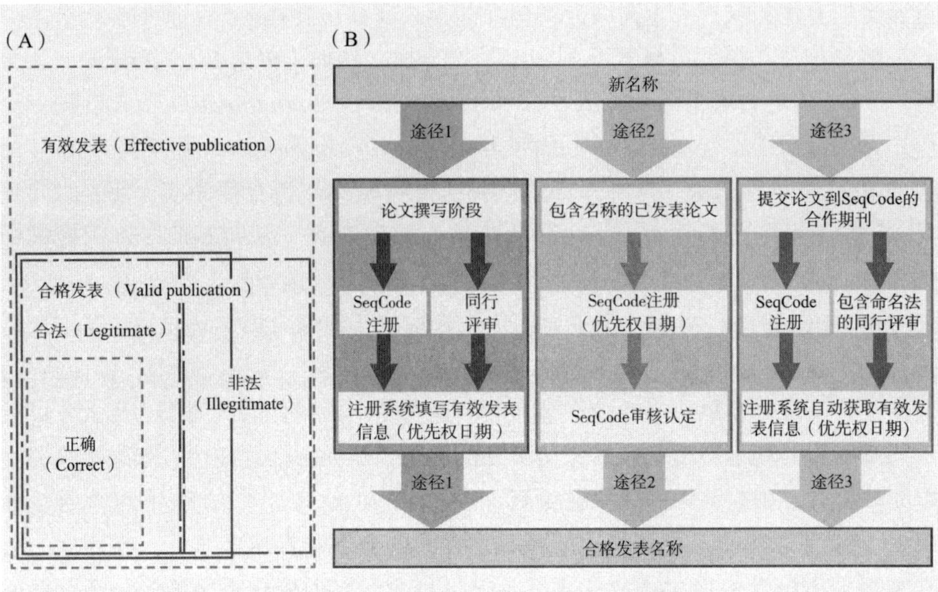

图 9-3 名称的类型（A）和 SeqCode 中名称的合格发表过程（B）

4. 合格发表

SeqCode Registry 的目标是提供一个与元数据相关联的名称列表，这些名称需要满足 SeqCode 的模式数据标准和正字法。该系统不会制定任何分类原则，但是仍然会针对如何为未培养类群命名提供建议。同样，ICNP 对名称的认定也只有很少的要求，即：符合正字法；有效发表；来自两个国家的两份保藏证明。因此，即使是使用计算机软件创建数千计的名称，同时相关生物类群的生物属性几乎没有被研究，SeqCode 也不会干预这些论文的发表。然而，在缺乏生物学分析的情况下，应该尽量避免此类命名。

5. 分类等级

在历史上，各分类等级的亚单元曾广泛被使用，例如亚纲、亚目等，各版本 ICNP 使用的分类等级多达 15 个：亚种（Subspecies）、种（Species）、亚属（Subgenus）、属（Genus）、亚族（Subtribe）、族（Tribe）、亚科（Subfamily）、科（Family）、亚目（Suborder）、目（Order）、亚纲（Subclass）、纲（Class）、门（Phylum）、界（Kingdom）和域（Domain）。由于概念模糊和实验证据不足，目前亚单元已很少被讨论和使用，但是 ICNP 2022 年修订版仍然包含 13 个分类等级（不含亚族和亚科）。而 SeqCode 仅包含 7 个分类等级：亚种、种、属、科、目、纲和门。

三、基于 SeqCode 的合格命名

1. 在线注册

基于 SeqCode 的名称可以在 SeqCode Registry 系统进行合格验证。在该系统中可进行名称和模式的注册、验证和原始数据查询。SeqCode Registry 有三个主要目标：①对根据 SeqCode 创建的名称进行注册和评估；②对文献中使用的名称进

行自动识别，以保证这些名称的规范化和标准化；③维护依据 SeqCode 合格发表名称的合法性，发布相应的名录，提供模式序列的原始数据链接。目前，可以使用两种方式来注册和验证名称（图 9–3），第三种方式有望在将来实现。推荐的方式是，在相关论文投稿前，也就是论文发表前就进行名称的注册和审查。SeqCode Registry 将自动检查并管理提交的名称。

途径 1 主要处理以下两种情况。①在预注册期间进行自动检查以防止在名称发表之前出现同义名或语法错误等问题，从而减少发布后的名称更改现象。该过程类似于 IJSEM 同行评审期间人工进行的名称检查。而 SeqCode Registry 将尽可能通过自动化流程，加快处理速度并减少人为错误。同样，数据质量检查是为了保证作为命名模式的基因组数据的质量。②在预注册过程中生成的 SeqCode ID，也就是统一资源定位符（Uniform Resource Locators，URL），可以标注在提交的稿件中促成有效发表。这些 URL 对审稿人和编辑开放访问，以验证相关名称是否通过了 SeqCode 检查。这一过程将为新名称和相关基因组的同行评审提供便利，因为 SeqCode Registry 在预注册阶段就可以保证这些名称没有问题且作为模式的序列数据质量达标。在途径 1 中，用户提供论文的数字对象标识符（Digital object identifier，DOI）之后，注册过程才算完成，这也是名称的优先权日期。这一步通常由作者完成，如果在有效发表的论文中使用了 URL，SeqCode Registry 也将自动捕获 DOI，从而完成注册过程。

途径 2 用于注册和验证已经发表的名称，包括暂定名称。将名称和原始数据输入到 SeqCode Registry 中后，系统将进行与途径 1 相同的自动检查。然后，管理员对提交的名称和论文接收情况进行审查，从而完成注册，并标记名称的优先权日期。由于名称或基因组数据质量在论文发表之前没有经过审核和纠正，途径 2 通常不如途径 1 理想，因为根据 SeqCode 的规定，已发表的暂定名称可能会被判定无效（如需要修正或无优先权等）。途径 3 致力于推动论文的同行评审和名称的注册、审核流程同时进行，类似于 IJSEM 对基于 ICNP 名称的综合评审系统，但是这需要相关期刊的积极配合并重组编辑委员会。

2. 基因组数据质量

数据质量是决定基因组序列是否适合作为模式最为重要的指标，也是 SeqCode 备受争议的焦点。SeqCode 对基因组数据质量的要求是为了确保相应的生物体能够被准确无误的鉴定。虽然 16S rRNA 基因序列对基于基因组的菌种鉴定帮助不大，但是最初的原核生物分类体系主要是依靠 16S rRNA 基因序列建立的，目前仍有大量微生物多样性研究是基于该基因进行，同时缺少基因组数据的菌种也是根据该基因序列确定的分类地位。为了保证与现有文献的可比较性，SeqCode 也对基因组上的 16S rRNA 基因序列提出要求。事实上，16S rRNA 基因在进行基因组组装和分箱的过程中，因为多拷贝和异质性的特点，其完整序列的获取难度通常高于其他编码基因。因此，16S rRNA 基因序列的质量标准，还有待在实践中不断优化。目前，SeqCode 对基因组数据质量的具体要求如表 9–3 所示。

表 9-3 SeqCode Registry 系统对基因组数据的质量要求（引自 Hedhund et al.，2022）

基因组数据质量要求和标准
基本要求
模式基因组组装质量（即 MAG 和 SAG）：完整度 > 90%；污染率 < 5%
菌株基因组：测序深度≥10X
推荐要求
16S rRNA 基因完整度 > 75%，通过嵌合体检验
16S rRNA 基因和基因组的分类鉴定结果一致
包含 80% 以上的转运 RNA 基因
contig 数量 < 100；N_{50} > 25 kb；最大的 contig 序列长度 > 100 kb
MAG 和 SAG 测序深度≥10X
数据公开性
模式基因组提交至 GenBank/EMBL/DDBJ 数据库，并提供登录号
原始数据提交至 SRA，并提供登录号

四、SeqCode 存在的问题

毫无疑问，SeqCode 将基因组序列作为命名模式之后，从环境中发现的未培养类群便可以获得规范、合格的拉丁名称，这对原核生物多样性的研究和交流活动具有积极的促进作用。然而，ICSP 通过投票拒绝了将基因组序列作为命名模式纳入 ICNP 中的提议，这表明 SeqCode 的实施可能引发的问题也不容忽视。

1. 重复命名

从当前科学研究成果发表和传播的模式来看，重复命名现象不可避免。例如，不同学者在同一段时间内发表的名称，由于论文审稿、发表和名称收录、检索等环节的时效性问题，导致彼此之间很难直接进行比较和验证，同义名称就可能出现。在 ICNP 规定范围内，每年新发表的名称数量有限（约为 1 000 个），重复命名概率较低，也易于修正。而当 SeqCode 实施后，可以预见短期内会出现大量的新名称。因为发表时效性问题，未培养和已培养类群名称的重复性会增加。另一方面，细菌与古菌基因组百科全书（Genomic Encyclopedia of Bacteria and Archaea，GEBA）计划的实施，让原核生物分类学正式进入基因组时代，用基因组学方法构建更为理想的分类体系成为现实。但是，仍然有相当比例的模式菌株未进行基因组测序，这将使部分通过 MAG/SAG 发现的类群难以界定是否属于新类群，这也增加了重复命名的可能性。

虽然 SeqCode 提出了处理自身与 ICNP 名称优先权问题的解决方案，但是 ICNP 和 IJSEM 对未培养类群名称的处理方式并没有改变。例如，根据双方的规定：依据 SeqCode 在 ICNP 的属内命名新种是可行的（不会引起重复命名和误解）；但是依据 ICNP 在 SeqCode 的属内命名新种却无法实现合格发表，因为

ICNP 不认可基于 SeqCode 命名的属名；基于 SeqCode 已被命名的类群，后期获得了纯培养，即使不使用基于 SeqCode 的名称，也能实现基于 ICNP 的合格发表。对于属以上的高级分类单元，情况更为复杂。在 SeqCode 的名称系统中，一个或多个属被命名后，根据优先权规则，与他们相关的高级分类单元的名称便是确定的，无论在当时有没有被命名。但是，在 ICNP 中高级分类单元的名称需要被正式命名才能确定，并且不要求与其中命名最早的属的名称在词源上有关联。另外，由于 ICNP 不认可 SeqCode 中的属名，这会导致同一个高级分类单元的模式属在两个命名系统中不同，进一步导致所有相关高级分类单元的名称也不相同。针对这些问题，SeqCode 尚未提出很好的解决方案。

2. 限制生物资源发掘

在经典分类学中，能够被纯培养的菌种是进行研究的基本材料。ICNP 要求纯培养物来进行命名有助于鼓励分离纯培养物，从而促进菌种在农业、医药等领域的利用，例如疫苗开发、各领域的菌剂研制等。SeqCode 将基因组序列作为命名模式，那么可能导致的一种结果是：即使获得了纯培养物，部分学者也不会将其用作模式。因为将菌株存放到保藏中心比将基因组序列上传至公共数据库的流程要繁琐得多，而上传序列对 ICNP 和 SeqCode 都是必须完成的。另外，一旦发现获得纯培养所代表的类群已经依据 SeqCode 被命名，研究者进行后续研究并将其发表的热情也会大打折扣。也有学者认为，获得纯培养后相关分类单元的描述便有必要被修订，因而培养和保藏的动机仍然存在。但是修订与重新命名的学术价值权重是不同的，事实上专门修订分类单元的研究在实践中确实相对较少。虽然在 SeqCode 的影响下，分离菌种在某些领域的研究中仍然存在明确的需求，但是命名法规本身应该鼓励菌种的分离和培养。

3. 模式“可重复观测”的属性消失

命名模式的一个基本属性是可以被反复观测、研究，并且随着技术方法的进步可以通过对模式的再次研究得到新发现，从而不断加深对生物类群的认识。菌株、标本、化石、稳定的共培养物和 DNA 分子均具有这一属性。然而，基因组序列却不具备这一属性。严格来讲，作为模式的基因组序列与菌株完全不同，它不是一种生理学材料，只是在特定时期通过特定手段获得的一种实验结果。虽然 SeqCode 要求公开原始数据（Raw data），但是这些数据在相应的菌株被培养之前将无法更新，因技术原因丢失的生物学信息将无法补救，即无法通过“重复观测”获得新认知。另一方面，单独通过基因组序列对生物体进行认知很可能会得到片面的结论，许多推测得到的表型特征和生态功能仍需要使用培养物进行验证。从这方面看，SeqCode 对整个微生物学领域的研究可能会产生某些负面影响。

4. 自动化命名与命名原则的背离

合理、恰当的名称可以反映生物类群的典型特征，在记载和交流时易于理解、方便记忆，这是对生物体进行命名时的根本出发点和首要原则。毫无疑问，将基因组序列作为命名模式后，一些研究将发现大量需要被命名的新分类单元。例如，2023 年的两份研究分别一次性报道了 65 000 多个和 329 个名称。由于缺少系统而全面的认识，为所有新类群创建有意义、合理的名称将变得极为困难。为了解决批量命名过程中的语法问题，一款 Python 程序 GAN（Great automatic nomenclator）应运而生。然而，这也仅能保证这些名称没有语法错误，如果不能反映被命名生物体的生物学特性，那么相比于“字母 + 数字”的形式和暂定名称，这种名称并没有多大优势。另外，自动化命名也很难保证不会与生物体的特征相冲突，如果相关类群后来被成功培养，却只能使用具有误导性的名称，这无疑也违背了命名的初衷。一般来说，只有在对分类单元有所了解的时候才需要进行命名。当然，如果考虑到命名或提供标签主要是为了在开展相关研究时方便交流与记载，那么计算机生成的、缺乏指示意义的名称也具有价值。无论如何，命名都有助于追溯相关类群已获得的知识，但是命名应该是对生物体进行研究的起点而非终点。

5. 推广和应用体系尚不成熟

SeqCode 的定位是 ICNP 的补充和扩展，在两者并行发展过程中，SeqCode 力求不与 ICNP 产生较大矛盾。例如，一旦相关类群被成功培养并满足 ICNP 对其模式的要求，SeqCode 期望相关名称能顺利被 ICNP 接受。然而，这一目标的实现，尚有一些实际问题需要解决。SeqCode 主要是由分子生态学家提出和推广的，在缺少学术出版物和相关组织明确引导的情况下，传统分类学家对 SeqCode 的了解和接纳程度如何，尚有待验证。另一方面，SeqCode 尚未提供简单快捷的方法或工具来帮助分类学家判定新分类单元。虽然这并不是命名法规的职责，但是 SeqCode 和 ICNP 的双重影响势必导致新分类单元的识别难度增加。这对分类学家提出了更高的要求，增加了名称系统的不确定性和未来 SeqCode 与 ICNP 在融合过程中的困难。

第三节 名称的书写规范和创建方法

微生物个体的名称可分为两类，一是地区性的俗名（Vernacular name），具有通俗易懂、易于记忆等优点，但往往含义不够确切，容易重复，尤其是不便于国际交流。例如结核病的病原菌 *Mycobacterium tuberculosis* 在我国通常被称为“结核杆菌”或“结核分枝杆菌”，在英语中称“Tubercle bacillus”。二是学名（Scientific name），它是国际学术界公认的通用名称，ICNP 和 SeqCode 便是对学名进行约束。一般来讲，俗名是使用当地语言对学名进行音译或意译，由于缺少明确的规范和标准，只能在有限区域内使用。在无特殊说明时，本章中的名称指的是学名。

一、学名的基本形式

ICNP 和 SeqCode 对分类单元学名的基本形式的要求基本一致，即学名必须由拉丁词或拉丁化的词组成。学名有拉丁文词性之分，可以是阳性（masculine，缩写为 masc.）、阴性（feminine 或 fem.）或中性（neuter 或 neut.）。属及以上分类单元的名称由名词或用作名词的形容词命名，首字母需大写；族及以上采用主格、复数形式；族到界需要使用其模式属的词干加上固定的名称后缀进行命名（表 9-4）。种名采用双名法，由属名（Generic name）和种加词（Specific name）两部分组成，属名首字母需大写，种加词（包括由人名、地名或其他名词衍生的名词）首字母需小写。亚种名为三元式组合，即由属名、种加词和亚种加词构成，亚种加词的要求与种加词一致。例如：

Salmonella	*enterica*	subsp.	*enterica*
属名	种加词	Subspecies	亚种加词
（沙门氏菌）	（肠道的）	的缩写（亚种）	（肠道的）

严格来讲，一个完整的学名还需要加上最初命名的作者名和年代，人名和时间用正体表示，一般情况下可以省去。例如，*Actinomyces bovis* Harz 1877，其中：*Actinomyces* 是属名，表示放线菌属；*bovis* 是种加词，表示牛的意思；Harz 表示命名人的名字；1877 表示 1877 年被命名。在正式出版物中学名中的拉丁词应使用斜体表示，在书写文稿中应在拉丁词下画一横线，以便与其他内容相区分，提高阅读效率。当表示一个属内的某个种或多个种时，可在属名后加 sp. 或 spp.（不斜体）表示。如 *Actinomyces* sp. 表示一种放线菌，*Streptomyces* spp. 表示多种链霉菌。当上下文多次出现同一个种名或亚种名时，可在第二次及以后出现时将

表 9-4 不同分类级层名称的语法规范和特征

分类级层	英文对照	名称后缀	性别	单复数	词性	与模式关系
亚种	Subspecies	不限	中性或与属一致	–	主格单数形容词；主格名词同位语；属格名词	–
种	Species	不限	中性或与属一致	–	主格单数形容词；主格名词同位语；属格名词	–
亚属	Subgenus	不限	不限	单数	主格名词或用作名词的形容词	–
属	Genus	不限	不限	单数	同上	–
族	Tribe	*–eae*	阴性	复数	同上	使用模式属词干
科	Family	*–aceae*	阴性	复数	同上	同上
亚目	Suborder	*–ineae*	阴性	复数	同上	同上
目	Order	*–ales*	阴性	复数	同上	同上
亚纲	Subclass	*–idae*	阴性	复数	同上	同上
纲	Class	*–ia*	中性	复数	同上	同上
门	Phylum	*–ota*	中性	复数	同上	同上
界	Kingdom	*–oti*	阳性	复数	同上	同上
域	Domain	不限	不限	复数	同上	使用模式属或内部其他属的词干

属名缩写为首字母加“.”。如果有多个首字母相同的属名，则可以缩写为两个或多个字母加“.”进行区分，一般是词首的几个字母或者是不同词根首字母的组合。例如*Bacillus*可缩写成“*B.*”或“*Bac.*”，*Streptomyces*（链霉菌属）可缩写成“*S.*”或“*St.*”等。需要注意的是，使用sp.或spp.表示种时，属名一般不缩写。

为了方便书写和交流，一些病原菌的学名有时会加上一些亚分型（Subtyping）信息，并在一定范围内约定俗成、稳定使用。例如，*Escherichia coli* $O_{157}H_7$便指的是大肠杆菌中血清型为$O_{157}H_7$的一类菌株。类似的情况在沙门氏菌中更为特殊，例如*Salmonella* Enteritidis其实是一长串名称的缩写，但是在一些出版物中通常不进行说明就直接使用，这便是约定俗成的表现。其中，Enteritidis指的是“肠炎”血清型，一般首字母大写、不斜体，类似的还有Pullorum（鸡白痢）、Typhimurium（鼠伤寒）、Typhi（伤寒）等。这是因为沙门氏菌属仅有2个种，其中绝大多数血清型都来自肠道沙门氏菌（*Salmonella enterica*），直接用血清型表示基本不会引起混淆，同时能更好地反映相关菌株的生理特征和致病性，于是便出现了这一特殊的学名表示方式。另外，对于一些种内多样性研究较多的类群，也会有其他的一些（亚）种内亚型标注在学名之后用来表示具有某种共同特征的生物个体，例如序列型（Sequence type）、生物型（Biotype）和化学型（Chemotype）等。

对于未培养原核生物的名称，ICNP规定使用“暂定名称（*Candidatus*）”进行命名和标注，书写形式为“*Candidatus*＋学名”，其中“*Candidatus*”为斜体，第二次及以后出现可缩写为“*Ca.*”，学名不斜体。例如：*Candidatus* Methanoflorens、*Candidatus* Methanoflorens stordalenmirensis和*Ca.* Methanoflorens stordalenmirensis等。在SeqCode中，基于模式菌株（已培养）和模式序列（未培养）的名称被同等对待，即均使用斜体表示。当需要明确区分名称对应的模式类型差异时，SeqCode建议参考ICNP中标注在模式菌株编号后面的上标“^{T}”，使用“^{Ts}”或“^{TS}”对名称、模式序列登录号或者其他编号进行标注。

二、命名的基本原理

ICNP和SeqCode的主要内容划分为基本原则（Principles）、规定（Rule）和建议（Recommendation）三部分。基本原则是命名法规的根基和精神体现，规定和建议是基本原则的具体体现形式。规定主要是对已有的名称进行维护和完善，并对将来的命名活动进行指导，具有强制性。建议出现在某些规定之后，对相应的规定进行补充说明，以促进形成更为合理的名称系统，属于非强制性的提醒。因此，遵循规定却与建议相抵触的名称也能获得合格发表。SeqCode和ICNP中与创建名称相关的内容基本一致，但是在有些方面SeqCode的要求更加明确和严格。

1. 规定

（1）原核生物的命名并非独立于真核生物和病毒的命名。在命名属及以上分类单元时，应避免使用动物、植物、藻类、真菌和病毒等依据相关命名法规合格发表的名称，否则将被视为不合法（适用于2001年1月之后的名称）。

（2）所有分类单元的名称必须是拉丁语或其他语言进行拉丁语化的词，并提供词源说明（etymology）。

（3）如果拉丁语、希腊语或二者组合后存在含义等同的词，应避免使用其他语言来源的词。必须包含来自其他语言的词时，应进行修饰以符合拉丁语语法规则。

（4）不使用拉丁字母以外的字符、空格或数字等，不符合要求的字符需进行转换或删除，例如：ä、ö 和 ü 变成 *ae*，*oe* 和 *ue*；é、è 和 ê 变成 *e*；ø、æ 和 å 分别变成 *oe*、*ae* 和 *aa*。

（5）对于拉丁语或希腊语中不存在的食品、饮料或地理位置衍生的名称和其他的缩写形式可用于创建名称。

（6）从 2023 年 1 月 1 日起，禁止使用词尾是 *–myces*（– 真菌、霉）、*–phyces*（– 藻）、*–phyta*（– 植物）或 *–virus*（病毒）的名称，以避免与真核生物或病毒混淆。

（7）种加词和亚种加词可以是任何来源或任意组合的词，词性需要与属名一致，同一加词在同一属内（或种内）不得基于不同模式使用。

（8）使用所在种的模式的亚种需要使用相应的种加词作为亚种加词。

（9）SeqCode 规定名称的长度不能超过 26 个字母。

2. 建议

（1）应避免创建冗长或难以发音的名称。例如，James Chambers 等在 2020 年为一种黏细菌创建的种加词“*llanfairpwllgwyngyllgogerychwyrndrobwllllantysiliogogogochensis*”就含有多达 63 个字母，虽然已基于 ICNP 合格发表，但是这样的名字非常不利于记忆、书写、印刷和阅读等活动。

（2）新创建的名称应当与已有的属名和同一属内的（亚）种加词至少存在三个字母的不同。

（3）使用能体现物种生物学特性或来源的种加词，避免使用同属的普遍特性来命名。

（4）使用人名创建的属或亚属名称应该是阴性词，例如 *Escherichia*（纪念 Theodor Escherich）、*Colwelia*（纪念 Rita Colwell），都是添加了 *–ia* 后缀将其转化为阴性词。

（5）使用人名创建名称时，应拼写完整，不能使用缩写或简写，不含空格或其他非字母符号，避免发表名称的作者使用自己的名字进行命名。

（6）创建名称时使用的人名所对应的个人应与微生物学相关，至少与自然科学相关。

（7）排序数字形容词用作种加词时，不宜超过数字 10。

（8）避免使用同一形容词的属格和形容词形式分别命名同一属的两个种，如 *Flavobacterium fluvii*（名词属格）和 *Flavobacterium fluvatile*（中性形容词）不宜同时出现。

（9）名字不应该故意引起争议或辱骂个人、种族、宗教、政治信仰或意识形态。

三、拉丁语基本语法

原核生物的命名以拉丁语为基础，因此对拉丁语词汇和基本语法的了解有助于进行命名活动。当拉丁语的许多单词在不同语境的句子中使用时，其形式或词尾会发生变化，其中最主要的是名词的变格，外来语进入拉丁词必须经过拉丁化以适应变格。用于原核生物命名的拉丁词主要以名词或用作名词的形容词为主，属及以上名称使用主格形式，（亚）种加词形式较为多样（表 9–4）。由于属以上分类单元的名称是由模式属的词干加上特定的后缀组成，因此接下来重点介绍与属名和种加词创建相关的语法知识。

1. 复合名称

复合名称是指将两个及以上的词进行组合形成的属名或种加词，大多数情况下是两个进行组合，一般不超过四个。组合时除了最后一个词，其他词的词干需保留。不同的名词或形容词之间使用元音字母进行连接：如果前一个词来源于拉丁语，则使用“–i–”；如果前一个词源于希腊语，则使用“–o–”。在连接元音字母的使用上，希腊语比拉丁语更加灵活，所以前一个词源于希腊语的话，也可以使用“–o–”以外的元音字母。如果后一个词以元音字母开头，则连接用的元音字母需舍弃。禁止使用连字符和其他字符。

上述的组合规则也有例外。①对于物理和化学中常用的词，连接元音字母不省略。例如“*thio*–”指的是硫，在 *Thioalkalibacter* 中不省略“–o–”。②在无机化学中，“–i”和“–o”表示元素不同的氧化状态，因此也不需要遵守上述规则。例如 *Ferrimonas* 表示 Fe^{3+} 还原菌，而 *Ferroglobus* 表示 Fe^{2+} 氧化菌，若按上述规定则它们都需要使用“–i”连接。③对于一些特殊的前缀，即使后一个词以元音字母开头，也不能省略连接元音字母，包括 *allo*–（另一个）、*bio*–（生命）、*geo*–（地 球）、*halo*–（盐）、*hetero*–（异）、*iso*–（相 似）、*meso*–（中 间的）、*neo*–（新）、*macro*–（大）、*micro*–（微小）等。④希腊语中的介词和前缀不使用元音字母连接。例如 *Paracoccus* 中“*para*”为介词。当希腊语介词和前缀以元音结束而后一个词以元音字母开头时，连接部分的最后一个元音字母省略不写，例如 *Paralcaligenes* 由“*para*”和“*Alcaligenes*（属名）”组成，其中省略了“*A*”。当介词是“*peri*”和“*pro*”或者来源于希腊语形容词（*poly*、*mega* 等）或副词（*exo* 和 *eu*）时，不省略元音字母，例如 *Fusobacterium periodonticum* 中的“*peri*–”和“–*odous*–”中间不省略字母。⑤拉丁语中的介词和前缀不使用元音字母连接，如果它们以元音字母结尾、后一个词以元音字母开头，就不能省略元音字母。⑥副词很少用于复合名称，其他形式的词也不建议使用。对于拉丁语副词，可以使用“–i–”进行连接，如果后一个词以元音字母开头，则将“–i–”省略，例如 *Paenibacillus* 中在“*paen*–”和“*bacillus*”之间使用了“–i–”，而 *Paenalcaligenes* 中则省略了“–i–”。

2. 属和亚属名称

（1）属和亚属的名称应为拉丁语的主格名词形式，若使用形容词和分词，则需要转换为名词形式使用。例如：实意名词 *Bacillus* 和 *Streptococcus*；用作名词的形容词 *Haemophilus*；现在分词用作名词 *Agarivorans*；完成时分词用作名词 *Amycolata* 等。

（2）拉丁语和希腊语均有三种性别，即阳性、阴性和中性，性别由名称的词尾决定，种加词的性别需与属名保持一致。阳性词尾通常有 *–arcus*（弓、弯）、*–bacillus*（小杆）、*–bacter*（杆）、*–coccus*（球）、*–ger*（载体）、*–globus*（球）、*–myces*（霉）、*–philus*（朋友）、*–planes*（流浪者）、*–sinus*（弯曲）、*–vibrio*（抖动）。阴性词尾通常包括 *–arcula*（小盒子）、*–cystis*（囊）、*–ella*、*–ia*、*–illa*、*–ina*、*–musa*（香蕉）、*–monas*（单元）、*–opsis*（外观）、*–phaga*（吞噬）、*–pila*（球）、*–rhabdus*（杆）、*–sarcina*（包裹）、*–sphaera*（球）、*–spira*（螺旋）、*–spina*（脊柱）、*–spora*（种子）、*–thrix*（丝线）、*–toga*（外袍）。*–cola*（居民）或者 *–incola*（居民）是两性（阳性和阴性）词尾。中性词尾有 *–bacterium*（杆菌）、*–bactrum*（杆）、*–baculum*（棍）、*–filamentum*（纺线）、*–filum*（线）、*–genium*（产）、*–microbium*（微生物）、*–nema*（丝线）、*–plasma*（形成体）、*–spirillum*（螺旋）、*–sporangium*（孢囊）、*–tomaculum*（肠）。三性词尾有 *–ferax*（多产的）、*–fex*（产）、*–vorax*（贪吃的）。以“*–oides*（类似）”结尾的名称应该为中性，以“*–opsis*（外表）”结尾的应该为阴性。但是早期被作者错误指定拉丁文词性的词，也无须纠正，例如 *Bacteroides* 和 *Nocardioides* 均被定义为阳性。属名的性别需要在词源说明中进行指定，尤其是使用两性或三性词尾的词。

3.（亚）种加词

可以使用三种类型的拉丁词创建（亚）种加词。

（1）形容词和分词：根据词尾变化方式，拉丁语形容词可以分为三类。第一类和第二类的词尾会随着性别发生变化；第三类情况则较为复杂，有些词的词尾不会随性别变化，有些有变化，也有一些阴性和阳性词尾相同而中性的有变化。分词被作为形容词对待。单数形式的现在分词词尾不随性别发生变化。完成时分词词尾会随着性别变化，通常会像第一、二类形容词一样变化。

（2）主格名词同位语：名词同位语用作种加词的情况很少，典型的例子是以后缀“*–cola*（居民、栖息者）”和“*–cida*（杀手）”结尾的词。

（3）属格名词：最常用于（亚）种加词的属格名词的变格主要分为五类。以“*–a*”结尾的名词，属格的单数以“*–ae*”结尾，如 *Mycobacterium vaccae*；属格的复数以“*–arum*”结尾，如 *Cohnella algarum*，大多数以“*–a*”结尾的拉丁名词都是阴性。大多数以“*–us*”结尾的阳性名词和以“*–um*”结尾的中性名词，属格单数以“*–i*”结尾，如 *Alteromonas oceani*；属格复数以“*–orum*”结尾，如 *Microbacterium foliorum*。以“*–i*”结尾的名词，属格的单数以“*–is*”结尾，如 *Staphylococcus capitis*；属格的复数以“*–um*”或“*–ium*”结尾如 *Brevibacterium avium*。以“*–us*”（阳性或阴性）或“*–u*”（中性）结尾的名词，属格单数结尾为“*–us*”，如 *Mycobacterium abscessus*；属格复数结尾为“*–uum*”如 *Paracoccus suum*。除了树木的名字外，大多数以“*–us*”结尾的单词都是阳性的。以“*–es*”

结尾的名词，属格单数以“*-ei*”结尾，如 *Planococcus glaciei*；属格单数以“*-erum*”结尾，如 *Chryseobacterium viscerum*。一般来说，拉丁文里以“*-us*”结尾的为阳性词，以“*-um*”结尾的为中性词，以“*-a*”结尾的为阴性词，例如 *albus*（白色，阳性）、*album*（白色，中性）、*alba*（白色，阴性）。

4. 源于人名的名称

人名可以用来创建属名，也可以创建（亚）种加词。

（1）可以通过三种方式使用人名创建属名：直接加上后缀 *-a*、*-ea*、*-niaor* 或 *-ia*，词性为阴性；作为小词，在词尾加上后缀 *-ella*、*-iella* 或 *-nella*，词性为阴性；人名作为复合名称的一部分使用。

（2）人名需要拼写完整，不建议添加头衔、称谓等内容，如果姓的字母较多，可以使用名，也可以将姓和名直接连在一起（不使用任何连接符号）以增加辨识度。

（3）用作（亚）种加词时，人名可以用作形容词，也可以用作属格名词。

5. 源于地名的名称

（1）地名用作（亚）种加词时，只能用作形容词。一般直接在词尾加上后缀“*-ensis*”（阳性和阴性）或者“*-ense*”（中性）。如果地名是以 -a、-e 或者 -en 结尾，那么在加上述后缀之前，需要将词尾的元音去掉。如果地名是以 -o 结尾，则添加的后缀变为“*-nensis*”和“*-nense*”。

（2）对于拉丁语或希腊语中存在的地名，则使用相应的拉丁语，例如亚洲（*arabicus*）、非洲（*africanus*）等。

四、如何呈现新名称及其词源

在正规出版物中，首次描述的原核生物新分类单元名称，包括新创建或新组合的类型都应该清楚地进行说明并使用相应标识。名称及其代表的新分类单元必须进行正式描述（Protoologue），每次描述一个分类单元。描述新属时，属名及其包含的所有种加词和亚种加词需要一一分别描述。正式描述一般包括名称的词源说明（Etymology）、所代表类群的特征描述和对应的模式。对于新（亚）种描述，无论该（亚）种加词是否在别的属被使用过，首次在相应属内使用的（亚）种加词都需要进行词源说明。对于新组合或修正而产生的新名称，也需要进行上述的正式描述。需要注意的是，名称是用来代表相应的分类单元的，而分类单元的真实性则由模式证明（参见本章第一节），因此在进行正式描述时必须为名称（也就是相应的分类单元）指定模式。

词源说明需要以标准化的格式呈现，通常包括多种缩写。表 9-5 汇总了与词源说明中常用缩写相关的信息。新名称的词源说明由多个部分组成，每部分都有特定的含义，下面以 2 个实例进行解释。

1. *Patiriisocius* gen. nov.

Patiriisocius（Pa.ti.ri.i.so′ci.us. N.L. fem. n. *Patiria*，a starfish genus；L. masc. n. *socius*，companion；N.L. masc. n. *Patiriisocius*，a companion of *Patiria* starfish）.

表 9-5 拉丁名中常用的缩写

类别	缩写	全称	名词解释
分类级层	dom. nov.	*dominium novum*	新域名
	regn. nov.	*regnum novum*	新界名
	phyl. nov.	*phylum novum*	新门名
	class. nov.	*classis nova*	新纲名
	ord. nov.	*ordo novus*	新目名
	fam. nov.	*familia nova*	新科名
	gen. nov.	*genus novum*	新属名
	sp. nov.	*species nova*	新种名
	subsp. nov.	*subspecies nova*	新亚种名
	comb. nov.	*combinatio nova*	新组合（亚）种名
	nom. nov.	*nomen novum*	“第二”个新（亚）种名
语法术语	abl.	ablative	从格
	adj.	adjective	形容词
	dim.	diminutive	小词缀
	fem.	feminine	阴性的
	gen.	genitive	属格
	masc.	masculine	阳性的
	n.	noun（substantive）	名词
	neut.	neuter	中性的
	nom.	nominative	主格
	num.	numerus	数
	part.	participle	分词
	part. adj.	participle used as adjective	用作形容词的分词
	pass.	passive	被动态
	perf.	perfect	完成时态
	pl.	plural	复数
	pref.	prefix	前缀
	prep.	preposition	介词
	pres. part.	present participle	现在分词
	pron.	pronoun	代词
	sing.	singular	单数
	suff.	suffix	后缀（词尾）
	sup.	superlative	最高级
	v.	verb	动词

续表

类别	缩写	全称	名词解释
词根来源	Gr.	Greek	希腊语
	L.	Latin	（古典）拉丁语
	N.Gr.	Neo-Greek	新希腊语
	N.L.	Neo-Latin	新拉丁语
其他	corrig.	*corrigendum*	因书写或语法错误而被修正的名称
	emend.	*emendavit*	对应分类单元特征描述被更改的名称

Patiriisocius gen. nov.：表示 *Patiriisocius* 代表一个新属（gen. nov.）。

Pa.ti.ri.i.so′ci.us：表示 *Patiriisocius* 的音节划分，可以根据音节进行拼读，倒数第二个音节重读（′）；N.L. fem. n.：表示这个词是新拉丁语（N.L.）阴性（fem.）名词（n.）。

Patiria，a starfish genus：对 *Patiria* 进行了解释，即"海星（starfish）"。

L. masc. n.：表示 *Patiria* 是古典拉丁语（L.）阳性（masc.）名词（n.）。

socius，companion：对 *socius* 进行了解释，即"同伴（companion）"的意思。

N. L. masc. n.：表示 *Patiriisocius* 是新拉丁语（N.L.）阳性（masc.）名词（n.）。

Patiriisocius，a companion of Patiria starfish：对 *Patiriisocius* 进行解释，即"海星伴生菌属"。

2. *Polaribacter septentrionalilitoris* sp. nov.

Polaribacter septentrionalilitoris（sep.ten.tri.o.na.li.li′to.ris. L. masc. adj. *septentrionalis*，northern；L. *neut.* n. *litus*，beach；N.L. gen. n. *septentrionalilitoris*，of Nordstrand – North Beach，where the type strain was isolated）.

Polaribacter septentrionalilitoris sp. nov.：表示 *Polaribacter septentrionalilitoris* 是一个新种。

sep.ten.tri.o.na.li.li′to.ris.：表示 *septentrionalilitoris* 的音节划分，可以根据音节划分进行拼读，倒数第二个音节重读。

L. masc. adj.：表示 *septentrionalis* 是古典拉丁语阳性形容词。

septentrionalis，northern：对 *septentrionalis* 进行解释，即"北方的"的意思。

L. neut. n.：表示 *litus* 是古典拉丁语中性名词。

litus，beach：对 *litus* 进行解释，即"沙滩"的意思。

N. L. gen. n.：表示 *septentrionalilitoris* 是新拉丁名词属格。

septentrionalilitoris，of Nordstrand–North Beach，where the type strain was isolated：对 *septentrionalilitoris* 进行解释，意思是该菌株是在诺斯特兰岛的北方海滩分离得到的。结合属名后，*Polaribacter septentrionalilitoris* 可译为"诺斯特兰岛北岸海星伴生菌"。

五、批量创建属名

目前，微生物学家获得了成千上万代表新分类单元的SAGs和MAGs，迫切需要基于SeqCode对其进行命名，从而推动未培养原核生物的名称系统走向规范和稳定。显然，面对剧增的命名需求，传统的人工命名方式是不可行的，我们需要高效且质量有保障的命名方式。

1. 技术背景

一款名为GAN（Great Automatic Nomenclator）的Python脚本程序可用于批量创建符合语法规范的拉丁名。GAN也可以连接到Protologger程序，这是一种多功能、集成式生物信息学工具，主要功能之一便是编写批量、规范的原核生物正式描述（protologue），从而减少收集相关信息所需的时间（图9–4）。GAN使用指定格式的词根表作为输入数据，然后根据语法规则和ICNP规则进行组合拼接（表9–6）。由于输入的词根经过质量控制，因此新名称在语法上可确保正确性，并且附有完整的词源说明，可以直接用于正式描述。理论上，GAN可以在任何支持Python的操作系统上运行，如Windows、MacOS、Linux，甚至是支持iOS或Android的移动设备。目前，GAN提供了38个前缀，14个组学相关后缀（含8个通用后缀），136个海洋神话人物词根，80个知名科学家词根，157个动物词根，110个环境相关词根，99个哺乳动物词根，88个哺乳动物组织器官词根，27个鸟

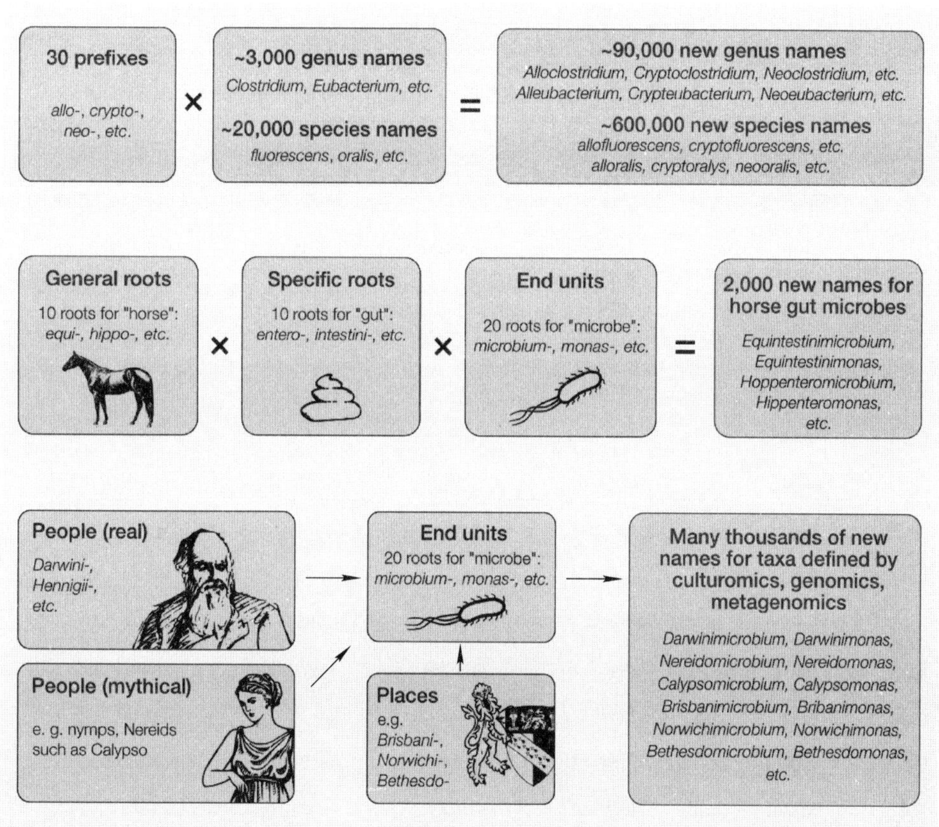

图9–4 通过排列组合的方式为原核生物创建新属名称（引自Pallen et al.，2021）

类词根和 73 个鸟类组织器官词根。通过将这些词根进行组合，理论上可以获得数百万的名称。

需要注意的是，GAN 主要用于属名的创建而不是（亚）种加词。与属名使用主格形式不同，种加词通常是形容词或属格名词，偶尔也会使用主格名词同位语（实词）。另外，种加词需要在名词属格或形容词主格情况下与属名具有相同的性别。由于种加词的拉丁文词性是从单词的最后一个词根继承下来的，所以只要最后一个词根格式得当，它就可以在多个名称中重复使用。此外，种加词不需要保持唯一性，可以在不同属之间重复使用，而每个属通常只有几十个种，因此种名的创建要容易得多。

使用 GAN 进行命名的缺点是，所有名称均是在高度标准化的模式下形成的，通常缺乏实际含义且较长，无法将名称和生物实体的内在关联很好地体现出来。ICNP 的很多规则都是为了指导如何创建更有意义的名称而设置的。使用 GAN 创造名称很容易，但只是裸名，在未正式发表之前不可滥用和随意散布。一个名称只有指定了特定的生物实体（菌株、序列或分类单元），即拥有模式，才能变得有意义。最后，要尽可能将名称用于合适的生物对象，以便在实践中更好地发挥作用。

2. 数据准备

软件 GAN 以 2 ~ 3 个“GAN”格式的 Excel 表格（.xlsx）作为输入数据（表 9-6）。一般情况下第一个表格为前缀词根，第二个表格为地名、宿主、环境等实意词根或者现有的属名，第三个为后缀词根（非必须）。表格尽量以纯文本形

表 9-6 软件 GAN 输入数据的表格样式（环境相关的部分词根）

Language	Gender	Part	Word	Root	Definition	Explanation
Gr.	fem.	n.	*acte*	*acto*	the sea shore	the sea shore
L.	neut.	n.	*aestuarium*	*aestuarii*	a tidal flat	estuaries
L.	masc.	n.	*agger*	*aggreri*	an embankment	an embankment
Gr.	masc.	n.	*aegialos*	*aegialo*	a beach	a beach
L.	masc.	n.	*amnis*	*amni*	a river	rivers
Gr.	masc.	n.	*anemos*	*anemo*	a wind	the air
Gr.	neut.	n.	*anthron*	*anthro*	a cave	caves
Gr.	masc.	n.	*aphros*	*aphro*	foam	water
L.	fem.	n.	*aqua*	*aqui*	water	water
L.	fem.	n.	*arena*	*areni*	sand	sand
Gr.	fem.	n.	*benthos*	*bentho*	deep water	deep water
N.L.	masc.	adj.	*lenticus*	*lentici*	lentic	lentic
Gr.	masc.	n.	*limen*	*limenos*	harbour	harbours
N.L.	masc.	adj.	*loticus*	*lotici*	lotic	lotic

式保存，不要进行背景、字体、边框等格式编辑，否则可能导致数据读取出错。Definition 和 Explanation 不是必须内容，可以留空。

3. GAN 的使用方法

用户需要安装 Python 3.6 或更高版本来运行 GAN。另外，还需要 3 个 Python 模块：itertools（Python 软件包默认自带）；pandas（ > 1.0）；xlrd（1.2.0）。推荐在 conda 环境下配置 GAN 的依赖关系。安装和使用 GAN 的操作步骤如下（以 Windows 系统为例）。

（1）安装 miniconda（或者 anaconda）

从 miniconda 官网或者国内镜像网站下载安装包。双击运行后，按照指引完成安装。将 conda 加入系统环境变量：鼠标右键点击“我的电脑”选择“属性”，依次打开“高级系统设置—高级—环境变量”，点击“path”变量（用户或系统均可）进行编辑，将 miniconda 的三个目录加入变量（图 9–5 右）。打开 cmd.exe（命令提示符，也可使用 win+r 组合键打开），输入“conda info”并按回车，出现 conda 的版本信息等内容即表明安装成功。

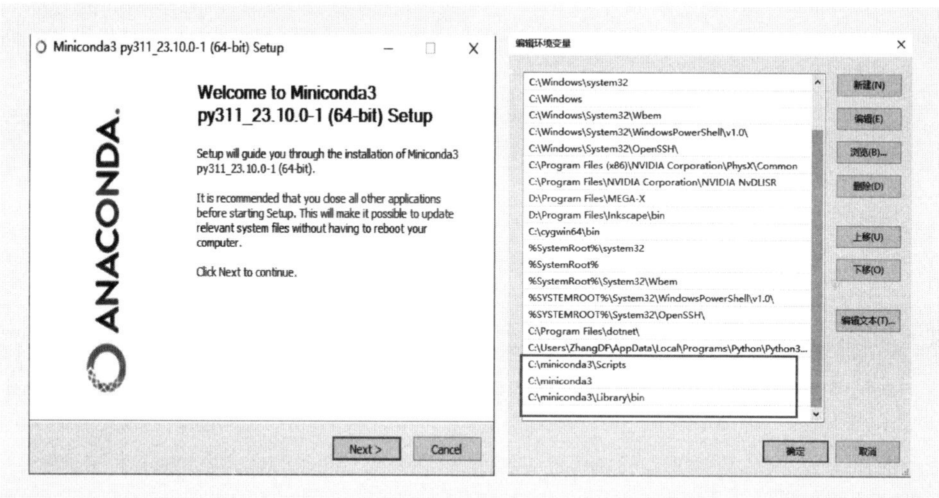

图 9–5　Miniconda 的安装（左）和添加环境变量（右）示例

（2）配置 GAN 运行环境

在命令提示符中依次输入以下命令，每完成一行按回车运行：

```
>conda create  -c conda -forge -n gan python=3.8 pandas pip ipython

>conda activate gan

>pip install xlrd==1.2.0

>pip install openpyxl
```

（3）下载和运行 GAN

下载软件 GAN。解压后放在全英文的路径中。安装后从“开始”菜单中找到并打开 Miniconda 的 Powershell 命令行窗口（图 9–6）。参照图 9–7 的命令进行操作，命令内容和软件提示信息为未加粗字体。

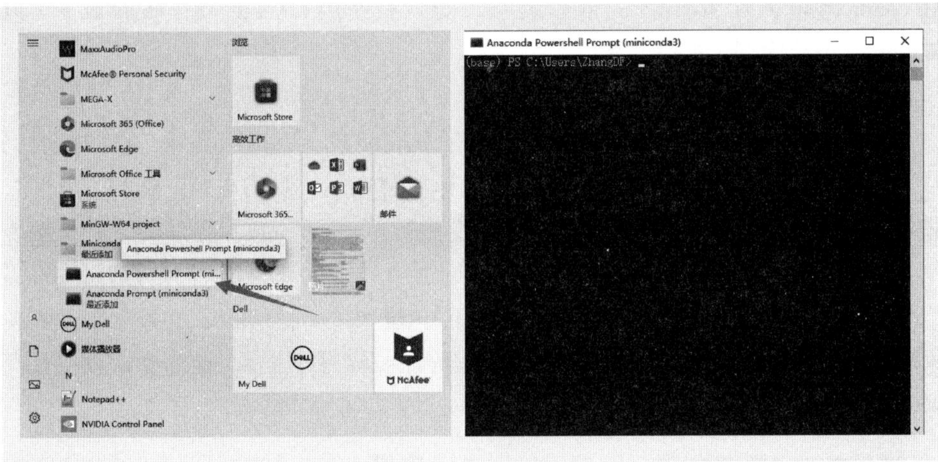

图 9–6　Miniconda 命令行窗口的打开方式（左）和外观（右）

图 9–7　命令示例

```
(base) PS C:\Users\ZhangDF> d:
(base) PS D:\> cd .\gan-master\
(base) PS D:\gan-master> conda activate gan
(gan) PS D:\gan-master> python .\scripts\gan-genus.py -1 ./test/table1.xlsx -2 ./test/table2.xlsx -o ./test_output
                ----- G A N  -----
    the great automatic nomenclator

C:\Users\ZhangDF\.conda\envs\gan\lib\site-packages\openpyxl\worksheet\_reader.py:329: UserWarning:
Unknown extension is not supported and will be removed
  warn(msg)
C:\Users\ZhangDF\.conda\envs\gan\lib\site-packages\openpyxl\worksheet\_reader.py:329: UserWarning:
Unknown extension is not supported and will be removed
  warn(msg)
Input files loaded
 - 10% combinations generated...
 - 20% combinations generated...
 - 30% combinations generated...
 - 40% combinations generated...
 - 50% combinations generated...
 - 60% combinations generated...
 - 70% combinations generated...
 - 80% combinations generated...
 - 90% combinations generated...
 - 100% combinations generated...
 - 110% combinations generated...

Saving JSON: ./test_output/gan.json
Saving HTML:./test_output/gan.html
Saving LaTeX:./test_output/gan.tex
(gan) PS D:\gan-master>
```

4. GAN 的输出结果

GAN 的输出结果有三种格式，文件扩展名分别为 html、json 和 tex。html 文件可以使用网页浏览器打开（图 9-8）。输出名称的数量与输入文件中的词根数密切相关。例如，两个输入表格分别包含 11 个和 8 个词根，那么理论上的输出结果为 88 个。

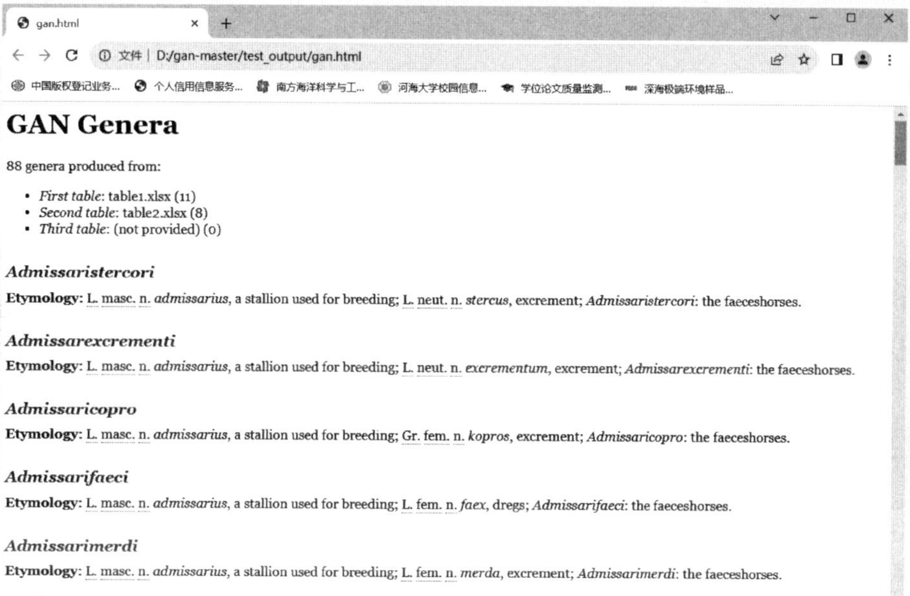

图 9-8　GAN 的 html 格式输出结果

需注意的是，①上述操作有时会出现警告“Caveat Nomenclator”，指的是根据用户提供的词根，GAN 输出了包含逻辑错误的名称。例如，“*Gallidentimonas*”看起来是一个不错的拉丁名字，“*Galli*”指的是“鸡”，“*denti*”指的是“牙齿”，“*monas*”指的是“菌”。因为母鸡没有牙齿，该名称缺乏实际意义，所以受到警告。②一些名称可能会与 ICNP 的建议相矛盾，例如避免名字太长、难以发音或形式怪异（例如 *neoneoaurum* 的前缀重复两次）的名称，所以可以先按名字长度进行排序，然后选择较短的那些，并舍弃词根重复的名称。③当前版本的 GAN 不会自动检查名称是否已被使用，因此用户需要自行检索输出的名称是否已被 LPSN 收录、近期刚发表或者已用于指代真核生物或病毒的分类单元。

本章小结

ICNP 是原核生物的传统命名法规，主要指导可培养类群的命名活动，至今已经发展了将近 90 年。ICSP 负责对 ICNP 进行监管、执行和修订，并指导基于 ICNP 命名法的权威期刊 IJSEM 的出版。命名需要考虑多方面的因素，其中最重要的是创建符合规范的名称并为其指定模式。ICNP 要求模式必须是活的培养物，并在至少两个国家的两个保藏中心进行保藏。新创建的名称需要在 IJSEM 上有效发表，或者在其他出版物上有效发表并获得 IJSEM 认定，才能实现基于 ICNP 的合格发表。

SeqCode 是 2022 年发布的针对未培养原核生物的命名法规。SeqCode 除了认定活的培养物为模式外，也支持基因组序列作为命名模式，但是基因组数据的质量必须满足最低要求。SeqCode 是作为 ICNP 的补充和延伸形式出现的，致力于促进未培养原核生物的命名走向规范、统一和稳定。基于 SeqCode 的名称需要通过在线注册系统进行注册，确保符合语法规范并与符合要求的模式数据相关联，名称在相关出版物有效发表后将相关信息补充到在线注册系统中，即可实现生效发表。

基于 ICNP 和 SeqCode 的名称均由拉丁词构成，名称本身需要满足拉丁语语法规范。二者均使用层次结构的名称系统，大部分内容一致。但是作为两个独立运行的命名法规，二者也存在一定的竞争关系，随着时间的推移彼此间的矛盾和不一致会慢慢积累。相关学者应同时关注这两套命名法规，尽可能减少分歧，共同构建健康、有效的原核生物名称系统。

推荐阅读

1. Wu D，Hugenholtz P，Mavromatis K，et al. A phylogeny-driven genomic encyclopaedia of Bacteria and Archaea. Nature，2009，462：1056–1060.（推荐理由：随着测序技术的进步和测序成本的下降，越来越多的原核生物基因组被获得。早在 2009 年，一些学者就意识到基因组时代将为微生物系统学等学科带来翻天覆地的变化，本文介绍了最早的一份全球学者联合发起的基因组测序计划，被称为“细菌与古菌基因组百科全书”。）

2. Jiao J Y，Liu L，Hua Z S. Microbial dark matter coming to light：challenges and opportunities. Natl Sci Rev，2021，8：nwaa280.（推荐理由：目前人类已获得纯培养的微生物只占自然界中的很少一部分，组学技术的进步使人们对未培养微生物的多样性有了更加深刻的认识，然而如何获得纯培养以更好地开发利用仍然充满了挑战，那么最新的未培养微生物分离培养技术有哪些呢？本文对上述问题进行了全面综述）

3. Oren A，Arahal D R，Göker M. International Code of Nomenclature of Prokaryotes. Prokaryotic Code（2022 Revision）. Int J Syst Evol Microbiol，2023，73：005585.（推荐理由：ICNP 2022 年修订版是现行有效版，本文包含了 ICNP 最新的内容。除此之外，还包括 ICNP 和 ICSP 的历史沿袭过程和重要事件备忘录，同时也对与命名相关的其他问题进行补充说明。通读 ICNP 后，一定会对 ICNP、命名法规和命名法形成更加清晰、深刻的认识。）

4. Sutcliffe I C，Dijkshoorn L，Whitman W B，et al. Minutes of the International Committee on Systematics of Prokaryotes online discussion on the proposed use of gene

sequences as type for naming of prokaryotes，and outcome of vote. Int J Syst Evol Microbiol，2020，70：4416-4417.（推荐理由：将基因组序列认定为命名模式将会促进未培养微生物的命名走向规范，然而这一决定可能产生的负面影响也不容忽视，本文详细呈现了专家们对这一问题的不同观点，并汇总和概括了投票和讨论内容。）

5. Whitman B W，Chuvochina M，Hedlund B P. Development of the SeqCode：A proposed nomenclatural code for uncultivated prokaryotes with DNA sequences as type. Syst Appl Microbiol，2022，45：126305.（推荐理由：命名法规的条款过于枯燥乏味，难以理解？本文是 SeqCode 的主要发起人 William B. Whitman 对命名法的原则、原理以及主要任务的系统解读，同时也解释了发展 SeqCode 的必要性和合理性。）

6. Oren A. Emendation of Principle 8，Rules 5b，8，15，33a，and Appendix 7 of the International Code of Nomenclature of Prokaryotes to include the categories of kingdom and domain. Int J Syst Evol Microbiol，2023，73：006123.（推荐理由：由于组学技术不断应用于微生物多样性的研究，ICNP 在过去的 10 年里受到了诸多挑战，因此除了 2019 年和 2023 年发布了两个修订版之外，ICNP 在部分内容上的调整也时有发生，所以不仅要关注 ICNP 的修订版，也要关注后续小规模的修改。本文是关于将域和界纳入 ICNP 的公告。）

7. Pallen M J，Telatin A，Oren A. The Next Million Names for Archaea and Bacteria. Trends Microbiol，2021，29：289-298.（推荐理由：这篇文章介绍了批量命名软件 GAN 的设计原理、注意事项，可以帮助研究者提高命名效率，但是请注意：命名应该是对微生物进行研究的起点，而非终点。）

8. Göker M，Moore E R B，Oren A，et al. Status of the SeqCode in the International Journal of Systematic and Evolutionary Microbiology. Int J Syst Evol Microbiol，2022，72.（推荐理由：SeqCode 的发起者最初是希望将 SeqCode 的主要精神纳入 ICNP 中，然而 ICSP 采取了保守的措施，拒绝了相关提议。SeqCode 发布后，本文便发布了 ICSP 的官方期刊 IJSEM 对 SeqCode 及其名称的处理方式，并重申了自身的立场和定位。）

9. Rosselló-Móra R，Konstantinidis K T，Amann R. How Systematic and Applied Microbiology will deal with two nomenclature codes（ICNP and SeqCode）for prokaryotes，and which classification standards are recommended for new taxa descriptions. Syst Appl Microbiol，2023，46：126371.（推荐理由：与 IJSEM 不同，期刊 Systematic and Applied Microbiology 明确表示支持 SeqCode，本文发布了一份声明，对发表根据 SeqCode 创建的名称的具体要求和规范进行了详细说明。）

10. Murray A E，Freudenstein J，Gribaldo S，et al. Roadmap for naming uncultivated archaea and bacteria. Nature Microbiol，2020，5：987-994.［推荐理由：单拷贝基因组（SAGs）和宏基因组组装基因组（MAGs）促进了细菌和古菌基因组数量的激增，这也带来了对未培养微生物命名规范的需求。国际原核生物命名

法则（ICNP）仅承认培养物作为“类型材料”，因此无法为未培养的生物命名。在本文中，作者提出了解决这一命名难题的两种潜在路径，认为科学界现在需要采取行动，制定一致的命名规则，以便为未培养分类群提供清晰性和稳定性，并有效地传达微生物多样性。]

11. Hedlund B P，Chuvochina M，Hugenholtz P，et al. SeqCode：a nomenclatural code for prokaryotes described from sequence data. Nature Microbiol，2022，7：1702–1708.［推荐理由：大多数原核生物不能通过纯培养获得，因此无法根据国际原核生物命名法（ICNP）的规则和建议进行命名。在文中，作者提出了一种基于基因组序列来命名的规则，该规则被称为SeqCode。作者在文中描述了SeqCode中当前可用于注册和验证名称（包括候选名称）的两种路径和示例；提供了关于DNA序列最低标准的建议。SeqCode不考虑其可培养性并为所有原核生物的命名提供了一个可重复且客观的框架，促进了微生物学科之间的交流。]

思考题

1. 有人认为名称只是个代号而已，通过本章的学习，你认为为什么要为生物体分配统一、规范和稳定的名称？

2. 作为两种独立运行的命名法规，ICNP和SeqCode的区别和联系有哪些？你认为是利大于弊，还是弊大于利？

3. 未培养微生物占据自然界的大多数席位，但是未获得纯培养很难进行细致深入的研究，那么你是否支持对未培养微生物进行命名？原因是什么？

4. 本章介绍了基因组序列作为命名模式的优缺点，请列举分别有哪些？你认为基因组序列是否适合用作命名模式？

5. 你认为其他的组学数据（转录组、代谢组、16S rRNA基因扩增子等）是否适合作为命名模式？理由是什么？

6. 学名是生物体名称的通用形式，但是在不同的应用场景中可能会存在一些变化，请说说学名的使用规范包括哪些内容？

7. 学名需要由拉丁词构成，然而拉丁语在世界范围内的使用并不广泛。通过本章的学习，你知道的学名中的拉丁语语法有哪些？

8. 合格发表是学名获得学术界认可的必要步骤，那么基于ICNP和SeqCode名称的合格发表需要满足哪些条件？

9. 短期内将是ICNP和SeqCode并行发展的局面，二者对微生物多样性领域的相关学者都非常重要，请简述ICNP和SeqCode各自的发展历程。

（张道锋、杨子文、焦建宇、刘兰、李文均）